全国高等院校水利水电类精品规划教材

招标投标与合同管理

聂相田　孟凡玲　刘英杰　彭　斌　主编

黄河水利出版社

·郑　州·

内容提要

本书依据《中华人民共和国招标投标法》、《中华人民共和国合同法》以及国家有关部门最新颁布的招标投标及合同管理方面的法律、法规和规定，并参考有关国际组织制定的招标投标相关指南、导则等，全面讲述了工程建设领域的招标投标与合同管理的理论、方法和实践。主要内容包括：招标采购制度概述、国际组织招标基本规则、招标投标基础知识、工程施工招标投标、服务项目和货物采购招标投标、外商特许权项目招标投标、合同的法律基础、合同文件和标准合同条件、工程施工质量、工程施工进度、工程计量与支付、施工合同变更、施工索赔、工程担保与工程保险、工程勘察设计合同管理和建设监理合同管理。

本书可作为本科相关专业招标投标与合同管理课程的教材，同时可供从事招标投标与合同管理人员参考。

图书在版编目（CIP）数据

招标投标与合同管理/聂相田等主编．—郑州：黄河水利出版社，2012.7 （2015.2 修订重印）

全国高等院校水利水电类精品规划教材

ISBN 978-7-80734-656-2

Ⅰ.①招… Ⅱ.①聂… Ⅲ.①建筑工程－招标－高等学校－教材②建筑工程－投标－高等学校－教材③建筑工程－合同－管理－高等学校－教材 Ⅳ.①TU723

中国版本图书馆 CIP 数据核字（2012）第 085144 号

策划编辑：李洪良 电话：0371-66026352 E-mail：hongliang0013@163.com

出 版 社：黄河水利出版社

地址：河南省郑州市顺河路黄委会综合楼 14 层 邮政编码：450003

发行单位：黄河水利出版社

发行部电话：0371-66026940、66020550、66028024、66022620（传真）

E-mail：hhslcbs@126.com

承印单位：河南地质彩色印刷厂

开本：787 mm×1 092 mm 1/16

印张：16.75

字数：387 千字 印数：3 101—6 100

版次：2012 年 7 月第 1 版 印次：2015 年 2 月第 2 次印刷

定价：32.00 元

出版者的话

随着2011年中央1号文件《中共中央 国务院关于加快水利改革发展的决定》的发布和中央水利工作会议的召开，水利作为国家基础设施建设的优先领域迎来了前所未有的黄金期。到2015年，全国水利投资总额达1.8万亿元，到2020年，水利投资达4万亿元。据《第一次全国水利普查公报》，截至2011年12月31日，全国堤防总长度为413 679公里（其中5级及以上在建堤防长度为7 963公里），共有水库98 002座（其中在建水库756座），共有水电站46 758座（其中在建水电站1 324座）。水利水电工程的大规模建设对设计、施工、运行管理等水利水电专业人才的需求也更为迫切，如何更好地培养适应现今水利水电事业发展的优秀人才，成为水利水电专业院校共同面临的课题。作为水利水电行业的专业性科技出版社，我社长期关注水利水电学科的建设与发展，并积极组织水利水电类专著与教材的出版。

在对水利水电类本科层次教材的深入了解中，我们发现，以应用型本科教学为主的众多水利水电类专业院校普遍缺乏一套完整构建在校本科生专业知识体系又兼顾实践工作能力的教材。在广泛调研与充分征求各课程主讲老师意见的基础上，按照高等学校水利学科专业教学指导委员会对教材建设的指导精神与要求，并结合教育部实施的多层次建设、打造精品教材的出版战略，我社组织编写了本系列“全国高等院校水利水电类精品规划教材”。

此次规划教材的特点是：

(1)以培养水利水电类应用型人才为目标，充分重视实践教学环节。

(2)在依据现有的专业规范和课程教学大纲的前提下，突出特色，力求创新。

(3)紧扣现行的行业规范与标准。

(4)基本理论与工程实例相结合，易于学生接受与理解。

本系列教材除了涵盖传统专业基础课及专业课外，还补充了多个新开课程的教材，以便于学生扩充知识与技能，填补课堂无合适教材可用的空缺。同时，部分教材由工程技术人员或有工程设计施工从业经历的老师参与编写，也是此次规划教材的创新。

本系列教材的编写与出版得到了全国21所高等院校的鼎力支持，特别是三峡大学原党委书记刘德富教授和华北水利水电大学副校长刘汉东教授对系列教材的编写与出版给予了精心指导，有效保证了教材出版的整体水平与质量。在此对推进此次规划教材编写与出版的各院校领导和参编老师致以最诚挚的谢意，是他们在编审过程中的无私奉献与辛勤工作，才使得教材能够按计划出版。

“十年树木，百年树人”，人才的培养需要教育者长期坚持不懈的努力，同样，好的教材也需要经过千锤百炼才能流传百世。本系列教材的出版只是我们打造精品专业教材的开始，希望各院校在对这些教材的使用过程中，提出改进意见与建议，以便日后再版时不断改正与完善。

黄河水利出版社

全国高等院校水利水电类精品规划教材

编 审 委 员 会

前　言

近年来，我国工程建设规模不断扩大，管理水平不断提高，招标投标和合同管理对于约束交易者行为、创造公平竞争的市场环境、保障资金有效使用以及实现工程控制目标起到了积极的作用。随着招标投标和合同管理制度的不断完善，以及招标投标和合同管理实践的不断深入，出现了许多新的知识点。为了使相关专业人员系统掌握招标投标和合同管理知识，特编写了本书。

本书在编写的过程中遵循以下三个基本的原则：

（1）注重理论与实践相结合的原则，这部分内容是招标投标和合同管理的理论基础。本书在讲解基本理论的同时，针对不同的招标标的、专业，列举事例进行解释与说明，使学生通过本书的学习，既理解基本理论，又具有实际操作能力。

（2）法律法规的符合性。本书编写不仅以《中华人民共和国招标投标法》和《中华人民共和国合同法》为基本依据，而且更重视与新颁布法律、法规和示范文本相适应原则，根据我国新颁布的《招标投标法实施条例》（2012 年 2 月 1 日实施）、《标准施工招标文件》（2008 年 5 月 1 日颁布实施）、《水利水电工程标准文件》（2010 年 2 月 1 日实施）更新编写了相关内容。

（3）国内外相结合原则。本书除了对我国相关招标投标和合同管理的法律、法规、规章和示范性文本进行了讲解，还对国际上推荐使用的指南、导则、示范性文本进行了介绍，如《关于货物、工程和服务采购示范法》、《政府采购协议》、《欧盟采购指令》、《世界银行采购指南》、《FIDIC 合同条件》等。

本书由聂相田、孟凡玲、刘英杰、彭斌担任主编。具体编写分工为：第一章～第六章由孟凡玲编写，第七章、第八章由聂相田编写，第九章～第十二章、第十四章由刘英杰编写，第十三章、第十五章由彭斌编写。全书由聂相田统稿。

本书编写中参考和引用了参考文献中的某些内容，谨向这些文献的作者致以衷心的感谢。由于作者水平有限，不足之处在所难免，敬请广大读者批评指正，提出宝贵意见。

作　者

2012 年 6 月

目 录

第一章　招标采购制度概述

招标是一种竞争性的市场采购方式，即招标人事先提出货物、工程或服务采购的条件和要求，通过公告或邀请等形式，招引或邀请具有能力的潜在投标人参与投标竞争，通过一定的招标程序，从所有的投标人中择优选择合格的中标者的采购活动。

招标是商品经济高度发展的产物。商品经济的发展，带来了大宗商品交易，交易市场的竞争便产生了招标采购方式。

第一节　招标采购制度的起源与发展

一、招标采购制度的起源

招标采购制度最早形成于18世纪末和19世纪初的西方自由资本主义国家，它是政府采购制度的产物。西方国家首先进入资本主义社会，在工业化之前的资本主义市场经济称为近代市场经济（也叫自由市场经济）。在近代市场经济的早期，市场交易主要是私人采购。私人采购使用的是自己的钱，自然会精打细算。到了后期，随着社会工业化的深入，逐渐出现了政府采购，且随着工业化的加强，政府采购的范围和数量也在不断加大。由于政府采购使用的是纳税人的钱，不是采购人自己掏腰包，经常会出现浪费现象；更为严重的是，在采购过程中极易出现贪污腐败现象。鉴于此，政府对招标腐败现象加以治理，从而产生了政府采购制度。

18世纪末期，英国政府办公人员在购买公共文具时，出现了严重的贪污腐败现象。对此，英国政府在1782年首先设立文具公用局，作为特别负责政府部门所需办公用品招标采购的机构。该局以后发展为物资供应部，专门采购政府各部门所需物资。

美国在南北战争期间，其预算的60%～80%用于购买军用物资，而在军需采购过程中，也出现了严重的贪污腐败现象。对此，北方政府也采取了招标比价的方法来规范军需采购。美国联邦政府民用部门的招标采购历史可以追溯到1792年，当时有关政府采购的第一部法律将为联邦政府采购供应品的责任赋予美国首任财政部长亚历山大·汗弥尔敦。之后，美国不断完善其政府采购立法：1861年制定的一项法案要求每一项采购至少要有三个投标人；1868年国会又通过立法确立公开开标和公开授予合同的程序；1947年，国会通过武装部队采购法确立了国防采购的方法和程序，并将军事采购的责任赋予国防部的后勤局，在军事国防领域内实现了集中政府采购；1949年美国国会通过联邦财产与行政服务法（Federal Property and Administrative Service Act），该法为联邦服务总署（General Services Administration ，GSA）提供了统一的采购政策和方法，并确立了GSA为联邦政府的绝大多数民用部门组织集中采购的权利。所以，自1949年起，美国确立了集中采购的管理体制。直到今天，GSA仍然保留着为联邦政府的民用部门集中采购的责任。

虽然招标采购制度起源于近代市场经济时期,但完整意义上的招标采购制度是现代市场经济发展的产物。在近代市场经济阶段,市场经济国家信奉“看不见的手”原理,政府基本上不参与、不干预国民经济活动,政府直接承担的公共工程和物资采购十分有限。因此,政府采购市场并不发达和完善。在现代市场经济阶段,市场经济国家的政府广泛运用经济手段和法律手段干预国民经济活动,重要手段之一就是政府通过财政收入和财政支出兴办公用事业。这样,政府采购制度就大范围地发展起来了。

二、国际政府采购制度的形成

国际政府采购制度的形成是伴随着国际贸易一体化的进程而来的,其目的是限制歧视性政府采购。在1946年起草关税与贸易总协定时,并未包括政府采购问题。但是,随着国际贸易的发展,政府采购的规模越来越大,每年政府采购金额达数千亿美元,占国际贸易总额的10%以上。同时,在政府采购中的歧视性做法也越来越明显,逐渐成为了国际贸易的一个严重障碍。于是,在1976年的东京回合上,成立了专门小组,讨论政府采购问题。1979年东京多边贸易谈判在日内瓦签订了《政府采购协议》(简称《协议》)。该协议的形成,标志着国际政府采购制度的初步形成。除此之外,一些国际性或地区性经济组织为消除贸易障碍,也相继建立了政府采购制度。

为了实现在欧共体范围内消除贸易壁垒,促进货物、资本和人员的自由流动这一欧共体条约目标,欧共体早在1966年就在其欧共体条约中对政府采购作出了专门规定。后来欧盟在该条约的指导下,相继颁布了关于公共采购各领域的“委员会指令”(简称《指令》),构成了独具特色的公共采购法律体系。在这个体系中,有四部指令是关于政府采购的实体性法律,有两部是程序性的法律。前四部分别是1992年颁布的关于协调授予公共服务合同程序的指令和1993年颁布的关于协调授予公共供应品合同程序的指令、关于协调授予公共工程合同程序的指令,以及关于协调水、能源、交通运输和电信部门采购程序的指令;后两部分别是1989年颁布的关于协调有关对公共供应品合同和公共工程合同授予审查程序的法律、规则和行政条款的指令及1992年颁布的关于协调有关水、能源、交通运输和电信部门采购程序执行共同体规则的法律、规则和行政条款的指令。这六部指令是适用于欧共体范围内的公共采购的主要规则,欧共体通过这六部指令建立了其范围内的国际政府采购制度。

世界银行为了保证其贷款资金的有效利用和管理借款国的政府采购行为,于1985年颁布了以强化对招标采购的严密监管而著称的《国际复兴开发银行贷款和国际开发协会信贷采购指南》(简称《指南》),并且采取了一系列监管措施,从而在世界银行成员国范围内大大促进了政府采购的实践工作,越来越多的人认识到完善的政府采购制度对促进公共资金的有效利用、对一国经济的发展,以及对树立廉洁、公正的政府形象的重要意义。

联合国国际贸易法委员会自1966年成立以来,一直致力于通过制定国际协定或示范法等基本法律的形式促进国际贸易法律的规范化和统一化。采购法律由于涉及各国的民事、刑事法律规定,文化传统,以及国家的对外贸易政策,很难达成一致。因此,为了促进各国政府采购立法的统一和帮助正在进行政府采购立法的国家建立一个经济有效的政府采购法律体系和运行制度,1994年,在其第27届年会上通过了《关于货物、工程和服务采

购示范法》(简称《示范法》)

目前,《协议》、《指令》、《指南》和《示范法》这四部国际政府采购规则代表了国际政府采购的标准规范。其具体内容将在第二章中介绍。

第二节　我国招标投标制度的建立

一、我国招标投标制的产生

1980 年 10 月 17 日,国务院在《关于开展和保护社会主义竞争的暂行规定》中首次提出,为了改革现行经济管理体制,进一步开展社会主义竞争,对一些适于承包的生产建设项目和经营项目,可以试行招标、投标的办法。1981 年,吉林省吉林市和深圳特区率先试行工程招标投标,并取得了良好效果。这个尝试在全国起到了示范作用,并揭开了我国招标投标的新篇章。此后,随着改革开放形势的发展和市场机制的不断完善,我国在基本建设项目、机械成套设备、进口机电设备、科技项目、项目融资、土地承包、城镇土地使用权出让、政府采购等许多政府投资及公共采购领域,都逐步推行了招标投标制度。

(一)工程招标

20 世纪 80 年代初,我国率先在工程建设领域推行招标投标制,作为基本建设管理体制改革的突破口,从此拉开了我国招标投标制度全面推广和发展的序幕。

1983 年 6 月 7 日,原城乡建设部印发了《建筑安装工程招标投标试行办法》,规定"凡经国家和省、市、自治区批准的建筑安装工程,均可按本办法的规定,通过招标,择优选定施工单位,持有营业执照的国营建筑企业和集体所有制施工单位,均可通过投标,承揽任务"。这是建设工程招标投标的第一个部门规章,也是我国第一个对招标投标作出较详尽规定的办法。

1984 年,原国家计委会同有关部门联合发布了《建设工程招标投标暂行规定》,此后又发布了《工程设计招标投标暂行办法》(1985 年 6 月)、《关于加强国家重点建设项目及大型建设项目招标投标管理的通知》(1991 年 2 月)等,提出:建设项目的设计、设备采购、施工除有特殊原因不宜招标外(要提前报经国家计委备案),都要创造条件实行招标投标;可根据工程的性质、规模、复杂程度及其他客观条件,分别采取公开招标、邀请招标和议标等方式。

1992 年 12 月 30 日,建设部发布了《工程建设施工招标投标管理办法》,规定"凡政府和公有制企、事业单位投资的新建、改建、扩建和技术改造工程项目的施工,除某些不适宜招标投标的特殊工程外,均应按照本办法,实行招标投标"。

在原国家计委颁发的《关于实行建设项目法人责任制的暂行规定》(1996 年 4 月)、《国家重点建设项目管理办法》(1996 年 6 月)以及有关部门的有关招标投标规定中,也都对建设项目招标投标的有关程序及实体问题作出了规定。

1997 年,原国家计委在总结实践经验的基础上,为加强重点建设项目的管理,制定并发布了《国家基本建设大中型项目实行招标投标的暂行规定》,提出建设项目主体工程的设计、建筑安装、监理、主要设备和材料供应、工程总承包单位以及招标代理机构,除有特殊情况或要求外，都应实行招标投标；并强调在条件允许下，建设项目及其项目法人的确定、不涉及特定地区或不受资源限制的项目建设地点的选定、项目前期评估咨询单位的确定，也应当通过招标投标进行。

在这些国家和地方性法规出台后，不少地方还制定了与之配套的规章和规范性文件，包括招标代理、招标申报、招标文件及标底管理审查，开标、评标、定标等方面的管理规定，规范招标投标管理。

(二)机电设备招标

1. 进口机电设备招标

我国的机电设备招标投标是随着改革开放逐步发展起来的。1985 年，为了深化流通体制改革，改革机电设备进口管理工作，国务院决定开展机电设备招标工作，并批准成立了中国机电设备招标中心。1985～2000 年间，全国机电设备招标系统进行了 1 万多个项目的招标，进口设备招标 150 多亿美元，平均节汇率在 10% 以上，国内设备招标 50 多亿元，平均节资率 15% 以上，取得了较好的经济效益和社会效益，为改革开放和经济建设发挥了重要作用。

我国进口机电设备招标工作的发展，大致经历了三个发展阶段。

第一阶段是起步阶段。1985 年中国机电设备招标中心成立后，一边着手制订招标工作的制度办法，一边批准组建了北京、上海、天津、广州、武汉、西安、重庆、沈阳八个中心城市招标机构，并选择一些合适的项目，参照世界银行等国际上的经验和采购程序，结合中国的国情，在招标的程序和效果方面进行试点，积累了一些基本经验。

第二阶段是全面推广阶段。这个阶段从 1987 年开始，提出了以下要求：凡国内建设项目需要进口的机电设备，必须先委托中国机电设备招标中心下属的招标机构在中国境内进行公开招标；凡国内制造企业能够中标制造供货的，就不再批准进口；国内不能中标的，可以批准进口。

第三阶段是开展国际招标阶段。随着我国改革开放的进一步深入，我国在改革关税、进口管理等方面采取了一系列重大举措，明确要求机电设备招标要按国际惯例办事。从 1992 年开始，中国机电设备招标中心带领各地招标机构逐步转向国际招标。即对用户所需进口的机电设备进行公开的国际招标，公平对待国内外投标者，优者中标。

1994 年，我国对进口体制进行重大改革，除大幅度降低关税外，还对非关税制度进行了重大改革，将机电产品管理分为三大类：第一类是实行配额管理的机电产品；第二类是实行招标的特定机电产品；第三类是自动登记进口机电产品。对特定机电产品，由国家指定的 28 家专职机构进行招标。

我国机电设备招标工作经过多年的发展，已经初步走向成熟，建立了比较完善的制度办法。1986 年制定了《申请进口机电设备国内招标投标管理暂行办法》，1987 年又作了补充规定。1993 年发布了《机电设备招标投标指南》，明确了招标需遵循的原则、基本程序，提出了招标投标在与国际惯例相衔接中的指导意见。1996 年 11 月，国家经贸委颁布了《机电设备招标管理办法》和《机电设备招标机构资格管理暂行办法》。

2. 机械成套设备招标

改革开放以前，我国建设项目的成套设备供应实行计划分配制。改革开放以后，招标投标在设备成套供应中占据越来越重要的地位。

我国成套设备招标投标工作经历了三个发展阶段：

(1)起步阶段。我国建设项目成套设备招标投标工作起步于1984年。当时，上海市成套公司为上海益民啤酒厂及浦东煤气厂一期工程组织设备成套；北京成套局为华东啤酒厂组织设备成套。两家成套公司都借鉴世界银行设备招标的做法，采取了打破地区、部门以及军工和民用的界限，进行了招标择优选择，取得了很好的效益。为此，原物资部成套管理局立即在成套系统推广了上海、北京的招标经验。

(2)组织推行阶段。为了加强对招标工作的管理和指导，进一步推动成套系统的招标工作，1987年4月原物资部成套管理局正式成立了招标管理机构，1987年编印了《建设项目设备招标实例选》，1985年召开了成套系统招标研讨会，1990年与中国机电招标中心共同召开了全国招标发展研讨会，1990年编印了《成套项目招标技术资料汇编》并建立了适应当时实际需要的招标管理程序，该年还完成了"成套设备推行招标竞争机制的系统研究和设计"课题。所有这些，都为完善成套设备招标投标工作做了很好的准备。

(3)完善提高阶段。多年来的招标实践证明，要进一步推行成套设备招标，提高招标工作的管理水平，必须加强政策法规研究，加强制度化、规范化建设，进一步理顺并创造有利于推行招标的外部条件，建立有利于推行招标的内部机制。

(三)科技项目招标

长期以来，我国的科研项目主要是依靠计划和行政手段进行管理与调整的。从科研课题的确定到研究开发，直至试验、生产，都由国家指令性计划安排。国家用于发展科技事业特别是科研项目的经费，主要来源于拨款，并且通过计划方式来确定经费的投向和分配。

目前，政府对科技的投入，仍在整个科技投入中占有相当大的比例。1995年，国家科技投入中央财政拨款额为300多亿元；国家科技攻关计划，由国家科委负责部分的财政拨款额，"八五"期间约为14亿元，"九五"期间计划拨款23亿~25亿元。此外，国务院其他主管部门、军工科研管理部门、地方各级人民政府、国有企事业单位等，也对科研项目的研究开发活动投入了大量的资金。如何更好地使用好这些科技投入，以最低的投入获得最优的成果，促进科技进步，就成为科技招标投标工作的重要任务。

1996年4月，国家科委首次对国家重大科技产业工程项目"高清晰度电视功能样机研究开发工程项目"实行公开招标。这一招标活动所产生的影响及意义已超出了项目本身，不仅在我国科技界产生了积极的反响，而且为我国进一步推动科技计划项目实行招标制奠定了实践基础。

二、我国的招标投标法律法规建设

招标投标在我国虽然起步较晚，但随着改革开放的不断深入，商品经济的迅速发展，招标投标的普及面不断扩大，招标投标的法律法规建设进展也很快。

从1983年到2000年近20年的实践看，招标采购方式对于约束交易者行为，创造公平竞争的市场环境，保障国有资金有效使用，起了积极的作用。但是，招标投标活动中也存在许多突出的问题，主要是招标投标推行的力度不够；程序不规范、做法不统一；搞假招标甚至搞钱权交易等腐败现象比较严重;政企不分,行政干预过多,搞地方和部门保护等。这些问题亟待通过立法进行解决。因此,制定招标投标法,推行招标投标制度,规范招标投标行为,十分必要。与此同时,经过多年的实践,积累了不少经验,也具备了立法基础和条件。基于此,第八届全国人民代表大会常务委员会和第九届全国人民代表大会常务委员会均将招标投标法列入一类立法规划,并委托原国家计委牵头于1994年6月开始了起草工作。

1999年8月30日,经过第九届全国人民代表大会常务委员会第十一次会议审议,通过《中华人民共和国招标投标法》(简称《招标投标法》),并于8月30日以中华人民共和国主席令第21号发布,自2000年1月1日起施行。

《招标投标法》是规范市场主体行为的重要法律之一,是招标投标法律体系中的基本法律。它的制定与颁布,是我国经济生活中的一件大事,也是我国政府及公共采购市场的管理逐步走上法制化轨道的重要里程碑。国家通过法律手段推行招标投标制度,要求对基础设施、公用事业以及使用国有资金投资和国家融资的工程建设项目的勘察、设计、施工、监理以及与工程建设有关的重要设备、材料等的采购,达到国家规定的规模标准,必须进行招标。

《招标投标法》的颁布和实施,是我国公共领域交易方式改革的一项重大举措。

为了规范政府采购当事人的采购行为,第九届全国人民代表大会常务委员会第二十八次会议于2002年6月29日通过并颁布了《中华人民共和国政府采购法》(简称《政府采购法》),自2003年1月1日起开始施行。

在招标投标法颁布后,根据行业和专业的区别及其他要求,国务院各部委又相继颁布了一系列规章文件,如:

(1)《关于国务院有关部门实施招标投标活动行政监督的职责分工的意见》(2000年5月3日,国办发[2000]34号)。

(2)《工程建设项目招标范围和规模标准规定》(2000年5月1日,国家发展计划委员会令第3号)。

(3)《招标公告发布暂行办法》(2000年7月1日,国家发展计划委员会令第4号)。

(4)《工程建设项目自行招标办法》(2000年7月1日,国家发展计划委员会令第5号)。

(5)《建设项目可行性研究报告增加招标内容以及核准招标事项暂行规定》(2001年6月18日,国家发展计划委员会令第3号)。

(6)《评标委员会和评标方法暂行规定》(2001年7月5日,国家发展计划委员会、国家经济贸易委员会、建设部、铁道部、交通部、信息产业部、水利部令第12号)。

(7)《工程建设项目施工招标投标办法》(2003年5月1日,国家发展计划委员会、建设部、铁道部、交通部、信息产业部、水利部、民用航空总局、国家广电总局令第30号)。

(8)《工程建设项目勘察设计招标投标办法》(2003年8月1日,国家发展计划委员会、建设部、铁道部、交通部、信息产业部、水利部、民用航空总局、国家广电总局令第2号)。

(9)《水利工程建设项目招标投标管理规定》(2001年10月29日,水利部令第14

号）。

（10）《水利工程建设项目重要设备材料采购招标投标管理办法》（2002 年 12 月 25 日，水建管［2002］第 585 号）。

（11）《水利工程建设项目监理招标投标管理办法》（2002 年 12 月 25 日，水建管［2002］第 587 号）。

在招标实践总结和制度建设积累的基础上，国务院于 2011 年 12 月 20 日颁布了《中华人民共和国招标投标法实施条例》，自 2012 年 2 月 1 日起施行。

第二章　国际组织招标基本规则

随着国际贸易的发展,政府采购的规模越来越大。于是,以规范各国的政府采购行为、促进各国间政府采购市场开放为目标的国际政府采购制度也逐步建立起来。其中,最为典型和最有影响的是联合国贸易法委员会制定的《关于货物、工程和服务采购示范法》、世界贸易组织的《政府采购协议》、欧盟制定的六个采购指令以及世界银行颁布的《国际复兴开发银行贷款和国际开发协会信贷采购指南》。可以说,这四部国际政府采购规则代表了政府采购的国际标准规范。

第一节　货物、工程和服务采购示范法

《关于货物、工程和服务采购示范法》是联合国贸易法委员会 1994 年在其第 27 届会议上通过的。联合国贸易法委员会是联合国大会的一个政府间机构,是联合国大会为促进协调和统一国际贸易立法、消除因贸易法差异而对国际贸易造成不必要的障碍而于 1967 年设立的。其职能主要是制定法律文件,以促进国际贸易和援助那些试图改革其国际贸易立法的国家。在某些情况下,其所制定的法律文件经过一定的程序成为了国际公约(如《联合国国际货物销售合同公约》、《海上货物运输公约》),有的则成为示范法并被那些进行国内立法的国家效仿(如《关于货物、工程和服务采购示范法》、《联合国贸易法委员会国际商事仲裁示范法》)。

鉴于政府采购行为的重要性和各国立法上的差异,联合国贸易法委员会在 1986 年第 19 届会议上决定进行采购立法工作。由于认识到服务采购在某些方面与货物或工程的采购不同,委员会决定先起草货物和工程采购示范法,并于 1993 年 7 月 5 日至 23 日在维也纳召开的第 26 届会议上通过。一年后,又在 1994 年 5 月 31 日于纽约召开的第 27 届会议上将服务采购的内容纳入其中,讨论通过了《关于货物、工程和服务采购示范法》。

一、《示范法》的宗旨与目标

在《示范法》的序言中,规定政府采购行为应促进下述目标的实现:

(1)尽量节省开支和提高效率,促进和鼓励供应商及承包商参与采购过程尤其是在适当情况下促进和鼓励无论任何国籍的供应商及承包商的参与,从而促进国际贸易;

(2)促进供应商及承包商为供应拟采购的货物、工程和服务进行竞争;

(3)给予所有供应商及承包商以公平和平等的待遇;

(4)促使采购过程公正、公平,提高公众对采购过程的信任;

(5)促使采购过程具有透明度。

这些规定的目的一方面是使颁布国创造必要的环境,使公众相信政府部门必然以一种廉洁和负责的态度对待公共采购资金,另一方面也使意图得到政府采购合同的供应商

及承包商有信心得到公平对待。

二、《示范法》的适用范围

《示范法》第1条规定了适用范围："本法适用于采购实体进行的所有采购"，但不适用于涉及国防或国家安全的采购以及颁布国列明排除在外的其他类型的采购。此外，如果颁布国所承担的国际义务（如与多边或双边援助机构订立贷款或捐赠协议，其中对资金使用有特殊要求；或区域经济一体化组织的采购指示）对采购有特殊要求的，也可不适用《示范法》。

三、采购方法与适用条件

《示范法》第二章规定了各种采购方法及其适用条件。鉴于招标被普遍认为能最有效地促进竞争、节约费用和提高效率，因此第18条规定：凡采购货物或工程均应通过招标程序进行，只有在特定条件下才可使用限制性招标、两阶段招标、邀请报价、邀请建议书、竞争性谈判、单一来源采购等方式；服务采购应采用《示范法》第四章规定的征求建议书等方式进行，除非采购实体认为可以拟定详细的技术规格而且考虑到拟采购项目的性质，采用招标程序或采用两阶段招标、邀请建议书、竞争性谈判等方式更为适当。

四、招标程序

（一）招标

（1）采购实体应在本国的官方公报或其他官方出版物上刊登投标邀请书或资格预审邀请书。

（2）采购实体根据投标邀请书的规定向供应商或承包商提供招标文件，已进行资格预审程序的，应向预审合格的供应商或承包商提供招标文件。

（3）供应商或承包商可在投标截止日期前一段合理时间内要求采购实体澄清招标文件。采购实体可以在投标截止日前的任何时候，主动或根据供应商或承包商的澄清要求对招标文件进行修改，但必须迅速分发给所有招标文件的购买者。

（二）投标

（1）在采购实体对招标文件进行澄清、修改，或某几个供应商或承包商因无法控制的原因不能在截止日期前提交投标书，采购实体可以决定在提交投标书截止日期前展延截止日期。

（2）采购实体如果要求投标者提供投标担保，则此种要求应适用所有投标者，且必须在招标文件中具体说明担保的形式和条件。

（三）评标、定标

（1）采购实体应在招标文件中规定的投标截止日期、在招标文件中规定的地点，按招标文件规定的程序开标。

（2）为有助于评标，采购实体可要求供应商或承包商对其投标书作出澄清，但澄清者不得改变投标书中的价格等实质事项，或为了使不符合要求的投标成为符合要求的投标而作出变动。

(3)若投标书有些小偏离但并未实质改变招标文件的内容,仍应被视为符合要求的投标。

(4)采购实体应根据招标文件中列明的标准确定中标者。

(5)为促进本国工业发展,提高本国供应商或承包商的竞争能力,在本国采购条例许可的情况下,采购实体可在评标时对由国内承包商承办工程的投标、拟在国内制造货物的投标、由国内供应商提供服务的投标给予一个优惠幅度。

(6)无论是否进行过资格预审,采购实体可要求中标者按招标文件规定的标准和程序进一步证明其资格。

(7)有关投标书的审查、澄清、评审和比较详情不得透露给供应商或承包商。采购实体不得与供应商或承包商就其提交的投标书进行谈判。

(8)采购实体应尽快把中标通知发给提交该投标的供应商或承包商,通知发出之时采购合同即告生效。

(9)中标者未能按要求签署合同或未能提供履约担保时,采购实体可从仍然有效的其余投标中再选定一个中标人,也可拒绝其余的所有投标。

(10)在采购合同开始生效和中标者提供了履约担保时,应向其他投标者发出已订立合同的通知,其中列明中标者名称、地址及合同价格。

五、服务采购的主要方法

鉴于服务采购不同于货物和工程采购,它通常涉及一种无形商品的提供,其质量和精确内容可能难于量定。提供服务的质量主要取决于供应商或承包商的技术和专门知识,在货物和工程采购中价格往往是评审过程的主要考虑因素,但服务采购中人们往往更注重供应商或承包商的技术和专门知识。因此,《示范法》第四章专门规定了服务采购的主要方法——“征求建议书”,该方法旨在适当重视对服务提供者的资格和专门知识进行评估的过程。具体步骤如下:

(1)采购实体在官方公报上刊登通知,征求各方提交建议书或接受资格预审的兴趣。但采购实体在下述情况下,为节省开销和提高效率,可不发通知:

①拟采购的服务只能从有限数目的供应商或承包商处获得;

②审查和评价大量建议书所需的时间及费用与拟采购服务的价值不相称;

③为了确保机密或出于国家利益的考虑必须采用直接征求建议书的方式。

(2)采购实体应按通知所列明的程序和规定,向供应商或承包商提供邀请建议书或资格预审文件;或在不发通知的情况下,直接向参与的供应商或承包商提供邀请建议书或资格预审文件。采用预审程序的,采购实体应及时向预审合格的供应商或承包商提供邀请建议书。

(3)采购实体应在邀请建议书中列出评审标准,以及每一标准的相对比重。

(4)供应商或承包商可在提交建议书截止日期之前的一段合理时间内,要求采购实体澄清邀请建议书。采购实体应在合理时间内答复,并将此种澄清告知自己向其提供了邀请建议书的所有供应商或承包商。

(5)选择中选建议书的程序。

①不通过谈判的评选程序。

采购实体应按照邀请建议书所列除价格外的关于质量和技术方面的标准，以及这些标准的相对比重和应用方式，评比每份建议书，然后对达到或超过界限的建议书的报价进行比较。中选的建议书应是报价最低的建议书，或评比取得最佳综合评价的建议书。

②通过谈判的评选程序。

这种程序按谈判方式的不同，又分为同时谈判的评选程序、顺序谈判的评选程序。

同时谈判，是采购实体与所有提出了建议书的供应商或承包商进行谈判，并请其在谈判结束后的某一规定日期前提出最佳和最后报盘。在评审建议书时，应在完成了技术评价后才考虑报价，中选的应是最能满足采购实体需要的供应商或承包商。

顺序谈判，是采购实体按照以质量和技术标准进行评分的高低顺序，先与取得最佳评分的供应商或承包商就其报价进行谈判；不能产生采购合同时，与评分次佳的进行谈判；还不能产生采购合同时，与评分达到界限以上的进行谈判，直到达成合同或否决全部建议书为止。

采购实体应避免将建议书的内容透露给相互竞争的供应商或承包商，谈判方也不得向任何人透露与谈判有关的技术、价格等方面的资料。

第二节　世界贸易组织的政府采购协议

一、《政府采购协议》的形成与实践

《政府采购协议》是世界贸易组织（WTO）多边贸易体系中一个重要的协定。全球贸易中，政府采购市场占有较大的份额，对贸易自由化进程影响越来越大。但各国政府为了促进本国工业的发展，对国内企业实行优惠价格，在采购立法上利用例外条款，或使用不公开或不透明的采购程序，使外国供应商无法与国内企业竞争。这种歧视性的政府采购导致国际贸易的扭曲。由于政府采购市场的特殊性，1947 年的《关税和贸易总协定（GATT）》明确地将政府采购规则排除在外。

1976 年，为了限制政府采购中出现的歧视性采购，促进政府采购市场的开放，关贸总协定第七轮东京回合中正式将政府采购纳入了谈判议题。经过长期的讨价还价，第一个规范政府采购的多边框架协议——《政府采购协议》于 1979 年 4 月 12 日在日内瓦签订，1981 年 1 月 1 日起生效。1987 年 2 月 2 日，《协议》的缔约方对其进行了修改，修改后的《协议》于 1988 年 2 月 14 日实施。1993 年 12 月，缔约方在关贸总协定乌拉圭回合多边谈判中就制定新的《政府采购协议》达成了基本意向，并于 1994 年 4 月 15 日在马拉喀什签署，1996 年 1 月 1 日起开始实施。该《协议》由 1 个序言、24 项条款、4 项附录和 1 个原文注释组成。与原《协议》相比，新《协议》的范围有所拓宽，不仅适用于中央政府机构的采购，还适用于地区性或地方性公共机构的采购；除传统的货物、工程和服务领域外，还适用于港口、机场、供水、电力和城市运输部门。世界贸易组织的成员或在《建立 WTO 的协议》生效前已是 1947 年 GATT 缔约方但非本《协议》缔约方的政府可自愿参加，《协议》仅适用于签字国。

《政府采购协议》被称为“诸边”协议，世界贸易组织的成员自愿参加。《政府采购协议》建立了一个从国际到国内政府采购的法律框架，协议的基石是非歧视原则，以及最惠国待遇(MFN)和国民待遇。各成员国在进行政府采购时，要平等对待该《协议》的成员方的投标者。为了落实非歧视原则，《协议》特别强调透明的采购程序。

乌拉圭回合谈判后期达成的《政府采购协议》为全球的政府采购指明了方向。在东京回合《政府采购守则》的基础上，新的《政府采购协议》扩大了采购实体和产品的范围，对政府采购的实体、产品范围和金额作了较原守则更为详尽的规定，并增加了一些新的要求。政府采购的方式有招标、谈判以及招标、谈判相结合三种。在招标方式下，又分公开招标、有选择招标和限制性招标三种。公开招标是指所有有兴趣的供应商均能进行投标；选择性招标则只有符合资格认可的供应商才被邀请参加投标；限制性投标是指与个别供应商在具体条件下直接接触。采取何种方式根据有关政府采购的法规、采购的价值和产品技术特征以及需求的迫切性和保密要求等条件而定。

《政府采购协议》规定成员间相互给予最惠国待遇和国民待遇，赋予成员货物与服务提供者在公平竞争机会下进入他国政府采购市场的权利。为实现最大的货币价值和公开、透明的政府采购机制，《协议》在采购细节方面作了详尽规定。包括公布所有采购方面的法律、法规和具体做法，提交政府采购实体名单，公布招标的规章和程序，解释未中标的原因和公布采购实体的采购情况，包括统计数字。对于发展中国家，为了促进其工业发展的需要，允许谈判双方均可接受的对最惠国待遇的若干背离，如要求当地含量、技术转让补偿采购等。《协议》还规定发达国家有义务为发展中国家提供技术援助以解决他们采购过程中的具体问题，包括帮助发展中国家将其招标文件转换为 WTO 语言，进入发达国家数据中心等。对加入《协议》的发展中国家成员可给予一个过渡期，使之根据《协议》的内容和规则修改、补充有关政府采购的法律、法规和政策，在过渡期满后，完全履行《协议》。

从《协议》内容看，其实质是使成员在非歧视的、透明的和公正的政府采购市场上分享份额。因此，《协议》条款实际上是建立在非歧视的、透明的和客观公正的三个原则基础上的。这三个原则有助于《协议》的实施和吸收更多的成员。为扩大《协议》成员，WTO 正在进行关于政府采购适当程序和透明责任的多边协议的谈判。

目前《政府采购协议》的成员国多为经济发达国家，由于国内企业的竞争能力较强，在开放政府采购市场后，并未出现外国供应商蜂拥而入的情况，在英、美等经济大国，外国供应商想进入该政府采购市场也非易事，据统计，在临界值以上的政府采购市场中，外国产品所占的比例，日本为 16%，美国为 9%，加拿大为 20%，据专家研究，加拿大、欧盟、日本和美国，政府采购的 90% 是由国内供应商提供的，而其他成员国国内采购约占 60%，一些小的成员国的购买反而更加国际化。

随着全球经济一体化和贸易自由化的进程，很多发展中国家感到保护政府采购市场越来越力不从心，歧视性购买受到更多的限制，这是因为很多政府采购的支出，一部分来自国际金融组织的资助，要求这些购买必须公开竞争，促使发展中国家的市场开放。从可以得到的数据来看，政府采购支出中，国际金融机构的资助占有非常重要的比重，在低收入国家中，这一比例占 18%，中等收入国家占 16%，而在高收入国家中只占 6%，这一数据表明，特别是在比较贫穷的国家里，即使政府想进行歧视性购买，但政府已经无法控制，这些采购活动已经服从《政府采购协议》的采购原则。

经过多年来各国的努力，政府采购市场的开放已经取得了实质性的进展。随着《政府采购协议》成员国的增加，以及该协议调整范围的扩大，越来越多的发展中国家开始关注这个协议，政府采购市场的相互开放，已经成为世界贸易组织追求贸易自由的重要目标。在《服务贸易总协定》谈判中，政府采购的服务采购部分，已经包含在《服务贸易总协定》之中，使之成为多边贸易规则的一部分。

二、《政府采购协议》的主要内容

下面对签订于1994年的新《政府采购协议》的有关内容作一介绍。

(一)《协议》基本目标

《协议》的基本目标是：

(1)通过建立一个有效的关于政府采购的法律、规则、程序和措施方面的权利与义务的多边框架，实现世界贸易的扩大和更大程度的自由化，改善协调世界贸易运行的环境；

(2)各国关于政府采购的法律规章和程序做法均不得对国内供应商提供保护，以在国内外供应商之间实行差别待遇；

(3)各国应提高政府采购法规及程序做法的透明度；

(4)建立磋商、监督和争端解决的国际程序，以确保有关政府采购的法则能得到公正、迅速和有效地执行，维持权利和义务的平衡；

(5)发展中国家特别是最不发达国家的发展、财政与贸易应给予特别的考虑。

(二)《协议》的适用范围

《协议》第1条从以下三方面具体界定了适用范围：

(1)从采购主体而言，《协议》适用于一国政府部门、机构或其代理机构。各国可在加入《协议》时提交一份清单，列明本国适用于《协议》的有关单位。这样做的目的在于，只有列入清单的单位才受《协议》约束和支配，名单以外的其他政府部门或地方政府的采购则不受约束。

(2)从采购对象来看，《协议》适用于以任何契约形式采购产品、建筑工程和服务(以及产品与服务的联合采购)，包括购买、租赁、分期付款购买、有无期权购买等。但《协议》不适用于基本建设工程的特许合同的采购，如BOT等。

(3)从采购限额上看，《协议》的适用限额规定在附件中，对各签署国中央政府而言，达到13万特别提款权以上的采购均要适用《协议》；对于地方政府和其他主体，由各签署国根据本国的实际情况作出承诺。

(4)《协议》第23条规定了《协议》的例外，即不适用于《协议》的几种情形。

①缔约方有权在采购武器、弹药或战争物资，或采购为国家安全或国防目的所需的物资等方面采取其认为必要的行动；

②缔约方政府有权采取必要措施以维护公共道德、秩序或安全，人类、动植物的生命与健康，知识产权或为保护残疾人、慈善机构或劳改产品而采取必要措施。

(5)合同估价。合同估价问题涉及《协议》的适用范围，即确定某一项合同是否达到了《协议》规定的限额。

（三）《协议》的原则

1. 国民待遇和非歧视性待遇

《协议》第3条规定，各缔约方应保证无条件地向来自另一方的产品、服务及供应商提供不低于向国内产品、服务及供应商所提供的待遇；不低于向任何其他一方的产品、服务及供应商所提供的待遇。各缔约方还应保证，不能基于外国属性和所有权成分的比重而在当地设立的供应商之间实行差别待遇；不能基于被提供的产品与服务的生产国别而歧视在当地设立的供应商，如果该生产国是《协议》的缔约方。

2. 发展中国家的特殊与差别待遇

《协议》第5条详尽地规定了对发展中国家的种种特殊与差别待遇，目的在于保障发展中国家的国际收支平衡，保证他们有足够的外汇储备来执行经济发展方案；促进发展中国家国内工业的建立和发展，包括促进农村或落后地区的小型工业和家庭手工业的发展及其他经济部门的发展；扶持发展中国家那些完全或基本上依赖政府采购的工业单位；在向世贸组织部长会议提出并征得同意的情况下，鼓励发展中国家通过区域或全球安排来发展经济。

1)《协议》的适用范围

在谈判发展中国家适用本《协议》的范围时，应适当考虑上述所列目标；发达国家在拟定适用本《协议》的范围时，应尽量列入购买与发展中国家出口利益相关的产品和服务的实体。

2) 例外条款

发展中国家可在适当考虑上述目标的情况下，同参加谈判的其他方商谈、确定彼此可接受的作为适用国民待遇原则例外的实体、产品或服务清单；在参加上述所提及的区域或全球安排时，也可通过谈判将其适用范围中的某些实体、产品或服务作为适用国民待遇原则的例外。

3) 技术援助

每一发达缔约方应在发展中缔约方提出请求时，在非歧视原则的基础上向其提供一切合适的技术援助，以解决这些国家在政府采购领域遇到的问题。发达缔约方还应建立资料中心，以满足发展中缔约方获得有关政府采购的法律、规章、程序、做法，已经公布的采购意向，《协议》管辖的实体地址，以及已购或拟购产品或服务的性质、数量等方面资料的要求。

4) 抵偿

各采购实体在进行资格审查、评估投标和授予合同时，不得规定、寻求和考虑抵偿（即通过规定当地成分、技术许可、投资要求和反向贸易等类似要求来促进当地发展或改善国际收支的各种措施）。发展中国家可在加入《协议》时对利用抵偿的条件进行谈判，但只可用于资格审查过程，而且必须客观、明确和非歧视。

5) 对最不发达国家的特殊待遇

考虑到“1947年关贸总协定缔约方全体1979年11月28日关于发展中国家差别和更优惠待遇、互惠和更广泛参与的决定”第6款，对最不发达缔约方应给予特殊待遇；并在有利于发展中国家的一般或具体措施的范围内,对原产于最不发达缔约方的产品或服务的供应商给予特殊待遇。缔约方也应对来自非缔约方的最不发达国家的供应商、产品或服务给予本《协议》意义上的好处。

6)审议

政府采购委员会应对本条的实施情况和效果进行年度审议,并每隔三年进行一次全面审议,根据发展中国家的发展、财政和贸易情形,决定上述例外条款中规定的例外适用是否需要修改或延长。缔约方为在对等基础上改善和扩展"协议"而根据第24条第7款举行谈判时,发展中缔约方应依据各自经济、财政和贸易情形考虑扩大本国适用《协议》范围的可能性。

3.透明度原则

《协议》第17条规定,每一缔约方应鼓励其实体说明受理来自非缔约方国家投标的条件,以确保各实体授予合同的透明度。

(1)按第6条有关技术规格的规定来拟定合同;

(2)用WTO的一种官方语言公布采购通告及其摘要,以及受理来自非缔约方供应商投标的条件;

(3)确保一般不在采购过程中改变其采购规则,一旦这种改变不可避免,应保证有满意的补救手段。

(四)资格审查

《协议》第8条规定,采购实体在审查供应商资格时,不得在外国供应商之间或本国供应商与外国供应商之间进行区别对待。各缔约方应努力缩小各实体间资格审查程序的差异,以确保本国的采购实体及附属机构实施统一的资格审查程序。

(五)招标程序

为了保证政府采购能够公开、公平、公正,《协议》第9、10、11、12、13、14、15、18等条规定了详细的招标程序,其中包括公开招标、选择性招标和限制性招标程序三种招标方式。公开招标,是指所有有兴趣的投标者均可进行投标;选择性招标,是指由采购实体邀请的供应商进行投标;限制性招标,是采购实体可与各供应商进行个别联系。

1.招标通告或投标邀请的发布

除限制性招标外,采购实体应发布拟进行的采购的通告。采用选择程序的,要发布"拟购通告"。

2.招标文件的提供

(1)招标文件应包括使供应商能及时作出投标的所有资料。

(2)在公开招标程序中,采购实体应在参加投标的供应商的请求下向其提供招标文件,并对有关解释招标文件的合理要求迅速给予答复。

(3)在选择性招标程序中,应在要求参加投标的供应商的请求下向其提供招标文件,并对有关解释招标文件的合理要求迅速给予答复。

3.投标截止日期

各实体应在充分考虑采购的复杂性、预期分包合同的范围及邮寄标书的正常时间、出版延误等因素后,来决定这一截止日期,以使国内外供应商有足够的时间准备并提交标书。

(1)进行公开招标的,应从采购通告发布之日起不少于40天。

(2)进行选择性招标的,若不使用“合格供应商永久名单”,提交被邀请参加投标的申请书的截止期限,应从采购通告发布之日起不少于25天,接标的期限不少于从公布邀请参加投标之日起40天;使用“合格供应商永久名单”的,接标期限不少于从发出邀请参加投标之日起40天。

(3)若第二次或以后发出的通告中所包含的信息,在性质上类似于原采购合同,40天可缩短为不少于24天;若采购实体能充分证明出现了紧急情况使原定期限无法执行,上述(1)、(2)所规定的期限可缩短,但不得少于通告发出之日起10天。

4. 投标、接标、开标和授予合同

(1)投标书一般应以书面形式直接或通过邮寄提交。如准许使用电传、电报或传真投标,须备有评标所需的全部资料,特别是投标价格及投标人同意投标邀请书的一切条件和各项规定的声明。投标者还应立即用信件或通过电传等的签署副本加以确认。不允许用电话投标。

(2)不得因给予投标人在开标和签订合同之间改正由于粗心造成错误的机会而产生任何歧视性做法。

(3)如完全因采购实体处理不当而造成延误,使投标书被逾期收到,供应商不应受罚。

(4)采购实体应根据国民待遇和非歧视原则,把按公开或选择程序所收到的一切投标予以开标。有关开标的资料由该实体保存,由政府当局支配,以便必要时使用。

(5)采购实体应根据招标文件规定的标准和基本要求来授予合同。只要某项投标符合采购通告和招标文件的基本要求,投标人完全有能力执行合同,并且他的投标从国内外来说都最具有竞争力,或按通告或招标文件规定的具体评估标准都被认为是最具优势的投标,除非公共利益不允许,否则应授予该投标人合同。

(6)若采购实体在采购过程中已表达谈判意图,或按通告和招标文件规定的标准进行评估时,发现没有一项投标明显具有优势,缔约方应允许实体进行谈判。这种谈判主要用来比较各项投标的优劣,各实体应对各项投标保密,并不得在不同供应商间实行差别待遇,具体要求是:①只能按通告和招标文件规定的标准淘汰参加者;②关于标准和技术要求的全部修改均应以书面形式提供给所有参加谈判者;③所有正在参加谈判者都有同等机会根据修改后的要求提出新的投标;④谈判结束时,仍在谈判中的所有参加者应被允许按截止日期提出最终投标。

5. 发布通告及提供资料

除非有关资料的公布有碍法律的实施,违背公共利益,或损害特定企业的合法商业利益,或有损于供应商之间的公平竞争,否则:

(1)采购实体应于授予合同后72天内在适当刊物上公布通告,内容包括:合同项下产品或服务的性质、数量,采购实体的名称、地址,合同授予日期,中标商的名称、地址,合同价值,授予合同时考虑的最高与最低出价,采用何种程序及原因等。

(2)采购实体应在接到请求后立即向参加投标的供应商提供有关合同授予的书面决

定。如一缔约方供应商要求，应立即向其提供关于采购做法和程序的解释；关于该供应商资格申请被拒绝，已有资格被取消及未被选中原因的资料；该供应商投标未中的原因、中标者的特点及相对优势、中标者的名字等资料。

（六）质疑与争端解决

1. 质疑

《协议》第 20 条规定：

(1)当一供应商对一项采购违反本《协议》的情况提出质疑时，每一缔约方应鼓励其通过与采购实体进行磋商来解决。采购实体应给予公正及时地考虑，并不得采取有碍供应商在质疑程序中获得纠正的措施。

(2)每一缔约方应提供一套非歧视的，及时、透明且有效的程序，使各供应商对与自己有利益关系的采购过程中违反《协议》的情况进行质疑。

(3)供应商须在从知道或应知道该质疑时起算的规定时限内开始质疑程序，但无论如何不得少于 10 天。

(4)缔约方应在三年内保留与采购过程各方面相关的文件。

(5)应由法院或与采购结果无关的独立公正的审议机构进行审理。如为后者，则该机构或者应受司法审议，或者应遵循以下程序：①在作出决定前听取参加人的陈述或参加人能被代表和陪同；②参加人应参与全部过程；③审议过程可公开进行；④应就作出决定的依据进行书面说明；⑤证人可出庭；⑥有关文件应提供给审议机构。

2. 争端解决

《协议》第 22 条规定，《建立 WTO 的协议》中"关于争端解决程序和规则之谅解"，除下述具体规定外，适用于本《协议》。

(1)任一缔约方如认为其在本《协议》项下的利益受到侵害，或实现本《协议》的目标因另一(几)缔约方未履行《协议》义务而受阻，可向该缔约方提出书面陈述或建议，后者应给予同情的考虑。同时，提出方还应立即通知根据"谅解"建立的争端解决机构(简称 DSB)。

(2)DSB 有权建立专家组，根据专家组和上诉机构(Appellate Body)的报告，对争端提出建议或作出裁决并监督执行，并授权中止本《协议》项下的减让和其他义务或当不可能撤销与本《协议》抵触的措施时，授权进行有关补偿问题的磋商。

(3)为加速争端解决进程，专家组应努力在不迟于组成人员和商定职权后的 4 个月内，如有延误不迟于 7 个月内，向争端当事方提出最后报告。

第三节　欧盟采购指令

一、《指令》的形成

欧共体自 1945 年成立以来，已成为全球区域组织中辐射最广、组合最完全的共同市场。共同市场拥有 3.8 亿消费者和 4 万亿美元以上的市场总值，约占全球贸易额的 46.8%。欧共体条约的目标是创设一个统一的内部市场。这一目标是靠消除进出口的数量限制和对货物进出口有同样影响的措施，以及清除阻碍人员和服务自由流动的障碍来实现的。欧洲委员会(European Commission)正是基于这些条款试图开放其成员国政府采购市场的。

欧共体自成立以来，为了消除贸易壁垒，促进货物、资本和人员自由流动的目标，通过了一系列协议和指令，其中包括政府采购的立法和协议。欧共体的政府采购协议是一个超前于其他各经济组织而订立的国际协议。早在1966年，欧共体就通过了有关政府采购的专门规定，它比关贸总协议通过的政府采购协议要早13年。

欧共体之所以对政府采购给以极大关注，是由于政府采购金额在欧共体的生产总值和贸易额中占有很大的比重。据欧共体统计，成员国政府采购和国有企业的采购平均每年达4 000亿欧洲货币单位，占共同体国内生产总值的14%，以上的统计数字还未包括运输、能源和邮电等部门进行的采购。但是，由于在执行共同体有关规定的严格程度方面，各成员国政府存在着很大的差距，结果，仅有一部分政府采购实行了国际招标，其余部分则是各国政府从本国企业直接购买。回避国际市场竞争必然带来价格的垄断、采购成本的上升，因而增加了纳税人的负担。欧共体估计，这部分损失每年为400亿欧洲货币单位。

因此，为了在欧共体范围内彻底取消货物自由流通的障碍，实现欧共体成立的初衷，欧共体将货物流通自由化的概念加以扩大，不仅包括以赢利为目的的企业间交易的自由化，也包括政府和公益事业部门的贸易自由化。欧洲法庭在处理越来越多的政府采购案件时也指出，国家之间的非歧视原则是共同体的基本原则，同样适用于货物、人员、服务和资金的政府市场。政府和公益事业部门的任何在合同授予方面所采取的歧视措施都同样违背共同体条约的宗旨。

截至目前，欧共体共制定了四个基本指令和两个救济指令。其中针对政府机构有四个指令(统称《公共指令》)。

(1)欧盟理事会第92/50/EEC号指令：关于协调授予公共服务合同的程序的指令(1992年6月18日颁布，简称《服务指令》)。

(2)欧盟理事会第93/36/EEC号指令：关于协调授予公共供应品合同的程序的指令(1993年6月14日颁布，简称《供应指令》)。

(3)欧盟理事会第93/37/EEC号指令：关于协调授予公共工程合同的程序的指令(1993年6月14日颁布，简称《工程指令》)。

(4)欧盟理事会第89/665/EEC号指令：关于协调有关对公共供应品合同和公共工程合同授予及审查程序的法律、规则和行政条款的指令(1989年12月21日颁布，简称《公共救济指令》)。

针对公用事业公司的有两个指令(统称《公用事业指令》)。

(5)欧盟理事会第93/38/EEC号指令：关于协调有关水、能源、交通运输和电信部门采购程序的指令(1993年6月14日颁布，简称《公用事业指令》)。

(6)欧盟理事会第92/13/EEC号指令：关于协调水、能源、交通运输和电信部门的采购程序执行共同体规则的法律、规则和行政条款的指令(1992年2月25日颁布，简称《公用事业救济指令》)。

二、《指令》的共同特点

(一)欧共体的法规及《指令》的性质

规范欧共体的最重要的法律当然是欧共体条约,它相当于欧共体的宪法。同时欧共体受到理事会或者委员会制定的二次法的约束。根据欧共体条约第189条的规定,理事会以及委员会为了完成他们的任务,可按照条约规定的条件采取行动,应通过规则、指令、决定、建议和意见5种形式进行。其中建议和意见没有约束力,规则、指令和决定则具有约束力。但是,5种形式的性质和效力又有所不同。

1. 规则

规则具有普遍的适用性,具有总体约束力,对所有成员国直接适用。

2. 指令

指令对所有成员国有约束力,但实施指令的方式和手段则由成员国机构作出选择。指令是对成员国发出的,不是对个人发出的。

3. 决定

决定根据起草者的意图,可以对个人发出,也可以对成员国发出。其约束力的方式同规则一样,对所有的条文具有实施义务,特别是对成员国发出的决定,其实现的方式和手段同指令不同,成员国没有自由裁量的余地。

《指令》是成员国理事会在与欧洲议会合作下通过的。他们规定了一个法律框架,成员国必须使他们的政府机构和公用事业公司的合同授予程序符合这一法律框架。根据欧共体条约,要求成员国把《指令》转变成他们的国家法律。成员国可以选择转变的形式和方法,但无论怎样的转变结果,这些《指令》对他们都有约束力。即使在欧共体采购指令不要求竞争的情况下,从广泛的意义上讲,政府机构和国家其他部门必须遵守欧共体条约义务,尤其不应该以他们的国籍或他们所在的成员国为由歧视欧共体供应商、承包商或服务提供者。

(二)《指令》的目标和原则

基本指令规定在整个欧共体内超过某一价值的合同的授予程序。《指令》的目标是:

(1)在共同体范围内增加采购程序和活动的透明度;

(2)促进成员国之间货物和服务的自由流动;

(3)改善公共供应和服务合同有效竞争的条件,确保遵守关于在单一市场中货物和服务的自由流动以及设置机构的自由的欧共体条约规定。

欧共体通过其制定的指令确立了透明度、非歧视和竞争性三项基本原则。

(三)《指令》的适用范围

1. 缔约机构

公共(采购)指令所适用的缔约机构通常是中央、地方和地区政府机关以及公法所管理的或由指令所规定的其他公共机关。公法所管理的公共机关是指为满足公共利益,由国家、地区或地方当局管理或资助的,具有法人资格的机关。每个指令都包含有指令所适用的名单附件。

与公共指令不同的是,公用事业指令的适用范围较广,它包括一些国有化产业以及交通、能源、水利和通信领域内提供公用事业服务的私营公司。通常此类公司都被授予特许权或专有权以履行他们的职能。

2. 适用的合同

指令适用于由签约机关和供应商签订的书面合同。但每个指令也都规定了免除适用指令的具体条件。

(四)采购程序

1. 公告

公共采购领域最重要的程序之一是所有受指令管理的合同必须在官方杂志(Official Journal,OJ)上发布公告,邀请承包商进行投标,这就是所说的“竞争邀请”(Call for Competition)。

2. 招标程序

在授予合同时缔约机构必须使用的三种程序是公开程序(Open Procedure)、限制性程序(Restricted Procedure)和谈判程序(Negotiation Procedure)。除公用事业指令外,所有的指令都鼓励使用公开和限制性程序,并对使用谈判程序的条件作出规定。公用事业指令允许缔约机构可以选择使用任一程序。

第四节 世界银行采购指南

世界银行集团由世界银行(World Bank)、国际开发协会(IDA)、国际金融公司(IFC)、多边投资担保机构和国际投资争端公司组成。世界银行成立于1945年12月17日,是联合国的专门机构之一。

世界银行具有国际人格并具有法人资格,由理事会、执行董事会、总裁及其他公职人员组成,下设金融部、业务部、人事与行政部等,资金来源于成员国缴纳的股金、向国际金融市场贷款及营业收入。世界银行的主要业务包括向成员国提供贷款、为成员国从其他机构或其他渠道取得贷款提供担保、向成员国提供经济金融技术咨询服务。1980年5月,世界银行恢复了中国的合法席位,自1986年从世界银行得到第一笔为数1.9亿美元的贷款用于天津港建设后,中国已先后从世界银行贷取数百亿美元用于发展经济。

国际开发协会成立于1960年9月,也是世界银行的一个附属机构,目的是通过向成员国中较贫困的发展中国家提供条件宽松的低息贷款帮助其发展经济。该机构贷款条件优厚,具有捐款的性质。1964年仅向人均收入低于250美元的国家贷款,1980年根据通货膨胀率将其标准提高到730美元。绝大多数世界银行成员均已参加开发协会,这些成员国分为两类,一类是作为资金资助国的发达国家,一类是作为信贷接受国的发展中国家。中国自1980年在世界银行恢复合法席位继而成为开发协会会员后,作为受援国已从协会得到多项贷款。

由于世界银行的资金来自各会员国及世界银行从国际资本市场上筹集,因此在建立世界银行的协议条款中专门有这样的规定,即要求世界银行保证它贷出的款项只能用于提供贷款所规定的目的,并“充分考虑经济和效率”。出于这一目的,世界银行制定了《国际复兴开发银行贷款和国际开发协会信贷采购指南》。《指南》于1964年首次出版,之后世界银行不断对其进行修改，使其不断充实和完善。目前使用的是1995年版。

一、《指南》的目的和原则

《指南》的目的，在于使那些负责实施由国际复兴开发银行或国际开发协会提供贷款予以部分或全部资助的项目的人员，了解在采购项目所需货物和工程（包括有关服务）时所应作出的安排。简言之，《指南》适用于全部或部分由世界银行贷款资助的有关项目中货物和工程（包括相关服务）的采购，货物包括商品、原材料、机械、设备和工业厂房等，相关服务指运输、保险、安装、调试、培训和初期维修等。《指南》不适用于咨询服务，咨询服务适用《世界银行借款人和世界银行作为执行机构聘请咨询专家指南》。

项目实施所应遵循的具体采购规则和程序，取决于具体项目的不同情况，尽管如此，以下四条原则是世界银行贷款项目在采购中必须执行的：

（1）在项目实施包括有关货物和工程的采购中，必须注意经济和效率；

（2）世界银行愿为所有合格的投标商提供竞争合同的机会；

（3）世界银行愿意促进借款国本国承包业和制造业的发展；

（4）采购过程要有较高的透明度。

二、投标资格

鉴于世界银行的贷款资金只能用于支付由会员国国民提供的，以及在会员国生产的，或由会员国提供的货物和工程的费用，因此会员国以外的其他国家的投标商无资格参加那些由世界银行提供全部或部分贷款的项目招标。

在下列情况下，会员国的企业或会员国制造的货物也可能被拒绝投标：

（1）根据法律或官方规定，借款国禁止与该国有商业往来；

（2）为响应联合国安理会根据联合国宪章作出的决议，借款国禁止从该国进口货物或向该国的企业、个人支付货款。

凡被借款人聘请承担某个项目咨询任务的企业及其分支机构，均不得为同一个项目提供货物或工程。

借款国政府拥有的企业，除非在法律和财务上独立，且按照商业法运作，否则不得参加投标。贷款项目下的借款人或子借款人的附属机构均不得参加投标。借款国的供货商或承包商可以独立投标或与外国企业组成联营体投标。

三、国际竞争性招标

世界银行认为，国际竞争性招标是最能充分实现资金的经济和效率要求的方式，因此要求借款人采取国际竞争性招标方式采购货物和工程。只有在国际竞争性招标不是最经济和有效的情况下，才可采用其他采购方式。但无论采用哪种采购方式，都必须事先在具体项目的贷款协议中明确规定。

（一）合同类型和规模

单个合同的规模取决于项目的大小、性质和地点。对于需要多种土建工程和货物的项目，通常把工程和货物的各主要部分分别招标。若一个项目需要类似的但又可以单独分开的设备或工程，借款人可以对单个合同进行招标，也可对一组类似的合同进行招标。所有单项和组合投标都应在同一截标时间收到，并同时开标和评标。

（二）公告和广告

在国际竞争性招标中，借款人应向世界银行提交一份采购总公告草稿，世界银行将安排该公告刊登于联合国发展商业报。公告应包括如下内容：借款人名称，贷款金额及用途，国际竞争性招标采购的范围，借款人负责采购的单位名称和地址，以及得到资格预审文件或招标文件的预定日期。

（三）资格预审

在大型或复杂的工程，或准备详细的投标文件成本很高的情况下（如专为用户设计的设备、工业成套设备、专业化服务以及交钥匙合同、设计施工合同或管理承包合同等），为确保招标通告只发给那些有足够能力和资源的厂商，或确定承包商是否有资格享受国内优惠，借款人可对投标商进行资格预审。

资格预审前应发布通告，对通告作出反应的厂商均可获悉资格方面的明确要求。预审后应将结果通知所有申请者，并向通过资格预审的投标商提供招标文件。

（四）招标

1. 招标文件

招标文件应为投标商提供一切必要资料，以便他们做好投标准备。借款人应使用世界银行发布的标准招标文件范本，并尽可能少作改动；无标准招标文本的，使用世界银行认可的其他国际标准合同条款和合同格式。

2. 投标保证金

为对借款人提供合理保护，可要求投标人提供投标保证金，并在招标文件中规定具体数额（数额不宜过高，以免影响投标积极性）。保证金可采用保付支票、信用证或银行出具的保函等。保证金应在投标有效期期满后 4 周内一直有效，以使借款人在需要索取保证金时有足够的时间采取行动。一旦确定投标人落标，应及时退还其保证金。

3. 澄清

借款人应向投标商提供相同的信息，以确保他们有同等机会按时获得额外信息。还应允许投标商合理参观项目现场；对工程或复杂的供货合同，特别是那些需要更新现有工程或设备的合同，可以安排召开标前会。任何额外的信息、澄清、错误的校正或招标文件的修改都应在投标截止前的足够时间内寄给每个招标文件的购买者，在必要的情况下投标截止日期应延期。

4. 技术规格

招标文件中引用的技术规格应鼓励广泛竞争，因此借款人应尽可能采用国际认可标准，若没有国际标准或国际标准不合适，可以采用国内标准。技术规格应以货物或工程的特征及性能要求为依据，应避免引用商标名称、商品目录等；如果为澄清不完整的技术规格而必须引用某一商标或商品目录时，必须加上“相当于”的字样。

5. 报价及其调整

货物投标时，国外的应报到岸价（CIF）或运费保险付至目的地的价格（CIP），国内的现货或制造组装的货物报出厂价或货架交货价（Ex－works）。若投标商承担运输、安装、调试等其他相关服务,还应要求其对这些服务另外提出报价。在交钥匙合同中,投标商应报在现场安装厂房的价格,包括设备供应、运输保险、安装调试以及合同中包括的其他服务等全部成本,还应包括关税、税收等(除非招标文件有相反规定)。在工程合同中,投标商应报完成工程的单价或一揽子价格(包括关税及其他税)。投标文件中应说明投标价是固定不变的,或根据合同中主要成本构成的变化进行调整。交货或完工在18个月内的简单合同通常没有价格调整规定,超过18个月以上的合同必须有价格调整规定。

6. 运输和保险

招标文件中应说明投标商要提供的保险的种类和条款,运输保险支付的赔偿应至少是合同金额的110%,工程合同通常要求承包商投保一切险。若借款人希望将进口货物的运输和保险留给本国投标商,应要求投标商在报CIF和CIP价外,还应报离岸价(FOB)或成本运费价(CFR)。借款人可按照FOB或CFR条款签订合同并自己安排运输和保险。

7. 货币规定

招标文件中应说明投标报价时使用的一种或几种货币。投标商可使用任何会员国的货币报价,也可使用欧洲货币单位报价;若用不同外币表示总报价,币种不得超过三种。借款人可要求投标商说明投标价中用借款国货币表示的国内费用的比例。在工程招标中,借款人可要求投标商全部使用当地货币报价,连同要求使用不超过三种外币支付借款国以外的预计投入物,要说明占投标价的比例和计算时使用的汇率。为便于比较报价,投标价应按照招标文件的规定换算成借款人选定的一种货币,换算的汇率来源和具体日期都应在招标文件中明确规定。该日期不得早于截标前4周,不得晚于原投标有效期期满当日。

8. 付款

合同价款应按中标商表示其报价的货币支付;若要求以当地货币表示报价,而投标商要求用外币支付一定比例,应根据投标书中规定的汇率进行付款,以保证报价中外币部分的价值不发生损益。招标文件中应规定付款方法和条件。

9. 履约保证金

工程招标文件中应要求一定的保证金,金额应足以抵偿借款人在承包商违约时所遭受的损失。一种做法是保证金采用履约担保书或银行保函的形式提供,一部分保证金应展期至工程完工之后,包括借款人最后验收前的责任缺陷期或维修期。另一种做法是在每次付款中扣留一定百分比作为保留金直至最后验收,可以允许承包商在临时验收后用相同金额的保证金代替保留金。

10. 合同条款

合同应明确规定将要完成的工程范围、供货范围、借款人和供货商(承包商)的权利义务,以及借款人聘任的工程师、建筑师或施工经理的职责权利。合同中还应规定不可抗力条款,在拖延交货、货物工程不符合性能要求等情况下的违约赔偿条款,在交货或完工早于合同规定时间下的奖励条款,适用法律和争端解决条款等。

(五)开标、评标和授标

(1)投标。在国际竞争性招标中,投标书的准备时间应不少于招标通告刊登之日或招标文件发布之日起6周;如为大型工程或复杂设备,不少于12周。投标商应用邮寄或手递的方式提交标书,招标通告中应规定投标截止日期及地点。

(2)开标。开标时间应与招标通告中规定的投标截止日相一致。借款人应在规定的时间和地点公开开标,投标商或其代表可出席。开标时应宣读投标商名称、投标总金额,以及替代方案投标的总金额(如果有的话)。开标应作记录,并抄送世界银行一份。投标截止日后收到的投标,以及未开封和开标时未宣读的投标均不应予以考虑。

(3)澄清。投标截止期后不得要求或允许投标商修改投标书。借款人可要求投标商就评标所需问题进行澄清,但不得要求或允许其在开标后改变投标书的实质内容或价格。澄清的要求或投标商的答复均应采取书面形式。

(4)检查。借款人应审查投标书是否符合《指南》规定的投标条件;签字是否合适;是否提交了投标保证金;是否实质上响应招标文件的要求(即是否与招标文件所列条款、条件及规格有实质性偏离或保留);总体上是否符合要求。一旦开标,不允许投标商纠正或撤回其实质性偏离或保留内容。

(5)评标。合同应授予评标价最低的投标,但不一定是报价最低的投标。招标文件中应规定评标时除价格外还应考虑的其他因素(如运输和保险费、付款计划、交货期、运营成本、设备的有效性和配套性、零备件和服务的供给能力、相关的培训、安全性和环境效益等),以及如何运用这些因素来确定评标价最低的投标。上述因素应尽可能货币化,或在招标文件中规定相对的权重。

(6)国内优惠。根据贷款协定中达成的协议条款和招标文件中的规定,评标时可对下列情况给予一定幅度的优惠:在比较借款国国内制造货物的投标和国外制造货物的投标时,可给予其国内制造的货物一定幅度的优惠;对于人均国民生产总值低于规定限额的会员国的土建工程,在比较其合格的国内承包商的投标和国外承包商的投标时,可给予其国内承包商一定幅度的优惠。

(7)投标有效期延长。借款人应在原投标有效期内完成评标和授标,如有特殊情况必须延期的,应在投标有效期到期之前以书面形式要求投标商延长其投标有效期。

(8)资格后审、授予合同。若没有对投标商进行资格预审,借款人应根据招标文件规定的标准,审查确定提供最低评标价的投标商是否具备履行合同的能力和资源。不符合要求的投标商应被拒绝,借款人应对下一个最低评标价的投标商进行类似审查。

(9)废除所有投标。在缺乏有效的竞争或投标书没有实质响应招标文件要求的情况下,可以废除所有投标。废标、重新招标或谈判都必须事先征得世界银行的同意。

四、其他采购方式

在有些情况下,国际竞争性招标并不是最经济、最有效的采购方式,其他采购方式可能更加合适,世界银行与借款人可在贷款协定中加以明确。世界银行给予国内制造的货物和承包商的评标优惠政策只适用于国际竞争性招标,不适用于其他采购方式。

(1)有限国际招标。这种方式适用于合同金额较小或供货商数量有限的采购,是一种不刊登广告而直接邀请投标商投标的国际竞争性招标。

(2)国内竞争性招标。这种方式适用于因下述情况预计国外厂商不会感兴趣的采购:合同金额较小、工程地点分散或时间拖得很长、劳动密集型工程、货物或工程的当地价格低于国际市场价格、行政或财务负担明显超过了国际竞争性招标的优势等。一般仅在国家刊物或官方杂志上刊登广告,招标文件可使用本国官方语言,投标和付款用本国货币。

(3)询价采购。即对几个(通常三个以上)供货商的报价进行比较以确保价格具有竞争性的一种采购方式,适于采购小金额及时交货的现货或标准规格的商品。

(4)直接签订合同。是一种没有竞争的采购方法,适用于以下几种情况:

①现有货物或工程合同是按照世界银行接受的程序授予的,需要续签以增购或增建类似性质的货物或工程;

②为使设备或零配件标准化,以便和现有设备相配套,向原供货商增加订货,增加部分的数量应少于原采购数量;

③所需设备具有专卖性质,只能从一家厂商获得;

④负责工艺设计的承包商要求从某一供应商处采购关键性部件,并以此作为性能保证的条件;

⑤因自然灾害等特殊情况。

(5)自营工程。即借款人使用自己的人员和设备建设的工程,主要适用于以下几种情况:

①事先无法确定所涉及的工程量;

②工程小而分散或位于边远地区,有资格的承包商不可能以合理价格投标;

③要求必须在不破坏在建项目的情况下施工;

④不可避免的工作中断的风险由借款人承担要比由承包商承担更为合适;

⑤需要迅速采购行动的紧急情况。

(6)某些情况下从联合国专门机构采购小批量的现货,可能是最经济有效的方式。

(7)如果世界银行贷款给中间金融机构,再由中间金融机构向子项目的受益者(个体、私营企业或公共部门的商业企业)转贷,采购通常由各个受益者按世界银行可接受的当地商业惯例进行。除非单台设备金额很大或可以对大量的相同货物打捆进行大批量采购时,才可能使用国际竞争性招标。

(8)如果世界银行参与对一个通过 BOO、BOT 或 BOOT 方式采购的项目提供贷款,此类合同项下企业的挑选应按国际竞争性招标或有限国际招标进行,被选定的企业可采用自己的程序从合格来源地自由采购所需的货物、工程和服务。但是,如果该企业不是通过上述程序选定的,设施所需并由世界银行贷款支付的货物、工程和服务都应按照国际竞争性招标或有限国际招标进行采购。

五、银行审查

世界银行审查借款人的采购程序、采购文件、评标和授标以及合同,以确保采购过程按照协议的程序进行。对未按规定程序进行的采购,世界银行可宣布为采购失误,并取消已分配给该采购的那部分贷款。具体审查程序如下。

(一)采购计划

世界银行应对借款人的采购安排进行审查,确保其符合《指南》和拟议的实施计划及支付计划的要求。

(二)事先审查

在采购活动中,世界银行将审查下述事项:

(1)借款人应在发出邀请前将预审通告的内容、预审问题、评审方法及广告刊登程序报送世界银行,并按世界银行要求进行修改。

(2)借款人应在招标前将招标通告、投标须知、合同条款、技术规格连同刊登广告的程序一并报送世界银行,并应世界银行要求进行修改。

(3)在作出授予合同的决定前,借款人应将评标报告和授予合同的建议以及世界银行要求的其他资料报送世界银行。世界银行若认为合同授予不符合贷款协定,会及时通知借款人并说明理由。

(4)若借款人要求延长投标有效期以便完成评标、授标,超过60天的第一次延期以及随后的所有延期(无论期限如何)均必须事先征得世界银行同意。

(5)未经世界银行同意,合同条款不得与招标文件或资格预审文件中的条款有实质性出入。

(6)在合同签字后第一次申请从贷款账户提款前,应立即向世界银行提供合同副本一式两份。若从专用账户支付,应在支付第一笔款项前向世界银行提交一份合同副本。

(7)所有的评标报告应按世界银行要求的格式附上一份采购汇总表。在借款人合同签字确认后,世界银行将对外发布合同简介及金额、中标商名称及地址。

(三)合同修改

对于需事先审查的合同,在延长合同执行期、同意修改或放弃合同条款,包括发布任何使原合同金额累计增加超过15%的变更通知或变更令之前,借款人都应将拟采取的行动及理由通知世界银行。世界银行若认为该行动与贷款协定不符,会及时通知借款人并说明原因。

(四)后审查

对于不受事先审查的合同,借款人应在合同生效后第一次向银行申请从贷款账户提款之前,将合同副本一式两份连同对各个投标书的分析、合同授予建议以及银行要求的其他资料及时报送银行。若从专用账户付款,应在申请第一笔之前将合同副本连同其他资料送给世界银行。如果世界银行认为授予的合同或合同本身与贷款协定不符,会及时通知借款人并说明理由。

第三章　招标投标基础知识

第一节　招标的适用范围

一、招标的一般适用范围

招标投标的适用范围,是指采购主体采购的哪些项目(标的)必须采用招标投标的方式。从招标投标的本质意义上来说,只要是采购人需要的、数额较大的产品和项目都可以通过招标方式进行。但是,法律上确定招标的适用范围,由于涉及有关采购主体的权利和义务以及国家的管理和监督职权,不是任意设定的;在国际条约、协定的规定方面,还涉及参加国的承诺和保留以及国内法与它的协调等一系列问题。因此,研究招标的适用范围,是一个有着重大理论和现实意义的课题。

一般而言,招标的适用范围包括三个方面的内容:一是招标的主体;二是招标的标的;三是实行招标投标的标的数量或价值,即招标限额。应该说,从狭义上理解,第三项内容才是招标的适用范围,第一项内容是招标的主体范围问题,第二项内容是招标的标的范围问题,似乎与招标的适用范围无关。其实,这三个方面是相互联系的,构成一个整体,缺一不可,舍其一不足以说明招标适用范围的全部含义。

(一)招标的主体范围

目前,世界各国由于具体国情不同,法律在确定招标主体的范围时不完全一致。具有全球指导意义的联合国国际贸易法委员会通过的《关于货物、工程和服务采购示范法》,将政府部门和其他公共实体或企业列入招标采购主体范围内,并且将这些实体或企业列入时要考虑以下因素:

(1)政府是否向其提供大量资金;

(2)是否由政府管理或控制,或政府是否参加管理或控制;

(3)政府是否对其销售货物或提供服务而给予独家经销特许、垄断权或准垄断权;

(4)是否向政府有关部门报告财务状况;

(5)是否有国际协议或国家的其他国际义务适用于该实体从事的采购;

(6)是否经由特别立法而设立,以便促进法定的公共目的,通常适用于政府合同的公法是否适用于该实体签订的采购合同。

欧盟的采购规则规定,凡政府部门、公共机构和公营企业的采购活动都必须实行招标,政府部门包括中央政府和地方政府;公共机构需为满足公众利益的需求而建立,不具有工业或商业性质,大部分资金由国家、地方机构或公法管理的其他团体提供;公营企业是由政府部门或公共机构直接和间接控制的具有经济与工业目的的企业。

关贸总协定乌拉圭回合达成的世界贸易组织(WTO)《政府采购协议》,在原来《政府采购协议》的基础上，首次将地方政府以及某些特定的公共部门和企业与中央政府部门一起统一纳入招标采购的主体范围之内。

在我国，从保护国有资产的原则出发，将国家机关和国有企业、事业单位及其控股的企业作为招标的主体，已被各种招标投标法规所确定。例如，《国家基本建设大中型项目实行招标投标的暂行规定》规定，经国务院或国家计委批准的国家计划内基本建设大中型项目，符合规定条件的都要进行招标投标。这就是说，国家机关和国有企业、事业单位（包括其控股的企业）在进行国家基本建设大中型项目建设时，都是招标的主体。

目前，在我国一些招标投标规定中，还将集体所有制单位列入招标主体的范围。例如，《工程建设施工招标投标管理办法》规定，凡政府和公有制（包括全民所有制和集体所有制）企业、事业单位投资的工程项目的施工，除不宜招标的外，均应实行招标投标。《招标投标法》规定，全部或部分使用国有资金投资或者国家融资的项目，必须招标。这就是说，国家机关以及国有企业、事业单位进行与工程建设项目有关采购必须招标。

（二）招标的标的范围

从有关国家和国际组织法律与条约、协议、决定等的规定来看，将招标采购标的分为货物（物资）、工程和服务，已成为一种通常做法。

《政府采购协议》将招标的标的分为产品和服务，服务包括建筑工程。

《国际复兴开发银行贷款和国际开发协会信贷采购指南》将招标的标的分为货物和工程（包括其相关的服务），而将咨询服务排除在外，专门由《世界银行借款人和世界银行作为执行机构聘请咨询专家指南》进行规范。

联合国贸易法委员会《关于货物、工程和服务采购示范法》明确界定了货物和工程标的的性质，该法规定，“货物”是指各种各样的物品，包括原材料、产品、设备，固态、液态或气态物体和电力；“工程”是指与楼房、结构或建筑物的建造、改建、拆除、修缮或翻新有关的一切工作。

但《国际复兴开发银行贷款和国际开发协会信贷采购指南》对货物的解释则为，货物包括商品、原材料、机械、设备和工业厂房。关于服务，《示范法》只将其泛泛定义为“除货物或工程以外的任何采购对象”，世界贸易组织《服务贸易总协定》也只对“服务贸易”的几种形式作了界定，而没有对服务本身的性质作出明确规定。由于对招标标的性质的认识不统一，因此很难确定标的范围。

由于招标标的涉及的范围广，各国经济和贸易的发展状况各有千秋，因而随着各国现实情况的变化而不断被修正。一个共同的发展趋势是，招标的标的范围逐渐扩大，招标标的从过去单一的实物形态项目转向全方位的实物形态和知识形态项目，新产品开发、设备改造、科研课题、勘察设计、科技咨询等知识形态的服务项目招标不断拓展。

从我国的情况来看，在货物方面，招标标的主要是机电设备和机械成套设备；在工程方面，招标标的主要是工程建设和安装；在服务方面，招标标的主要是科研课题、工程监理、招标代理、承包租赁等。对此，《国家基本建设大中型项目实行招标投标的暂行规定》作了总括性的规定，即建设项目主体工程的设计、建筑安装、监理和主要设备与材料供应、工程总承包单位及招标代理机构，以及某些条件下建设项目和项目法人的确定、不涉及特定地区和不受资源限制的项目建设地点的选定、项目前期评估咨询单位的确定，都应当通过招标投标进行。

在国际范围的招标中，各国法律都对招标标的范围特别是服务项目范围，根据其参加的条约、协议规定或根据互惠、对等原则进行一定的限制，以保护本国投标人的利益。例如，欧盟在加入《政府采购协议》时，承诺适用于协议条款的服务范围是：银行和金融、保险、卫生服务、道路运输、铁路运输、城市运输、海洋运输、内陆水运、港口、机场、旅游、客货运输、宾馆和餐饮、维修、研究和开发、健康、住房等；美国也提出了大致对应的报价单。在此之外的服务，或者谈判双方根据对等原则互不开放的服务，都不对外开放。我国在这方面尽管还未作出明确的例外或保留，但也作了原则性的规定。例如，《国家基本建设大中型项目实行招标投标的暂行规定》规定，建设项目经批准采取国际招标的，“除按本规定执行外，还应遵从国家有关对外经济贸易的法律、法规”。

（三）招标的限额

从国外和国际组织的招标法律规定来看，其招标限额呈现以下特点：

（1）货物和服务项目的招标限额相同，与工程项目的招标限额之比一般控制在1:10左右。

（2）中央政府采购实体要比次中央政府采购实体（公共机构）的招标限额低，而次中央政府采购实体（公共机构）又比其他采购实体（包括公营企业或其他公营单位）的招标限额低。这表明，法律对中央政府的采购行为控制得比较严，而对其他招标采购实体的采购行为则控制得相对宽松一些。

（3）有关国际组织和国家规定的货物、工程和服务项目的招标限额基本上相同，但也有个别国家存在一定的差异。如各国中央政府对工程方面的采购限额一般规定为500万特别提款权，而以色列则规定为850万特别提款权，日本则规定为450万特别提款权（见表3-1）。这种差异是这些国家在参加《政府采购协议》前，与世界贸易组织谈判的结果。

表3-1 特别提款权（1特别提款权约等于1.4美元） （货币单位：万）

标的		澳大利亚	加拿大	芬兰	以色列	日本	韩国	挪威	瑞典	瑞士	美国	欧盟
1	货物	13	13	13	13	13	13	13	13	13	13	13
	服务	13	13	13	13	13	13	13	13	13	13	13
	工程	500	500	500	850	450	500	500	500	500	500	500
2	货物	20	35.5	20	25	20	20	20	20	20	35.5	20
	服务	20	35.5	20	25	20	20	20	20	20	35.5	20
	工程	500	500	500	850	1 500	1 500	500	500	500	500	500
3	货物	40	35.5	40	35.5	13	45	40	40	40	40	40
	服务	40	35.5	40	35.5	13		45	40	40	40	40
	工程	500	500	500	850	1 500	1 500	500	500	500	500	500

注：1指中央政府采购实体；2指次中央政府采购实体（公共机构）；3指其他采购实体（包括公营企业或其他公营单位）。

2000年以前，我国对货物和服务项目的招标限额基本没有法规规定，而对工程施工招标限额的规定则不尽一致。实际情况是，在工程招标限额方面，全国平均控制在建筑面积1 000 m^2 或投资额100万元人民币以上；在货物方面，据统计，国内机电设备和成套机械设备的招标采购合同额大部分在50万～100万元；至于服务，也基本上与货物适用一个限额标准。

因此，目前我国各地通行掌握的招标限额大致为：

(1)合同估价在50万元人民币以上的货物和服务；

(2)建筑面积在1 000 m^2 以上或者投资额100万元人民币以上的工程；

(3)法律、法规规定的其他必须实行招标的货物、工程或服务。

需要说明的是，这些招标限额是指投资总额，而且不可能一成不变，应在一定时期内由政府作出适当调整。

二、我国招标投标法的适用范围和依法必须进行招标的项目

(一)《招标投标法》适用范围

《招标投标法》第二条规定："在中华人民共和国境内进行招标投标活动，适用本法。"从本条的规定看，《招标投标法》适用于在中华人民共和国进行的一切招标投标活动。不仅包括本法列出必须进行招标的活动，而且包括必须招标以外的所有招标投标活动。也就是说，凡是在中国境内进行的招标投标活动，不论招标主体的性质、招标采购项目的性质如何，都要适用《招标投标法》的有关规定。

具体而言，从主体上说，包括政府机构、国有事业单位、集体企业、私人企业、外商投资企业以及其他非法人组织等的招标；从项目资金来源上说，包括利用国有资金、国际组织或外国贷款政府及援助资金，企业自有资金，商业性或政策性贷款，政府机关或事业单位列入财政预算的消费性资金进行的招标；从采购对象上说，包括货物(设备、材料、产品、电力等)、工程(建造、改建、拆除、修缮或翻新以及管线敷设、装饰装修等)、服务(咨询、勘察、设计、监理、维修、保险等)的招标采购，且不论采购金额或投资额的大小。

(二)依法必须招标的项目

《招标投标法》规定，在中华人民共和国境内进行下列工程建设项目，包括项目的勘察、设计、施工、监理以及与工程建设有关的重要设备、材料等的采购，必须进行招标：

(1)大型基础设施、公用事业等关系社会公共利益、公众安全的项目；

(2)全部或者部分使用国有资金投资或者国家融资的项目；

(3)使用国际组织或者外国政府贷款、援助资金的项目。

《工程建设项目招标范围和规模标准规定》(国家计委令第3号)进一步规定了上述依法必须招标项目的具体范围和规模标准。

(1)关系社会公共利益、公众安全的基础设施项目的范围包括：

① 煤炭、石油、天然气、电力、新能源等能源项目；

② 铁路、公路、管道、水运、航空以及其他交通运输业等交通运输项目；

③ 邮政、电信枢纽、通信、信息网络等邮电通信项目；

④ 防洪、灌溉、排涝、引(供)水、滩涂治理、水土保持、水利枢纽等水利项目；

⑤道路、桥梁、地铁和轻轨交通、污水排放及处理、垃圾处理、地下管道、公共停车场城

市设施项目；

⑥生态环境保护项目；

⑦其他基础设施项目。

(2)关系社会公共利益、公众安全的公用事业项目的范围包括：

①供水、供电、供气、供热等市政工程项目；

②科技、教育、文化等项目；

③体育、旅游等项目；

④卫生、社会、福利等项目；

⑤商品住宅，包括经济适用住房；

⑥其他公用事业项目。

(3)使用国有资金投资项目的范围包括：

①使用各级财政预算资金的项目；

②使用纳入财政管理的各种政府专项建设基金的项目；

③使用国有企业事业单位自有资金，并且国有资产投资者实际拥有控制权的项目。

(4)国家融资项目的范围包括：

①使用国家发行债券所筹资金的项目；

②使用国家对外借款或者担保所筹资金的项目；

③使用国家政策性贷款的项目；

④国家授权投资主体融资的项目；

⑤国家特许的融资项目。

(5)使用国际组织或者外国政府资金的项目的范围包括：

①使用世界银行、亚洲开发银行等国际组织贷款资金的项目；

②使用外国政府及其机构贷款资金的项目；

③使用国际组织或者外国政府援助资金的项目。

《工程建设项目招标范围和规模标准规定》还明确规定以上范围内的各类工程建设项目，包括项目的勘察、设计、施工、监理以及与工程有关的重要设备、材料等的采购，达到下列标准之一的，必须进行招标：

(1)施工单项合同估算价在200万元人民币以上的；

(2)重要设备、材料等货物的采购，单项合同估算价在100万元人民币以上的；

(3)勘察、设计、监理等服务的采购，单项合同估算价在50万元人民币以上的；

(4)单项合同估算价低于第(1)、(2)、(3)项规定的标准，但项目总投资额在3 000万元人民币以上的。

《水利工程建设项目招标投标管理规定》(水利部令第14号)第3条明确了水利工程建设项目必须进行招标的具体范围为：

(1)关系社会公共利益、公共安全的防洪、排涝、灌溉、水力发电、引(供)水、滩涂治理、水土保持、水资源保护等水利工程建设项目；

(2)使用国有资金投资或者国家融资的水利工程建设项目；

(3)使用国际组织或者外国政府贷款、援助资金的水利工程建设项目。

第二节　招标方式和招标程序

一、招标方式

招标投标方式是采购的基本方式,决定着招标投标的竞争程度,也是防止不正当交易的重要手段。总体来看,目前世界各国和有关国际组织的采购法律、规则都规定了公开招标、邀请招标、议标等三种招标投标方式。《中华人民共和国招标投标法》只规定两种招标方式,即公开招标和邀请招标。

(一)公开招标

公开招标(Open Tendering),又叫竞争性招标,即由招标人在报刊、电子网络或其他媒体上刊登招标公告,吸引众多企业单位参加投标竞争,招标人从中择优选择中标单位的招标方式。按照竞争程度,公开招标可分为国际竞争性招标和国内竞争性招标。

1. 国际竞争性招标(International Competitive Tendering)

这是在世界范围内进行招标,国内外合格的投标商均可以投标。要求制作完整的英文标书,在国际上通过各种宣传媒介刊登招标公告。

例如,世界银行对贷款项目货物及工程的采购规定了三个原则:

(1)必须注意节约资金并提高效率,即经济有效;

(2)要为世界银行的全部成员国提供平等的竞争机会,不歧视投标人;

(3)有利于促进借款国本国的建筑业和制造业的发展。

世界银行在确定项目的采购方式时都从这三个原则出发,其中国际竞争性招标是采用的最多、占采购金额最大的一种方式。它的特点是高效、经济、公平,特别是采购合同金额较大,国外投标商感兴趣的货物工程要求必须采用国际竞争性招标。世界银行根据不同地区和国家的情况,规定了凡采购金额在一定限额以上的货物和工程合同,都必须采用国际竞争性招标。对一般借款国来说,10万~25万美元以上的货物采购合同,大中型工程采购合同,都应采用国际竞争性招标。我国的贷款项目金额一般都比较大,世界银行对中国的国际竞争性招标采购限额也放宽一些,工业项目采购凡在100万美元以上,均应采用国际竞争性招标来进行。

实践证明,尽管国际竞争性招标程序比较复杂,但确实有很多的优点。

第一,由于投标竞争激烈,一般可以对买主有利的价格采购到需要的设备和工程。

第二,可以引进先进的设备、技术和工程技术及管理经验。

第三,可以保证所有合格的投标人都有参加投标的机会。由于国际竞争性招标对货物、设备和工程的客观的衡量标准,可促进发展中国家的制造商和承包商提高产品与工程建造质量,提高国际竞争力。

第四,保证采购工作根据预先指定并为大家所知道的程序和标准公开而客观地进行,因而减少了在采购中作弊的可能。

当然,国际竞争性招标也存在一些缺陷,主要是:

(1)国际竞争性招标费时较多。国际竞争性招标有一套周密而比较复杂的程序,从招标公告、投标人作出反应、评标到授予合同,一般都要半年到一年以上的时间。

(2)国际竞争性招标所需准备的文件较多。招标文件要明确规范各种技术规格、评标标准,以及买卖双方的义务等内容。招标文件中任何含糊不清或未予明确的都有可能导致执行合同意见不一致,甚至造成争执。另外,还要将大量文件译成国际通用文字,因而增加很大工作量。

(3)在中标的供应商和承包商中,发展中国家所占份额很少。在世界银行用于采购的贷款总金额中,国际竞争性招标约占60%,其中,如美国、德国、日本等发达国家中标额就占到80%左右。

2. 国内竞争性招标(National Competitive Tendering)

在国内进行招标,可用本国语言编写标书,只在国内的媒体上登出广告,公开出售标书,公开开标。通常用于合同金额较小(世界银行规定一般50万美元以下)、采购品种比较分散、分批交货时间较长、劳动密集型、商品成本较低而运费较高、当地价格明显低于国际市场等采购。

此外,若从国内采购货物或者工程建筑可以大大节省时间,而且这种便利将对项目的实施具有重要的意义,也可仅在国内实行竞争性招标采购。在国内竞争性招标的情况下,如果外国公司愿意参加,则应允许他们按照国内竞争性招标参加投标,不应人为设置障碍,妨碍其公平参加竞争。国内竞争性招标的程序大致与国际竞争性招标相同。由于国内竞争性招标限制了竞争范围,通常国外供应商不能得到有关投标的信息,这与招标的原则不符,所以有关国际组织对国内竞争性招标都加以限制。

(二)邀请招标

邀请招标也称有限竞争性招标(Restricted Tendering)或选择性招标(Selective Tendering),即由招标单位选择一定数目的企业,向其发出投标邀请书,邀请他们参加招标竞争。一般都选择3~10个参加较为适宜,当然要视具体的招标项目的规模大小而定。

由于被邀请参加的投标竞争者有限,不仅可以节约招标费用,而且提高了每个投标者的中标机会。然而,由于邀请招标限制了充分的竞争,因此招标投标法规一般都规定,招标人应尽量采用公开招标。

邀请招标的特点是:①邀请投标不使用公开的公告形式;②接受邀请的单位才是合格投标人;③投标人的数量有限。

邀请招标与公开招标相比,因为不用刊登招标公告,招标文件只送几家,投标有效期大大缩短,这对采购那些价格波动较大的商品是非常必要的,可以减低投标风险和投标价格。如渔粉是采用国际有限竞争性招标的最典型的例子。世界上只有少数几个国家生产,如果采用国际竞争性招标,会导致开标后无人投标的结果,这样的情况在实际业务中确有发生。

许多商品常常是采用国际招标后无人投标,才改为邀请招标,这样就会影响招标的效率。例如在欧盟的公共采购规则中,如果采购金额超过法定界限,必须使用招标形式的,项目法人有权自由选择公开招标或邀请招标,而由于邀请招标有上述的优点,所以在欧盟的成员国家中,邀请招标被广泛使用。

二、招标程序

招标需经过招标、投标、开标、评标与定标等程序。

(一)招标

公开招标应当发布招标公告。招标公告应当通过报刊或者其他媒介发布。

招标公告应当载明下列事项：

(1)招标人的名称和地址；

(2)招标项目的性质、数量；

(3)招标项目的地点和时间要求；

(4)获取招标文件的办法、地点和时间；

(5)对招标文件收取的费用；

(6)需要公告的其他事项。

招标人或招标投标中介机构可以对有兴趣投标的法人或者其他组织进行资格预审，但应当通过报刊或者其他媒介发布资格预审通告。

资格预审通告应当载明下列事项：

(1)招标人的名称和地址；

(2)招标项目的性质、数量；

(3)招标项目的地点和时间要求；

(4)获取资格预审文件的办法、地点和时间；

(5)对资格预审收取的费用；

(6)提交资格预审申请书的地点和截止日期；

(7)资格预审的日程安排；

(8)需要通告的其他事项。

上述预审应当主要审查有兴趣投标的法人或者其他组织，是否具有圆满履行合同的能力。有兴趣投标的法人或者其他组织应当向招标人或者招标投标中介机构提交证明其具有圆满履行合同的能力的证明文件或者资料。招标人或者招标投标中介机构应当对提交资格预审申请书的法人或者其他组织作出预审决定。

采用邀请招标程序的，招标人一般应当向三家以上有兴趣投标的或者通过资格预审的法人或者其他组织发出投标邀请书。

招标人或者招标投标中介机构根据招标项目的要求编制招标文件。

招标文件一般应当载明下列事项：

(1)投标人须知；

(2)招标项目的性质、数量；

(3)技术规格；

(4)投标价格的要求及其计算方式；

(5)评标的标准和方法；

(6)交货、竣工或提供服务的时间；

(7)投标人应提供有关资格和资信证明文件；

(8)投标文件的编制要求；

(9)投标保证金的数额或其他形式的担保；

(10)合同格式及主要合同条款；

(11)开标、评标、定标的日程安排；

(12)需要载明的其他事项；

(13)提供投标文件的方式、地点和截止日期。

招标人或者招标投标中介机构在招标文件中,可以规定投标人在提交符合招标文件要求的投标文件的同时,提交备选投标文件,但应作出说明,并规定相应的评审和比较办法。

招标文件规定的技术规格应当采用国际或者国内公认、法定标准。招标文件中规定的各项技术规格,不得要求或者标明某一特定的专利、商标、名称、设计、型号、原产地或生产厂家,不得有倾向或排斥某一有兴趣投标的法人或者其他组织的内容。

招标人或者招标投标中介机构应当按照招标公告或者投标邀请书规定的时间、地点出售招标文件。招标文件售出后不予退还。除不可抗力原因外,招标人或者招标投标中介机构在发布招标公告或者发出投标邀请书后不得终止招标。

招标人或者招标投标中介机构需要对已售出的招标文件进行澄清或者非实质性修改的,一般应当在提交投标文件截止日期15天前以书面形式通知所有招标文件的购买者,该澄清或修改内容为招标文件的组成部分。

招标文件发出之日到提交投标文件截止之日止,一般不得少于20天。

对于同一招标项目,招标人或者招标投标中介机构可以分两阶段进行招标。第一段,招标人或者招标投标中介机构应当要求有兴趣投标的法人或者其他组织先提交不包括投标价格的初步投标文件,列明关于招标项目技术、质量或其他方面的建议。招标人或者招标投标中介机构可以与投标人就初步投标文件的内容进行讨论。第二阶段,招标人或者招标投标中介机构应当向提交了初步投标文件并未被拒绝的投标人提供正式招标文件。投标人或者招标投标中介机构根据正式招标文件的要求提交包括投标价格在内的最后投标文件。

(二)投标

投标人应当按照招标文件的规定编制投标文件。投标文件应当载明下列事项:

(1)投标函;

(2)投标人资格、资信证明文件;

(3)投标项目方案及说明;

(4)投标价格;

(5)投标保证金或者其他形式的担保;

(6)招标文件要求具备的其他内容。

投标文件应在规定的截止日期前密封送达投标地点。招标人或者招标投标中介机构对在提交投标文件截止日期后收到的投标文件,应不予开启并退还。招标人或者招标投标中介机构应当对收到的投标文件签收备案。投标人有权要求招标人或者招标投标中介机构提供签收证明。

投标人可以撤回、补充或者修改已提交的投标文件;但是应当在提交投标文件截止日之前,书面通知招标人或者招标投标中介机构。

(三)开标

开标应当按照招标文件规定的时间、地点和程序以公开方式进行。开标由招标人或者招标投标中介机构主持,邀请评标委员会成员、投标人代表和有关单位代表参加。

投标人检查投标文件的密封情况,确认无误后,由有关工作人员当众拆封、验证投标资格,并宣读投标人名称、投标价格以及其他主要内容。

投标人可以对唱标作必要的解释,但所作的解释不得超过投标文件记载的范围或改变投标文件的实质性内容。开标应当作记录,存档备查。

(四)评标与定标

评标应当按照招标文件的规定进行。

招标人或者招标投标中介机构负责组建评标委员会。评标委员会由招标人的代表及其聘请的技术、经济、法律等方面的专家组成,总人数一般为5人以上单数,其中受聘的专家不得少于三分之二。与投标人有利害关系的人员不得进入评标委员会。

评标委员会负责评标。评标委员会对所有投标文件进行审查,对与招标文件规定有实质性不符的投标文件,应当决定其无效。

评标委员会可以要求投标人对投标文件中含义不明确的地方进行必要的澄清,但澄清不得超过投标文件记载的范围或改变投标文件的实质性内容。

评标委员会应当按照招标文件的规定对投标文件进行评审和比较,并向招标人推荐一至三个中标候选人,也可以按照招标人的委托,直接确定中标人。

招标人应当从评标委员会推荐的中标候选人中确定中标人。中选的投标者应当符合下列条件之一:

(1)满足招标文件各项要求,并考虑各种优惠及税收等因素,在合理条件下所报投标价格最低的;

(2)最大满足招标文件中规定的综合评价标准的。

除采用议标程序外,招标人或者招标投标中介机构不得在定标前与投标人就投标价格、投标方案等事项进行协商谈判。

招标人或者招标投标中介机构应当将中标结果书面通知所有投标人。招标人与中标人应当按照招标文件的规定和中标结果签订书面合同。

第三节　招标组织

一、自行招标

《招标投标法》规定:招标人具有编制招标文件和组织评标能力的,可以自行办理招标事宜。任何单位和个人不得强制其委托招标代理机构办理招标事宜。

依法必须进行招标的项目,招标人自行办理招标事宜的,应当向有关行政监督部门备案。

《工程建设项目自行招标试行办法》(国家计委2000年第5号令)规定:招标人自行办理招标事宜,应当具有编制招标文件的能力,具体包括:

(1)具有项目法人资格(或者法人资格);

(2)具有与招标项目规模和复杂程度相适应的工程技术、概预算、财务和工程管理等方面专业技术力量;

(3)有从事同类工程建设项目招标的经验;

(4)设有专门的招标机构或者拥有3名以上专职招标业务人员;

(5)熟悉和掌握招标投标法及有关法规规章。

二、委托代理招标

我国实行对外开放政策以后,国外资本及先进的生产设备、先进的技术、先进的管理经验开始进入我国市场。招标投标作为一种高级的、有组织的、规范化的交易运作方式,也随之被引进。1979年,建筑行业在选择建筑工程施工队伍时,率先试行了招标投标,这一举措得到了国务院的肯定和支持。1980年,我国某大学利用世界银行贷款的发展项目,在世界银行强制要求和世界银行官员的指导下,对货物、工程的采购运用了招标投标的方式。这些尝试,打破了多年来形成的思想禁锢和传统的计划分配方式,揭开了我国招标投标发展史的帷幕。

随着我国招标事业的不断发展,社会上涌现出一批以招标代理业务为主业的机构。虽然这些机构成立的初衷有所不同,但他们肩负的使命和出色的业绩在招标领域产生了重要影响,有力地推动了我国招标事业的发展。现在,招标代理机构在招标活动中扮演着越来越重要的角色,发挥着越来越重要的作用。

(一)招标代理机构的产生

招标是一个系统工程,有一套完整的程序,每个环节都需要经过精心策划,周密组织,科学决策,需要由一个专门的执行机构,对招标的全过程进行严密的组织和科学的管理,这是实现招标经济性和时效性的根本保证。

国际上,招标的执行机构大致可分为常设和非常设两种,根据性质又可分为官方机构和民间组织两种。常设的招标机构具有独立的法人资格,有较完善的规章制度、运行机制和业务规范,是以提供招标服务为主的专业化招标机构。非常设的招标机构是为某个招标项目,由与采购有关的各方成员组成的临时性机构。招标结束后,机构自行解散。官方招标机构是专门为政府和公共事业部门招标采购成立的机构。这类机构不以赢利为目的,人员属国家公务员序列,按照政府颁布的法令,主要从事政府采购业务。民间(或称非官方)的招标机构主要接受企业或民间团体的委托,提供招标代理业务。这些机构一般以咨询服务为主业,兼做招标业务,以赢利为目的。

我国招标机构的组织形式与国外有所不同。招标的执行机构一般可分为两类:一类是招标代理机构,另一类是采购人自己。招标代理机构是独立的法人,获得国家认可的招标代理资格,主要从事招标代理业务的中介服务机构。招标代理机构的主要业务是接受政府、金融机构或企业等方面(以下简称采购人)的委托,以采购人的名义,利用招标的方式,为采购人择优选定供应商或承包商。按国家规定,向委托人(采购人)或中标人收取一定的服务费，少数机构也可从国家得到部分资金的支持。

我国招标代理机构，有的专门从事国内招标业务，有的专门从事国际招标业务。

（二）我国招标代理机构的发展

我国现有的招标机构主要有：国家经贸委管理的机电设备招标公司（中心、局），外经贸部管理的国际招标公司，国内贸易局管理的设备成套系统。这些机构都是在特定的时期，为社会发展的需要，由国家负责组建的。

1984 年，经国家批准，中国技术进出口总公司国际招标公司（后改为中技国际招标公司）成为我国第一家招标代理机构。根据国家的授权，该公司承担世界银行等国外贷款项目的国际招标业务，主要是为了解决贷款单位缺乏招标经验、不熟悉国外贷款方有关招标的规定和烦琐的报批程序所带来的一系列问题，利用国际招标公司集中和专业化操作优势，加快项目实施的速度，保证招标工作的规范化、程序化，提高采购效率。截至 1997 年底，获准开展这项利用外资国际招标业务的招标代理机构已由中技公司一家，发展到 16 家。

1985 年，经国务院批准，中国机电设备招标中心正式成立，负责统一组织、协调、监管全国机电设备招标工作。国务院同时要求在北京、天津、上海、广州、武汉、重庆、西安、沈阳等八个中心城市组建机电设备招标公司。对符合招标条件的申请进口设备，由这些招标公司先在国内进行招标，国内不能中标的，授权招标公司办理有关进口手续。这个时期招标机构受政府的委托，承担了一定的进口管理职能。1992 年以后，这个系统的业务转变为接受政府、金融机构和企业的委托，面向国内外两个市场进行以国际招标为主的采购，逐步实现了与国际惯例的接轨。截至 1998 年 6 月，国家经贸委已赋予 33 个机构机电设备招标资格。

建筑领域招标投标工作起步较早，在招标的组织形式上，主要采用由建设单位自行组织招标，当地建设主管部门实施全过程管理的模式。近年来，建设行业也开始重视招标机构的建设和资格认定工作，逐步由建设单位自行招标为主，转向委托代理机构组织招标。

（三）招标代理机构的法律地位和作用

招标投标是一项具有高度组织性、规范性、制度性及专业性的活动。要使招标投标的效果得到充分的体现，就要求招标的组织者具有系统的信息、专业化的分析运作、精细快捷的策划设计、准确科学的决策、周到的服务以及良好的信誉，这些是招标代理机构特有的优势。根据国际上成熟的经验和我国多年的招标实践，招标代理机构的作用可以从三个方面得到体现：一是接受政府委托，为政府采购提供服务；二是接受金融机构委托，为降低投资风险和提高投资效益提供服务；三是接受企业的委托，为深化企业改革和推动企业技术进步提供服务。

1. 招标代理机构的法律地位

招标代理机构是独立于政府和企业之外的，为市场主体提供招标服务的专业机构，属于中介服务组织。它的招标代理资格需经国家招标投标主管机关的严格认证。在招标投标活动中，招标代理机构应承担以下的权利和义务。

1）招标代理机构的权利

（1）组织和参与招标活动；

(2)依据招标文件规定,审查投标人的资质;

(3)按规定标准收取招标代理费。

2)招标代理机构的义务

(1)维护招标人和投标人的合法利益;

(2)组织编制、解释招标文件;

(3)接受国家招标投标管理机构和有关行业组织的指导、监督。

招标代理机构的这些法律地位应在有关规定和法律中予以明确,使其更好地发挥作用,开展工作,同时也便于接受国家和社会的监督与管理。

招标代理机构的性质、地位和职能决定了其招标具有客观性、公正性和权威性。在组织招标的过程中,招标代理机构不仅要接受委托人和投标人的监督,还要接受政府和社会的监督,也受到执业资质考核和职业道德的约束。因此,招标代理机构可以更好地体现招标的组织性、规范性、公开性。在招标过程中,招标代理机构还是联系采购人、投标人的桥梁,也是政府管理招标和采购人的采购行为的纽带。因此,鉴于招标代理机构独特的地位和作用,其应成为国家实施强制招标的最佳执行机构。

2. 招标代理机构的工作程序和作用

1)获得采购人合法授权

由于招标机构是受采购人委托,以采购人名义组织招标,因此在开展招标活动之前,必须获得采购人的正式授权,这是招标机构开展招标业务的法律依据。授权的范围由采购人确定,招标机构也应根据工作的需要提出相应的要求。经过采购人和招标机构协商一致后,双方签订委托招标合同(或协议)。其主要内容包括:采购人和招标机构各自的责权利、委托招标采购的标的和要求、采购的周期、定标的程序和招标机构收费办法等。这里要特别强调的是定标程序问题,这关系到赋予招标机构权限范围和招标机构所承担的责任。定标程序可分为以下几种主要程序:一是委托招标机构评出优选方案,排出前三名的顺序,由采购人最终确定中标商;二是采购人委托评标委员会负责定标;三是采购人委托招标机构负责定标;四是招标机构提出中标的意见,经采购人同意后报有关主管机关最终确定中标商。由于不同的定标程序授权的范围不同,有关各方承担责任的大小也不一样。因此,委托方和招标机构在开始招标前,就应商定定标程序。

2)为采购人编制招标文件

招标文件(或称标书)是整个招标过程所遵循的法律性文件,是投标和评标的依据,而且是构成合同的重要组成部分。一般情况下,招标人和投标人之间是不进行或进行有限的面对面交流。投标人只能根据招标文件的要求,编写投标文件。因此,招标文件是联系、沟通招标人与投标人的桥梁。能否编制出完整、严谨的招标文件,直接影响招标的质量,也是招标成败的关键。因此,有人把招标文件比做各方遵循的“宪法”,由此可见招标文件的重要性。由于招标机构专门从事招标业务,他们拥有较丰富的经验和大量的投标商信息,可以编制更加完善的招标文件。为此,他们主要注重以下几个方面的工作:一是对投标人作出严格的限制,在保证充分竞争的前提下,尽量使合格的供应商和承包商参加投标,以避免投标人过多,给各方面造成不必要的负担。这项工作建立在掌握投标商大量信息的基础上,而专职招标机构有条件做到这一点。二是对招标文件的制作作出详细的规定,使投标人按照统一的要求和格式编写投标文件,达到准确响应招标文件要求的目的。三是为采购人当好技术规格和要求的参谋,使采购者获得合乎要求和经济的采购品。四是保证招标文件的科学、完整,防止出现漏洞,不给投标人以可乘之机。

3)严格按程序组织评标

一般情况下,采购人与一些供应商和承包商有各种业务往来,难以超脱者的身份组织评标,且容易被投标者误会。专职招标机构比较超脱,可以较好地避免问题的发生,并严格按招标文件要求和评标标准组织评标,以维护招标的公正性,保证招标的效果。

4)做好采购人与中标人签订合同的协调工作

由于采购人处于主动的地位,容易将招标以外的一些条件强加给中标人,产生不平等的协议,使招标流于形式。有时中标者也找各种理由拒绝或拖延签订合同。上述问题如果没有一个中间人从中协调是很难解决的。由于招标机构是招标的组织者,承担此角色最为适宜。

5)监督合同的执行,协调执行过程中的矛盾

有些招标合同执行需要较长的时间,在执行合同过程中,当事人双方难免发生一些纠纷,不愿意诉诸法律,希望有一个中间人从中协调解决。在实际工作中,招标机构组织签订合同后,可以说已完成了招标代理工作,但在执行合同过程中当双方出现矛盾时,往往需要求助于招标机构来解决。招标机构出于对双方负责和提高自身信誉的目的,会尽最大努力使矛盾得到解决。

第四章　工程施工招标投标

第一节　工程施工招标准备

一、工程施工招标总体策划工作内容

(一)工程的分标

采用招标承包方式组织工程项目建设时,一般都要涉及分标的问题。工程分标是招标前期的重要内容之一,工程分标合适与否将影响到招标、投标和合同管理全过程能否顺利实施。

所谓分标,就是指项目法人把拟建的整个工程项目分为几个相对独立的部分,并分别就这些独立的部分工程项目和各个中标的承包人签订施工合同来实施工程建设。

工程分标应根据工程的规模、技术复杂性、专业性、施工交通与场地条件、工期要求、质量要求,在市场调查的基础上进行。

工程分标应遵循以下的基本原则:

(1)应便于现场管理。如分标过多,将增加管理和协调的工作量。如果工程场地集中、工程量不大、技术上不太复杂,由一家承包单位总包比较容易管理,则一般不分标。但如工地场面大、工程量大,有特殊技术要求,则应考虑分标。

(2)应有利于投标竞争。如分标少,每个标工程规模大,则要求投标人资格条件高,不利于吸收更多的承包人参与竞争,总体的投标报价水平可能会高。如果分标多,各分标项目都通过竞争产生承包人,则有利于降低报价,但是也会由于每个标的资格条件过低,影响招标效果。

(3)各分标应易划清界线、明确责任,特别应划清承包人和项目法人之间以及承包人之间的责任界线。

(4)应把作业内容和施工技术相近的项目合为单个标,以减少施工设备重复设置,以及施工人员、附属设施和施工场地增加,同时有利于发挥承包人的专长,从而降低总体报价水平。

(5)工地管理合理。从工地管理角度看,分标时应考虑两方面的问题,一是工程进度的衔接,二是工地现场的布置和干扰。从现场布置角度看,承包人越少越好。分标时要对各个承包人在现场的施工场地(包括现场分配、附属企业、生活营地、交通运输直至弃渣场地等)进行细致周密的规划安排。

(6)项目法人提供的条件也对工程分标起着重要的影响。为了使承包人进场后能顺利进行所承包工程的实施,项目法人在承包单位进场前做一定的准备工作,以便为承包人创造一个好的施工条件。所以,要把那些影响较大的对外交通、场内干线公路、跨河大桥,

以及水、电、风、通信等四通一平等基础设施从标中分离出来先行建设。

(7)利用外资贷款时,要考虑外资的主要投向。为了节省外资,将部分工程分离出来,国内招标。这样既有利于利用外资的项目采用先进的施工技术和施工设备,提高外资利用效益,也有利于避免外资不足。

上述原则是相互制约的。必须对上述原则综合考虑,拟订几个方案,综合比较后确定。多数水利水电工程首先根据工程规模及主体工程类型和位置等条件分标。例如:水口水电站工程是河床式水电站,全部主体工程仅一个标。二滩水电站是按主体建筑工程分为地下工程标及大坝标,大坝标包括混凝土拱坝以及泄水引水系统进出口明挖和混凝土工程。小浪底水利枢纽主体工程分为:一标为大坝(斜心墙堆石坝)标;二标为泄洪及洞群标,包括左岸进水口洞群和溢洪道;三标为引水发电系统标。

(二)合同类型的选择

水利工程施工承包合同按计价方法不同可分为总价合同、单价合同、成本加酬金合同等。

1. 总价合同

总价合同又可分为固定总价合同、可调值总价合同、固定工程量总价合同等形式。

1)固定总价合同

合同双方以图纸和工程说明为依据,按照商定的总价进行承包,并一笔包死。其特点是:双方签订合同后,承包人要承担全部风险,不管实际支出如何,只能按总价结算工程价款,发包人也同意按合同总价付款而不管承包人是否遭受巨大损失或取得超额利润,在合同执行过程中,除非发包人根据合同规定要求变更原定的承包内容,否则承包人不得要求变更总价。

这种合同方式一般适用于工期短、物价变幅小、施工条件稳定、技术不太复杂、工程规模较小,且签订合同时已具备详细的设计文件的情况,或是发包人为了省事,愿意以较大富裕价格发包的工程。

2)可调值总价合同

在报价及签订合同时,以设计图纸、工程量清单及当时的价格计算并签订总价合同,但同时又在合同条款中规定,如果在执行合同过程中由于通货膨胀引起工料成本增加,合同总价应相应调整。这种合同中,发包人承担了物价上涨这一因素的风险,承包人承担其他风险。这种方式适用于工期较长,通货膨胀率难以预测,但现场条件较为简单的工程项目。

3)固定工程量总价合同

承包人在投标时按单价合同办法分别填报分项工程单价,从而计算出工程总价,据之签订合同。原定工程项目全部完成后,根据合同总价付款给承包人。如果改变设计或增加新项目,则用合同中已确定的单价来计算新的工程量和调整总价。

这种合同方式要求工程量清单中的工作量比较准确,不宜采用估算的数量,因此应达到施工图设计或扩大的初步设计深度。

固定工程量总价合同中的单价不是综合单价,它的单价中并不包括所有的费用。因此,除单价提出的费用外,还需确定一些有关的费率,如施工管理费、不可预见费、利润、税金等。

2. 单价合同

单价合同又可分为纯单价合同和估计工程量单价合同。

1)纯单价合同

招标文件只向投标人给出各分项工程的工作项目一览表、工程范围及必要的说明,而不提供工程量。承包人只要给出各项目的单价即可,将来实施时按实际工程量计算。但对于工程间接费用分摊在许多工种中的复杂工程,或有一些不易计算工程量的项目,不宜采用这种合同方式。

2)估计工程量单价合同

承包人投标时按工程量清单中的估计工程量为基础,填入相应的单价作为报价。合同总价是根据结算单中每项的工程数量和相应的单价计算得出,但合同的总价并不是工程项目费用的最终结算金额,因为单价合同中的工程数量是一个估算值。这种合同形式,适用于招标时还难以确定比较准确工程量的工程项目。

估计工程量单价合同,也可以进一步划分为固定单价合同和可调价的单价合同。调价方法与总价合同一样。

单价合同的特点是:合同中的单价属于成品单价,也称综合单价,即包括了产品所有费用的单价。合同中的单价一般是不能变的,合同中的工程数量是可以变化的。

3. 成本加酬金合同

成本加酬金合同也称成本补偿合同,即发包人向承包人支付实际工程成本中的直接费,并按事先协议好的某一方式支付管理费以及利润的合同方式。这种合同形式主要适用于工程内容及其技术经济指标尚未全面确定,投标报价的依据尚不充分的情况下,发包人因工期要求紧迫或者发包人与承包人之间具有高度的信任而发包工程。

大中型水利水电工程一般采用单价合同,可以降低报价的总体水平,也便于进行监督和管理。但对于设计很成熟,能预知将来风险的工程,如一般的房屋建筑工程,可以采用总价合同。如果项目的设计深度不够,风险也难以估计,以及工程的特殊性等,则可以采用成本加酬金合同的形式。

(三)项目法人提供的条件

一般情况下,项目法人提供的条件包括场外公路、场内干线道路、大型桥梁、供水、供电、通信设施等。由招标人提供的通信、供水和供电等也要确定单价。所以,在招标文件编制时,要确定招标人提供哪些条件以及相应的价格,由此确定招标的范围和项目作为编标的依据。

(四)税收和保险

在社会调查基础上,确定工程所在地省级以上的税收政策、种类和费率,并确定保险项目及其费率,作为编标的依据。

(五)投标保证和履约保证

为了确保项目招标人的利益,招标文件中要有明确的投标保证金和履约保证金的规定。其目的是避免欺诈性和试探性投标,以及中标人因种种原因不履行合同或不能按合同规定履约而使招标人蒙受经济损失。但这类保证金的比例应定得适当,如定得太高,会影响投标人的积极性,或可能抬高报价;如定得太低,在经济上起不到保证作用。

二、编制招标文件

招标文件的编制是招标准备工作中最为重要的一个环节,其重要性体现在下列方面:

(1)招标文件是招标人提供给投标人的投标依据。在招标文件中应明白无误地向投标人介绍工程项目的实施要求,包括工程基本情况、工期或供货期要求、工程或货物质量要求、支付规定等方面的各种信息。

(2)招标文件是签订工程合同的基础。招标文件的大部分内容将成为组成合同的内容,如合同条件、技术条款、招标图纸、工程量报价表等。招标文件的缺陷经常给合同造成先天不足。

(3)在编制招标文件的整个过程中,应当尽量考虑周到,减少在发售后对招标文件的修改。如必须修改招标文件,应当考虑给投标人充分的投标文件编制时间。我国《招标投标法》规定:"招标人对已发出的招标文件进行必要的澄清或者修改的,应当在招标文件要求提交投标文件截止时间至少十五日前,以书面形式通知所有招标文件收受人该澄清或者修改的内容为招标文件的组成部分。"

(一)招标文件的编制原则

招标文件的编制必须做到系统、完整、准确、明了,使投标人一目了然。编制招标文件的依据和原则是:

(1)应遵守国家的法律和法规,如合同法、经济法、招标投标法等多项有关的法律、法规。如果招标文件的规定不符合国家的法律、法规,则有可能导致招标作废,有时招标人还要赔偿损失。

(2)国际金融组织贷款的项目,必须遵守该组织的各项规定和要求,特别要注意各种规定的审核批准程序,应该遵照国际惯例。

(3)应注意公正地处理发包人和承包人的利益。如果不恰当地将过多的风险转移给承包人,势必迫使承包人加大风险防范费,提高投标报价。

(4)招标文件应该正确地、详尽地反映项目的客观情况,以便投标人的投标能建立在可靠的基础上,这样可减少合同履行过程中的争议。

(5)招标文件包括许多内容,从投标人须知、合同条件到规范、图纸、工程量清单,这些内容应该力求统一,尽量减少和避免各份文件之间的矛盾,招标文件的漏洞会为承包人创造许多索赔的机会。

(6)招标文件用语应力求严谨、明确,不得模棱两可。

(7)设计应当正确并达到应有深度,提供的资料应当准确,否则,在合同实施中会由于设计变更、新增项目、工程量大幅度变化、现场条件变化等原因,增加合同价款。

(8)招标文件不得要求或者标明特定的生产供应者以及含有倾向或者排斥潜在投标人的内容。

(二)施工招标文件的主要内容

施工招标文件一般应包括下列主要内容:

(1)工程综合说明;

(2)投标邀请书;
(3)投标须知;
(4)投标报价书格式、投标保函格式和授权委托书格式;
(5)协议书格式、履约担保证件格式和工程预付款保函格式;
(6)合同条件;
(7)技术条款;
(8)工程量清单;
(9)投标辅助资料;
(10)招标图纸和技术资料;
(11)评标标准与方法。

1. 工程的综合说明

工程的综合说明是在分标的基础上对项目给以说明的,它包括工程建设项目的名称、建设地点、工程招标的项目及其内容,发包的范围、招标的方式,水文地质条件、技术要求、质量标准、现场的施工条件(主要指招标人提供的施工条件)、建设工期等方面的内容。

2. 投标邀请书

投标邀请书是招标人用以邀请符合条件的投标人参加投标的函件。

3. 投标须知

投标须知是指导投标人进行投标的重要根据,其主要内容包括:
(1)投标范围;
(2)投标人的资格要求及应提供的资料;
(3)投标文件的组成;
(4)报价方式;
(5)招标文件的补遗和答疑;
(6)现场踏勘和标前会议;
(7)投标有效期及投标保证;
(8)投标文件的打印、份数、签章、封装与标记;
(9)投标文件的递交时限、地点;
(10)投标文件递交后的修改与撤回;
(11)开标;
(12)无效标书情形;
(13)投标文件的澄清;
(14)评标与中标;
(15)合同谈判;
(16)履约担保和合同签订。

4. 合同条件

合同条件是招标文件的重要组成部分。在招标文件中,合同条件一方面作为将签订正式的工程承包合同中有关合同条款的基础;另一方面,投标人通过对招标文件中合同条件的认真研究,了解到作为投标人自己所必须接受的合同条件内容,以及自己作为承包人将在什么样的条件和可能承担的风险下,实施合同项目,以便决定自己是否投标。

合同条件主要阐明在合同实施过程中承发包双方的权利、义务、责任与风险,合同的生效、变更、解除、终止、争议解决、适用的法律和语言以及其他必要的规定。在实行建设监理制的情况下,合同条款还必须明确监理单位合同管理的权限。

由于合同条件的内容直接关系到当事人各方合同履行的切身权益,所以发包人与投标人各方均非常重视,都希望将来的合同条款有利于自己。为了使合同条件能比较公正合理地全面反映各方权益,在编制合同条件时,一般选择公认的和通行的合同条件标准范本作为依据。

在国际上,土木建筑工程施工方面的合同条件范本主要有:

(1)国际咨询工程师联合会(FIDIC)编写的《土木工程施工合同条件》;

(2)英国土木工程师协会(ICE)编写的《标准合同条件》;

(3)美国建筑师协会(AIA)编写的《施工合同通用条件》等。

对于机电安装工程,国际上通用的合同条件范本主要有:

(1)FIDIC 编写的《电气与机械工程合同条件》;

(2)联合国欧洲经济委员会(UN - ECE)制定的《进出口成套设备供应安装合同通用条件》;

(3)欧洲发展基金会(EDF)颁布的《公共工程与供应合同通用条件》。

对于工程咨询方面的合同条件范本,最常用的是 FIDIC 编写的《发包人/咨询工程师标准服务协议书》。

我国的世界银行贷款项目若进行国际招标,则应采用 FIDIC 合同条件;若进行国内招标,则应采用我国财政部编写并经世界银行认可的《世界银行贷款项目招标采购文件范本》。

为加强建设市场的管理,进一步规范招标投标工作和合同管理,确保发包、承包双方的合法权益,使工程的建设管理与招标投标在公正、公平的基础上健康有序地进行,在吸取国际和国内工程承包合同成功经验的基础上,各部委根据本专业的特点制定了标准合同文件,其中水利部、国家电力公司、国家工商行政管理局制定并颁发了《水利水电土建工程施工合同条件》(GF - 2000 - 2008),建设部制定了《建设工程施工合同示范文本》(1999 年)等,为了提高文件的通用性,着力解决各行业施工招标文件编制中带有普遍性和共同性的问题,规范招标投标活动当事人的权利义务,九部委在 2007 年制定了《标准文件》。水利部于 2009 年根据专业特点在《标准文件》的基础上制定了《水利水电工程标准文件》。凡列入中央和地方建设计划的大中型水利水电土建工程应使用该合同条件,小型水利水电土建工程可参照使用。

5. 技术条款

技术条款也称技术规范,它是招标文件的一个非常重要的组成部分。技术规范和图纸两者反映了招标人对工程项目的技术要求,也是施工过程中承包人控制质量和监理工程师检查、验收的主要依据。它主要说明合同工程各项目施工程序、方法、标准以及项目的计量支付。

技术条款、图纸和工程量清单三者同时又是投标人在投标时必不可少的资料,因为依据这些资料,投标人才能拟定施工规划,包括施工方案、施工工序、施工工艺等,并据之进行工程估价和确定投标价。因此，在编制技术条款时，既要满足设计要求，保证工程的施工质量，又不能过于苛刻。因为要求太高必然导致投标人提高投标价格。

编写技术条款时一般可引用国家有关部门正式颁布的施工规范与验收标准、规程。国际工程也可引用某一通用的外国规范，但一定要结合本工程的具体环境和要求来选用，再编制一部分具体适用于本工程的技术要求和规定。正式签订合同之后，投标人必须遵循合同中列入的规范、规程和标准进行施工。

技术条款一般包含下列几个方面内容：工程的全面描述，工程所采用材料的技术要求，施工质量要求，工程记录，计量方法和支付有关规定，验收标准和规定，其他不可预见因素的规定。技术条款可分为总体规定和分项说明两部分。

1）总体规定

总体规定通常包括工程范围及说明，水文气象条件，工地内外交通，开工、完工日期，承包人提供的材料质量要求，技术标准，工地内供水、排水，临建工程，安全，测量工作，环境卫生，仓库及车间等。

（1）工程范围及说明，包括工程总体介绍，分标情况，本合同工作范围，其他承包人完成的工作范围，分配给各承包人使用的施工场地，生活区和交通道路等。

（2）技术标准，即已选定适用于本工程的技术规范。在总体规定中应列出编制规范的部门或是选用国外规范的国家、机构和规范代号。

（3）一般现场设施，如施工现场道路的等级，对外交通，桥梁设计；工地供电电压范围和供电质量，供水、生活及服务设施，工地保卫、照明、通信、环保要求等。同时要规定现场各类设施的收费标准。

（4）安全防护设施。明确工地安全应由承包人负责。对承包人在工地应采取的安全措施作出规定，安全措施包括安全员的安排，安全规程的考核和执行，安全栏、网的设置，防火、照明、信号等有关安全措施。

（5）水土保持与环境。由于工程的大量土石方开挖，破坏了植被，影响了环境，为此应提出有关水土保持和保护环境的要求。

（6）测量。明确向承包人提供水准基点、测量基线及地形资料等有关事宜。明确日常测量、放样均由承包人承担，承包人应对现场测量放样精度、现场控制点设置与保护、人员、设备配备等负责。

（7）图纸。图纸和技术条款都用来表达合同内容，相互之间应该相互关联，相互补充。

（8）试验室与试验设备。一般来说，试验工作由承包人承担，因此在规范中对要求进行试验的项目、内容及要求等应作出明确的规定，并对试验室的仪器设备等提出要求，以便投标人在投标报价中考虑到这一笔费用，对试验费的支付也应有明确的规定。

2）分项说明

根据设计要求，技术条款应对工程每一个部位的材料和施工工艺提出明确的要求。

技术条款一般按照施工内容和性质分项目说明，例如，一般水利水电土建工程包括：施工导流和水流控制，土方开挖，石方开挖，地下洞室开挖，支护，岩石基础处理，软弱基础处理，钻孔和灌浆，土石方填筑，混凝土，圬工，河道疏浚，永久性排水，引水钢管制安，闸门及启闭机安装，预埋管的埋设，建筑装修，永久观测等。例如，某工程的混凝土工程分项目说明内容及格式如下：

6.10　混凝土工程

6.10.1　范围

6.10.2　分类

6.10.3　混凝土的组成

6.10.4　水泥

6.10.5　外加剂

6.10.6　骨料料源

6.10.7　细骨料

6.10.8　粗骨料

6.10.9　混凝土骨料加工厂

6.10.10　抽样与测试

6.10.11　水

6.10.12　混凝土试验和配合比

6.10.13　计量与支付

6. 图纸、技术资料和设计说明

图纸是招标文件和合同的重要组成部分，是投标人在编制施工方案、确定施工方法以及提出建议方案，计算投标报价的主要依据。

图纸的详细程度取决于设计的深度与合同的类型。详细的设计图纸能使投标人比较准确地计算报价。

图纸中所提供的地质钻孔柱状图、探坑展视图等均为投标人的参考资料，提供的水文、气象资料也属于参考资料。发包人应对这些资料的正确性负责，而投标人根据上述资料作出自己的分析与判断，据之拟订施工方案，确定施工方法，并对这类分析与判断负责。

根据发包工程的类型、设计深度以及其他具体情况的不同，工程图纸在详细程度上和数量上也不同。如为单价合同，招标文件中的图纸和附件一般是比较完整的，可以包括工程结构、建筑物、设备、管道、电气装置等方面的各种图纸。若为成本加酬金的合同形式，由于招标中它们尚处于设计阶段，所以招标文件的图纸内容较简单，数量也较少，往往只有平面布置图及工艺流程图。

7. 工程量清单

工程量清单也称工程量报价表，在表中既包括工程部位和该部位需实施的各个项目，又包括每个项目的工程量和计价要求（单价或包干价），以及每个项目的报价和每个表的总计等，格式如表4-1所示，表中单价和合价栏留给投标人去填写。

工程量清单的用途之一是作为投标人报价的依据。投标人根据施工图纸和技术条款的要求以及拟定的施工方法，通过单价分析并参照本公司以往的经验，对表中各栏目进行报价，并逐项汇总为各部位以及整个工程的投标报价；用途之二是在工程实施过程中，每月结算时可按照表中的项目、已实施项目的工程量、单价或价格来计算应付给承包人的款项；用途之三是在工程变更增加新项目或处理索赔时，可以选用或参照工程量清单中的单价来确定新项目或索赔项目的单价和合价。

表 4-1　某工程工程量清单示例

序号	项目说明	单位	估算数量	单价(元)	合价(元)	备注
(一)	节制闸					
10201	土方开挖	m^3	2 000			
10202	土方回填	m^3	1 600			
…						
	小计					

工程量清单和招标文件中的图纸一样,是随着设计进度和深度的不同而有粗细程度的不同,当施工详图已完成时,就可以编得比较细致。

工作量表中的计价办法一般分为两类:一类是按"单价"计价项目,如混凝土工程、土石方开挖等。另一类是按"项"包干计价项目,如安全防护措施费、完工时场地清理费。编写这类项目时要在括号内把有关项目写全,最好将所采用的图纸号也注明,以方便投标人报价。

工程量清单一般包括前言、工作项目、计日工表和总计表。

1)前言

前言也叫工程量报价表说明,一般应说明的有关问题包括:

(1)工程量清单应与投标须知、合同条件、技术条款和图纸等招标文件一起参照阅读。

(2)工程量清单中的工程量是招标时的估算工程量,用做投标报价和评标的共同基础,投标人不得自行更改,该工程量不直接用于结算。

(3)除合同另有规定外,工程量清单中的单价和合价均包括应由承包人承担的直接费、间接费等全部费用和要求获得的利润以及应由承包人承担的风险等。

(4)符合合同规定的全部费用和利润都应包括在工程量清单所列的各项目中,合同规定应由承包人承担而在工程量清单中未详细列出的项目,其费用和利润应认为已包括在其他有关项目的单价和合价中。投标人不应在工程量清单中自行增加新的项目或修改项目名称。

(5)工程量清单中的"单价"和"合价"栏均应由投标人填报。投标人还应填报投标报价汇总表,并在其结尾处填写投标总报价。报价货币一般为人民币,外币数量应符合《投标人须知》中的规定。若投标人对某些项目未填报单价和合价,则应认为已包括在其他项目的单价和合价以及投标总报价内。

(6)工程量清单中各项目的工作内容和要求及其用于支付的计量规定详见技术条款有关部分。

(7)投标报价汇总表中的备用金是用于签订合同时尚未确定或不可预见项目的备用金额,应由发包人填写,并按《通用合同条款》有关备用金的规定使用。

(8)除合同另有规定外,在国家法律、行政法规、国务院有关部门的规章以及工程所在地的省、自治区、直辖市的地方法规和规章规定(以投标截止前28天为限)中应由承包人缴纳的税金和其他费用均应按规定计入单价、合价、总报价中。

(9)工程量清单中有计算或汇总的算术错误时,应按以下原则改正:

工程量清单中各项目的单价与其工程量的乘积与该项目的合价不吻合时,应以单价为准,改正合价。但若双方核查认为单价有明显的小数点错位,则应以合价为准,改正单价。

若投标报价汇总表中的金额与相应的各分组工程量清单合计的金额不吻合,应以分组工程量清单为准,改正投标报价汇总表中相应部分的金额和投标总报价。

2)工作项目

编制工程量清单时要注意将不同等级要求的工程区分开;将同一性质但不属于同一部位的工作区分开;将情况不同,可能要进行不同报价的项目分开。

编制工程量清单时要做到简单明了,善于概括,使表中所列的项目既具有高度的概括性,条目简明,又不漏掉项目和应该计价的内容。

工程量清单中项目的分组模式按专项工程模式或按单位工程模式进行分组。

(1)分组模式Ⅰ。

工程量清单中的投标报价项目按技术条款的专项分组(示例)如表4-2所示。

表4-2 项目分组模式Ⅰ

组号	分组名称
1	一般要求
2	施工导流和水流控制
3	土方明挖
4	石方明挖
5	地下洞室开挖
6	支护
7	岩石基础处理
8	软弱基础处理
9	钻孔和灌浆
10	土石方填筑
11	混凝土
12	圬工
13	河道疏浚
14	永久性排水
15	引水钢管制作和安装
16	钢结构的制作和安装
17	闸门及启闭机的安装
18	预埋件的埋设
19	建筑装修
20	永久观测
…	…

工程量清单中的项目编号可分段为:a－b－c－d

其中第一段数字 a 代表专项工程序号,其组号应与技术条款的节号相一致;第二段数字 b 代表单位工程编号,同一单位工程中在各分组工程量清单报价表中序号的第二段数字相同;第三段数字 c 代表该单位工程下属的子项序号;若项目分类需要,可增设第四段数字 d 作为第三段数字所指工程子项的下属孙项序号。

(2)分组模式Ⅱ。

工程量清单中的投标报价项目按单位工程分组(示例)如表 4-3 所示。

表 4-3　项目分组模式Ⅱ

组号	分组名称
1	混凝土重力坝(或其他坝型)
2	溢洪道
3	进水口
4	引水渠道
5	引水隧洞
6	电站厂房(或泵房)
7	变电站
…	…

工程量清单中的项目编号分段为:a－b－c－d

其中第一段数字 a 代表单位工程号,其组号根据工程情况编定;第二段数字 b 代表专业工程序号,其编号应与技术条款节号相一致;第三段数字 c 代表该专业工程下属的子项序号;若项目分类需要,可增设第四段数字 d 作为第三段数字所指工程子项的下属孙项序号。

3)计日工表

计日工是指在工程实施过程中,发包人有一些临时性的或新增加的项目需要按计日(或计时)使用人工、材料或施工机械时,则应按承包人投标时在计日工项目报价表中填写的费率计价。

在编制计日工表时需对每个表中的工作费用包括哪些内容以及如何计算时间等作出说明和规定。如劳务工时计算是由到达工作地点开始指定的工作算起,到回到出发地点为止的时间,但不包括用餐和工间休息时间。

有的招标文件不将计日工价格计入总价,这样承包人可以将计日工价格填写得很高,一旦使用计日工时,发包人需支付高昂的代价。因此,最好在编制计日工表时,估计一下使用劳务、材料和施工机械的数量。这个估计的数量称为“名义工程量”,投标人在填入计日工单价后再乘以“名义工程量”,然后将汇总的计日工总价加入投标总报价中,以限制投标人随意提高计日工价。计日工的支付一般由备用金(或 FIDIC 条款中的暂定金额)中开支。

8. 投标报价书格式

投标报价书是由投标人充分授权的代表签署的一份投标文件。投标报价书是对发包人和承包人双方均有约束力的合同的一个重要组成部分。在招标文件中,应编制投标报价书的格式,供投标人填写。

9. 投标辅助资料

投标辅助资料是招标文件的一个组成部分,其目的是通过投标人填写招标人在编制招标文件时统一拟定好的格式的各类表格,得到所需要的相当完整的信息。通过这些信息,既可以了解投标人的各种安排和要求,便于在评标时进行比较,又可以在工程实施过程中便于发包人安排资金计划,计算价格调整等。

常用的投标辅助资料表格如下:

(1)单价分析表;

(2)总价承包项目分解表;

(3)保险费明细表;

(4)税金明细表;

(5)分组工程报价组成表;

(6)价格指数和权重表;

(7)拟投入本合同工作的主要人员表;

(8)拟投入本合同工作的主要施工设备表;

(9)劳动力计划表;

(10)资金流估算表;

(11)主要材料和水、电需用量计划表;

(12)分包情况表;

(13)施工技术文件及其他投标资料表。

10. 合同协议书格式

合同协议书由发包人在投标文件中拟定好具体格式,然后在中标人与发包人谈判达成一致协议后签署。投标时不需填写。

11. 履约担保格式

履约担保一般有两种形式,即银行保函(履约保函)以及履约担保,其格式应在招标文件中编制。

12. 价格调整方法

在工程招标承包时,施工期限一年左右的项目和实行固定总价合同的项目,一般均不考虑价格调整问题,也就是说,以签订合同时的单价和总价为准,物价上涨的风险全部由承包人承担,承包人在投标报价时应根据自己的经验,将物价上涨因素考虑在内。但是,对于建设周期比较长的工程项目,则均应考虑下列因素引起的价格变化问题:

(1)劳务工资以及材料费用的上涨;

(2)外币汇率的不稳定;

(3)其他影响工程造价的因素,如运输费等;

(4)燃料费等价格的变化;

(5)国家或省、自治区、直辖市立法的改变引起的工程费用的上涨。

在招标时,一方面在编制工程概(预)算、筹集资金以及考虑备用金额时,均应考虑价格变化问题;另一方面对工期较长、较大型的工程,在编制招标文件的合同条件中应明确地规定出各类费用变化的调价办法,以便承包人在投标报价时不计入价格波动因素,这样更便于发包人在评标时对所有承包人的报价在同一基准线上进行比较,从而优选出最理想的承包人。

13. 评标标准与方法

《招标投标法》规定:评标委员会应当按照招标文件确定的评标标准和方法,对投标文件进行评审和比较。也就是说,为保证招标投标活动符合公开、公平和公正的原则,评标委员会对各投标竞争者提交的投标文件进行评审、比较的唯一标准和评审方法,只能是在事先已提供给每一个投标人的招标文件中载明的评标标准和方法;招标人或评标委员会都不能在评标过程中对评标标准和方法加以修改;招标文件以外的评标标准和方法不能作为评标的依据。这是评标的原则,否则将失去衡量评标是否公平、公正的依据。

三、编制标底

标底是招标人对招标项目所需的费用的预先测算数。它是招标人判断投标人报价合理性、可靠性以及评标、定标和选择承包单位的评分依据。《招标投标法》规定:招标人设有标底的,标底必须保密,并应在评标时参考标底。

(一)标底编制的原则

(1)标底编制应遵守国家有关法律、法规和水利行业规章,兼顾国家、招标人和投标人的利益。

(2)应符合市场经济环境,反映社会平均先进工效和管理水平。

(3)应体现工期要求,反映承包人为提前工期而采取施工措施时增加的人员、材料和设备的投入。

(4)应体现招标人的质量要求,标底的编制要体现优质优价。

(5)应体现招标人对材料采购方式的要求,考虑材料市场价格变化因素。

(6)应体现工程自然地理条件和施工条件因素。

(7)应体现工程量大小因素。

(8)编制必须在初步设计批复后进行,原则上标底不应突破批准的初步设计概算或修正概算。

(9)一个招标项目只能编制一个标底。

(二)标底编制的依据

(1)招标人提供的招标文件,包括商务条款、技术条款、图纸以及招标人对已发出的招标文件进行澄清、修改或补充的书面资料等;

(2)现场查勘资料;

(3)批准的初步设计概算或修正概算;

(4)国家及地区颁发的现行建筑、安装工程定额及取费标准(规定);

(5)设备及材料的市场价格;

(6)施工组织设计或施工规划;

(7)其他有关资料。

(三)标底与投标报价的区别

标底不同于投标人报价,二者都必须充分考虑工程技术复杂程度、施工工艺方法、工程量大小、施工条件优劣、市场竞争激烈程度等情况。但投标人报价是以自身拥有的施工设备、技术优势和管理水平确定人工、材料、机械的消耗数量,以自己的采购优势确定材料预算价格,以自己的管理水平确定各项取费费率,即投标人报价是体现具体施工企业工效和管理水平的竞争价格;而标底是按社会平均先进工效和管理水平编制的价格。

(四)标底编制方法

水利工程建设项目招标标底的编制方法应采用以定额法为主、实物量法和其他方法为辅、多种方法并用的综合分析方法。标底编制应充分发挥各方法的优点和长处,以达到提高标底编制质量的目的。

第二节　工程施工招标

一、发布招标公告或投标邀请书

招标文件和标底经主管部门批准后,可发布招标公告或投标邀请书。当采用公开竞争性招标的方式时,一般应在投标开始前的合理时间,在有影响的报刊上刊登公告,邀请潜在投标人投标。愿参加投标的企业应在公告指明的日期和地点向招标人购买资格预审文件。如果采用邀请招标方式,则采取向初选投标人发出招标邀请函的方式,邀请他们参与投标。

招标公告或投标邀请书的内容一般包括:

(1)招标工程项目的名称、地点;

(2)招标工程项目的范围和内容;

(3)费用支付方式;

(4)购买资格预审文件的地点、时间、价格;

(5)计划的开工、竣(完)工日期;

(6)建设资金来源;

(7)投标保证金数额。

《招标公告发布暂行办法》(国家计委 2000 年 4 号令)规定:《中国日报》、《中国经济导报》、《中国建设报》、中国采购与招标网(http://www. chinabidding. com. cn)为发布依法必须招标项目的招标公告的媒介。依法必须招标的项目应至少在一家指定的媒介发布招标公告;其中,依法必须招标的国际招标项目的招标公告应在《中国日报》发布。指定报纸在发布招标公告的同时,应将招标公告如实抄送指定网络。两个以上媒介发布的同一招标项目的招标公告的内容应当相同。

除发布国际招标公告外,指定媒介发布依法必须招标的项目的招标公告,不得收取费用。指定报纸和网络应当在收到招标公告文本之日起七日内发布招标公告。

招标公告应载明招标人的名称和地址，招标项目的性质、数量、实施地点和时间，投标截止日期，以及获取招标文件的办法等事项。招标人或其委托的代理机构应当保证招标公告的真实、准确和完整。在指定报纸免费发布的招标公告所占版面一般不超过整版的四分之一，且字体不小于六号字。

拟发布的招标公告文本应当由招标人或其委托的招标代理机构的主要负责人签名并加盖公章，并向指定媒介提供营业执照（或法人证书）、项目批准文件的复印件等证明文件。

二、资格预审

（一）资格预审的目的

资格预审是在工程项目正式招标前，对投标人进行的资格调查，以确定投标人是否有能力承担并完成该工程项目。在国际竞争性招标项目中，都要对投标人进行资格预审。未进行资格预审的工程项目，也要进行资格后审。

通过资格预审，要达到下列主要目的：

（1）了解投标人的财务能力、技术能力及类似本工程的施工经验。

（2）择优选择在财务、技术、施工经验、信誉等方面优胜者参加投标。

（3）首先淘汰那些不合格的投标人，只邀请那些合格的投标人参加投标。

（4）对那些不合格的投标人来说，可以节约购买招标文件、现场考察及参加投标的费用。

（5）可以排除将合同授予不合格投标人的风险，为发包方选择一个优秀的投标人中标打下良好的基础。

应当注意，《招标投标法》规定：依法必须进行招标的项目，其招标投标活动不受地区或者部门的限制，任何单位和个人不得违法限制或者排斥本地区、本系统以外的法人或者其他组织参加投标；招标人不得以不合理的条件限制或者排斥潜在投标人，不得对潜在投标人实行歧视待遇。

（二）资格预审的内容

申请参加投标的投标人应按资格预审公告（通知）的要求填写资格预审文件，并向招标人提供下列材料：

（1）施工企业资质证书（副本）、营业执照（副本）及会计事务所或银行出具的资信证明；

（2）企业职工人数，技术人员、技术工人数量及平均技术等级，企业主要施工机械设备；

（3）近二年承建的主要工程情况（要附有质量监督部门出具的质量评定意见）；

（4）现有主要施工任务（包括在建和已中标尚未开工的建设项目）；

（5）近二年企业的财务状况。

（三）资格预审文件

招标人应在资格预审前首先编制资格预审文件，一般包括下列文件：

（1）工程概况和合同条款要点；

(2)对投标人提出具体的要求和限制条件；

(3)资格预审文件说明；

(4)要求投标人填报的各种报表，一般包括：投标人基本情况表、近期完成的类似工程情况表、正在施工的和新承接的工程情况表、财务状况表；

(5)工程主要图纸。

(四)资格预审和资格预审报告

首先组成资格预审评审委员会，成员由招标人代表、财务和技术方面专家共同组成。评审委员会主任委员由招标人代表担任。评审委员会下设综合组、商务组、技术组等。

要求资格预审报告具备完整性、有效性、正确性。

对资格预审报告评审的内容是：

(1)财务方面：能否有足够的资金承担本工程；

(2)施工经验：是否承担过类似于本工程项目，特别是本工程具有特殊要求的施工项目，过去施工过的工程数量、规模；

(3)人员：投标人所具有的工程技术人员和管理人员的数量、工作经验、能力能否满足本工程的要求，特别是派往本工程的项目经理的情况能否满足要求；

(4)设备：投标人所拥有的施工设备能否满足工程的要求。

两个以上法人或者其他组织可以组成一个联合体，以一个投标人的身份共同投标。联合体各方均应当具备承担招标项目的相应能力；国家有关规定或者招标文件对投标人资格条件有规定的，联合体各方均应当具备规定的相应资格条件。由同一专业的单位组成的联合体，按照资质等级较低的单位确定资质等级。联合体各方应当签订共同投标协议，明确约定各方拟承担的工作和责任，并将共同投标协议连同投标文件一并提交招标人。联合体中标的，联合体各方应当共同与招标人签订合同，就中标项目向招标人承担连带责任。

资格预审评审委员会对评审结果要写出书面报告，评审报告的主要内容包括：工程项目概要，资格预审简介，资格预审评审标准，资格预审评审程序，资格预审评审结果，资格预审评审委员会名单及附件，资格预审评分汇总表，资格预审分项评分表，资格预审详细评审标准等。

资格预审结果报主管部门备案后，招标人应向资格审查合格的投标人发出通知，邀请其购买招标文件参加投标。

三、发售招标文件

在资格预审结束后，招标人应发函通知审查合格的投标人，在规定时间和地点购买招标文件。投标人在购买招标文件后，即可以招标文件为基本依据，编制投标书和工程报价。

《招标投标法》规定，招标人对已发出的招标文件进行必要的澄清或者修改的，应当在招标文件要求提交投标文件截止时间至少十五日前，以书面形式通知所有招标文件收受人。该澄清或者修改的内容为招标文件的组成部分。

招标人应当确定投标人编制投标文件所需要的合理时间；但是，依法必须进行招标的项目,自招标文件开始发出之日起至投标人提交投标文件截止之日止,最短不得少于20日。

四、组织现场踏勘和标前会议

从发出招标文件至规定的报送投标文件的截止期限之前的这一段时间内,招标人要按招标文件中规定的时间和地点,组织投标人进行现场踏勘,使之进一步了解工程的现场条件及环境。此外,还可结合现场踏勘举行标前会议,澄清问题。对投标人提出的问题,一般由招标人通过书面答复,并以备忘录的形式发给各投标人,它与澄清会议的记录一起均作为招标文件的补充和组成部分。

五、接受投标书

投标人按招标文件规定的各项内容、要求,以及自身的实际能力、经营条件和管理水平编制投标书,并按招标文件规定的时间、地点报送。投标人应对所有的投标文件认真校核,并按招标文件规定签字盖章。投标保证应符合招标文件的要求。然后按投标须知要求封装,由投标人授权代表亲自在截标之前送交招标人。招标人应设专门的机构和人员负责管理投标书。在接受投标书时,应注意检查投标书的密封、签章等外观情况以及投标保证,并封存在密封箱内。在投标截止前,投标人有权对其已递交的投标书通过信函进行修改或撤回。

第三节　工程施工投标

投标即投标人作为卖方,根据发包人的招标条件,以报价的形式争取承接承包项目的活动。

投标人是响应招标、参加投标竞争的法人或者其他组织。投标人应当具备承担招标项目的能力,并应具备规定的资格条件。投标人应当按照招标文件的要求编制投标文件。投标文件应当对招标文件提出的实质性要求和条件作出响应。

两个以上法人或者其他组织可以组成一个联合体,以一个投标人的身份共同投标。招标人不得强制投标人组成联合体共同投标,不得限制投标人之间的竞争。

投标人不得相互串通投标报价,不得排挤其他投标人的公平竞争,损害招标人或者投标人的合法权益。投标人不得与招标人串通投标,损害国家利益、社会公共利益或者他人的合法权益。禁止投标人以向招标人或者评标委员会成员行贿的手段谋取中标。投标不得以低于成本的报价竞标,也不得以他人名义投标或者以其他方式弄虚作假,骗取中标。

一、施工投标文件组成

投标文件的内容应符合招标文件的要求。根据这些文件的特点,投标文件可分成商业法律文件、技术文件、价格文件三大部分,其详细内容如下。

(一)商业法律文件

这类文件是证明投标人履行了合法手续及发包人了解投标人商业资信、合法性的文

件,包括:

(1)投标报价书;

(2)投标保函;

(3)投标人代表的授权书及证明文件;

(4)联营公司投标人提供的联营协议等文件;

(5)招标人要求投标人重新出具的资信文件。

(二)技术文件

技术文件包括全部施工组织设计内容,用以评价投标人的技术实力,所以技术文件的水平在一定程度上反映了公司的技术实力和工程经验。技术复杂的工程对技术文件的编写内容及格式均有详细要求,投标人应认真按规定编写。

技术文件包括的主要内容有:

(1)施工组织设计,包括选用的主体工程和施工导流工程施工方案,参加施工的主要施工机械设备进场数量、型号清单。

(2)保证工程质量、进度和施工安全的主要组织保证与技术措施。

(3)计划开工、各主要阶段(截流、下闸蓄水、第一台机组发电、竣工等)进度安排和施工总工期。

(4)主要材料用量清单。

(5)参加工程施工的项目经理和主要管理人员、技术人员名单。

(6)工程临时设施用地要求。

(7)招标文件要求的其他内容和其他应说明的事项。

(三)价格文件

价格文件是投标文件的核心,是投标成败的关键所在。全部价格文件必须完全按招标文件的规定格式编制,不许有任何改动。

价格文件的内容包括:

(1)报价的工程量清单;

(2)计日工报价表;

(3)主要单价分析表(如果招标文件要求);

(4)资金平衡表或工程款支付估算表;

(5)施工用主要材料基础价格表;

(6)用于价格调整的物价上涨指数和计算公式文件。

国际工程投标文件中,一般还应提供外汇比例表、外汇费用构成表、外汇兑换率表等。

二、施工投标工作内容

投标报价是工程承包过程中的一个决定性环节,直接关系到承包人投标的成败。因此,承包人往往把报价放在首位。但是,报价的算出,不是简单的数量计算,而是根据工程范围和性质、技术规范要求、工期要求、拟采用的施工方案、进度计划,以及所需人、材、机直接费价格,各种管理费和利润间接费价格等算出的投标价格。因此,投标报价是一项重要且又复杂的工作。

不同的合同形式其计算报价的方法也不同。具有代表性的单价合同报价计算主要分以下几个步骤:①研究招标文件;②现场踏勘;③校核工程量;④制定施工规划;⑤计算工、料、机单价;⑥计算分项工程基本单价;⑦计算间接费;⑧计算风险费,预计利润;⑨计算综合单价;⑩确定投标价格,编制投标书。

(一)研究招标文件

招标文件是投标的主要依据,因此投标人应该认真分析研究。投标人在派人参加现场踏勘、标前会议之前以及整个报价期间,均应组织参加投标报价的人员细致地阅读招标文件,研究招标文件重点应放在投标人须知、合同条件(尤其是专用条件)、设计图纸、工程范围、技术条款、报价要求以及工程量清单上,最好有专人分析研究技术条款和设计图纸,弄清有哪些特殊要求;弄清承包人的责任和报价范围,以避免在报价中发生任何遗漏;弄清各项技术要求,以更好地确定经济适用而又可能加速工期的施工方案;弄清工程中需使用的特殊材料和设备,以便在计算报价之前调查价格,避免因盲目估价而失误。另外,应整理出招标文件中含糊不清的问题,及时提请招标人予以澄清。

在投标人须知、投标书附件或合同条件中规定的下列内容是投标人必须了解的要点:

(1)工期。包括对开工日期的规定、施工期限,以及是否有分段、分批完工的要求。工期对制订施工计划、施工方案、施工机械设备和人员配备均是重要依据。

(2)误期损害赔偿费的有关规定。这对施工计划安排和拖期的风险大小有影响。

(3)保修期的有关规定。这对何时可收回工程"尾款"、承包人的资金利息和保函费用计算有影响。

(4)保函的要求。保函包括履约保函、工程预付款保函等。保函数值的要求和有效期的规定、允许开保函的银行限制等,与投标人计算保函手续费和用于银行开保函所需占用的抵押资金有重要关系。

(5)保险。是否指定了保险公司、保险的种类(例如工程保险、施工设备险、第三者责任保险、现场人员的人身事故保险和医疗保险、社会保险等)和最低保险金额。这与保险费用的计算有关。

(6)付款条件。是否具有工程预付款,如何扣回;材料设备到达现场并检验合格后是否可以获得部分材料设备预付款;期中付款方法,保留金扣留比例,保留金最高限额,退回保留金的时间和方法;拖延付款的利息支付,每次期中付款有无最小金额限制,发包人付款的时间限制等。这些是影响承包人计算流动资金及其利息费用的重要因素。

(7)税收。

(8)战争和自然灾害等人力不可抗拒因素造成损害的补偿办法和规定,中途停工的处理办法和补救措施等。

(9)有无提前完工的奖励。

(10)争议解决方式与约定。

(11)技术规范。如对技术规范的熟悉程度,有无特殊施工技术要求,有无特殊材料设备技术要求,有关选择代用材料、设备的规定等,以便针对相应的定额,计算有特殊要求项目的价格。

(12)报价规定。

(13)物价调整。对于材料、设备和工资在施工期限内涨价及当地货币贬值有无补偿,即合同有无调价条款,以及采用的调价计算公式。

(14)合同风险。认真研究招标文件中对承包人不利,需承担很大风险的各种规定和条款,以利风险防范。

在国际工程中,投标人还应了解有关货币、外汇兑换、劳务限制等方面的有关规定。

(二)现场踏勘

现场踏勘和标前会议是投标报价中极其重要的一项工作,也是投标报价中的一项重要活动,对于正确考虑施工方案和合理计算报价具有重要意义。

现场踏勘主要指的是去工地现场进行考察,招标人一般在投标人须知中要说明现场踏勘的时间和地点,在文件发出后就应安排投标人进行现场踏勘的准备工作。

施工现场踏勘是投标人必须经过的投标程序。投标人提出的报价单一般被认为是在现场踏勘的基础上编制的。一旦报价单提出之后,投标人就无权因为现场踏勘不周、情况了解不细或因素考虑不全面而提出修改投标、调整报价或提出补偿等要求。

现场踏勘既是投标人的权利又是他的责任。因此,投标人在报价以前必须认真地进行施工现场踏勘,全面地、仔细地调查了解工地及其周围的政治、经济、地理等情况。

在投标实践中,招标文件及其技术资料有时没有反映招标项目的现实状况,有的甚至在关键地方一笔带过。因此,在编制投标文件以前,一定要详细勘察项目现场,认真分析施工中可能遇到的困难,做到心中有数。对于地下工程,如基坑开挖、水下施工或隧洞施工等的地质状况,切忌情况不明、盲目投标。在勘察现场的同时,应认真研究招标文件及其技术资料,核对资料数据是否与现场一致,注意招标文件中的含糊不清之处。

在现场踏勘之前,应先仔细地研究招标文件,特别是文件中的工作范围、专用条款,以及设计图纸和说明,然后拟定出提纲,确定重点要解决的问题,做到事先有准备。

现场踏勘的一般程序和做法是:现场踏勘组应由报价人员、工程实施项目经理和公司领导决策人员组成,根据对招标文件研究和投标报价的需要,制定考察提纲,考察后应提供出实是求事和比较准确可靠数据的考察报告,以供投标报价使用。

现场踏勘应了解的主要内容如下。

1. 自然地理条件

(1)气象资料;

(2)水文资料;

(3)地质情况。

2. 有关材料问题

(1)地方材料的供应;

(2)材料采购的渠道。

3. 交通运输

(1)空运、海运、河运和陆地运输情况;

(2)主要运输工具购置和租赁价格。

4. 编制报价的有关规定

(1)有关费率和取费标准的法规规定;

(2)人工工资及其附加费用；

(3)临建工程的标准和收费。

5. 施工机具

(1)施工设备和机具的生产、购置和租赁，有关设备机具的配置及维修；

(2)当地施工用特殊机具；

(3)当地机具加工能力。

6. 规划设计和施工现场

(1)工程的地形、地物、地貌，用地范围，工程周围的道路、管线位置、标高、管径、压力，市政管网设施等；

(2)市政给排水设施，废水、污水处理方式，市政雨水技术排放设施，市政消防供水管通管径、压力；

(3)当地供电方式、电压、供电方位、距离；

(4)电视和通信线路的铺设；

(5)政府有关部门对现场管理的一般要求、特殊要求及规定；

(6)施工现场的三通一平情况；

(7)当地施工方法及注意事项；

(8)建筑物的结构特征。

7. 发包人

(1)发包人情况；

(2)工程资金来源。

(三)校核工程量

对于招标文件中的工程量清单，投标人一定要进行校核，因为这直接影响到投标报价及中标机会。如发现工程量有重大出入的，特别是漏项的，必要时可找招标人核对，要求招标人确认并给予书面证明，这对于固定总价合同或单价合同中的包干项目，尤为重要。

在核算完全部工程量清单中细目后，投标人可按大项分类汇总主要工程总量，对整个工程项目的施工规模有一个全面和清楚的了解并用以研究采用合适的施工方法，选择适用和经济的施工机具设备。

(四)编制施工组织设计

施工组织设计是用来指导施工项目全过程各项活动的技术、经济和组织的综合性文件，是施工技术与施工项目管理有机结合的产物，它是工程开工后施工活动能有序、高效、科学合理地进行的保证。编制施工组织设计工作对于投标报价影响很大。

施工组织设计的内容，一般包括施工方案和施工方法，施工进度计划，施工机械、材料、设备和劳动力计划，以及临时生产、生活设施。制定施工规划的依据是招标图纸，复核后的工程量，招标文件要求的开工、完工日期，以及对市场材料、机械设备、劳力价格的调查。编制的原则是在保证工期和工程质量的前提下，如何使成本最低，利润最大。

投标时施工组织设计将作为发包人评价投标人是否采取合理和有效的措施，能否保证按工期、质量要求完成工程的一个重要依据。另外，施工规划对投标人自己也是十分重要的，这是因为施工方案的优选和进度计划的合理编制与工程报价有着密切的关系，编制一个好的施工规划可以大大降低标价，提高竞争力。

(五)计算工程单价

在投标报价中，要按照招标文件工程量清单中的格式填写报价价格。

在单价合同中，分项目的单价为综合单价，它是在测算出各分项目的直接费(一般包括人工费、材料费、永久设备费、机械使用费和其他直接费)基础上，将间接费和利润与税金按比例摊入确定的。因此，工程单价要从基础价格，确定直接费和间接费、利润及其摊入系数几个方面入手。

(六)编制投标文件

在编制投标文件时，应注意以下问题：

(1)投标文件中的每一要求填写的空格都必须填写，不能空着不填。

(2)填报文件应当反复校对，保证分项和汇总计算均无错误。

(3)递交的全部文件必须按招标文件要求签章。

(4)最好用打字方式填写投标文件，或者用钢笔书写。

(5)投标文件应当保持整洁，纸张统一，字迹清楚，装订美观大方。

(6)应当按规定对投标文件进行分装和密封，按规定的日期和时间检查投标文件的完整性后一次递交。

总之，要避免由于工作上的漏洞和技术上的缺陷而发生无效投标书的问题。

(七)递交投标书

投标人编制完成投标书后，应按招标文件规定的时间、地点递交。在递交前，投标人应对所有的投标文件认真校核，然后，按投标须知要求封装，由投标人授权代表亲自在投标截标之前送交招标人。

在投标截止前，投标人有权对其已递交的投标书通过信函进行修改或撤回。

第四节　工程施工开标、评标、中标和合同签订

一、开标

《招标投标法》规定，开标应当在招标文件确定的提交投标文件截止时间的同一时间公开进行。开标以会议形式举行，即在规定的时间、地点当众宣布所有投标人的投标文件中的投标人名称、投标报价和其他需要宣布的事项，使所有投标人了解各投标人的标价和自己在其中的先后顺序。招标人当场逐一宣读投标报价书，但不解答任何问题。但是，如果招标文件中规定投标人可提出某种供选择的替代方案，这种方案的报价也在开标时宣读。

对包括设备安装和土建工程的招标，或是对大型成套设备的采购和安装，有时分两个阶段开标。即投标文件同时递交，但分两包包装，一包为技术标，另一包为商务标。技术标的开标实质上是对技术实施方案的审查，只有在技术标通过之后才开商务标，技术标通不过的则商务标将被原封退回。

对未按规定日期寄到的投标书，招标人应当拒收。

投标书有下列情况之一者无效：

(1)未密封；

(2)缺投标保证；

(3)未加盖单位印章和法人代表或法人代表委托代理人的印章(或签名)；

(4)未按规定格式、内容填写，或字迹模糊不清、内容不全；

(5)逾期送达；

(6)投标人未参加开标会议。

开标由招标人主持，邀请所有投标人参加。

开标时由投标人或者其授权的代表检查投标文件的密封情况，也可以由招标人委托的公证机构检查并公证；经确认无误后，由工作人员当众拆封，宣读投标人名称、投标文件的其他主要内容。招标人在招标文件要求提交投标文件的截止时间前收到的所有投标文件，开标时都应当众予以拆封、宣读。开标过程应当记录，并存档备查。

开标后任何投标人都不允许更改他的投标内容和报价，也不允许再增加优惠条件，但在发包人需要时可以作一般性说明和疑点澄清。

开标后即转入秘密评标阶段，这一阶段的工作要严格对投标人以及任何不参与评标工作的人员保密。

二、评标

(一)评标机构的组成

《评标委员会和评标方法暂行规定》规定：评标委员会由招标人或其委托的招标代理机构熟悉相关业务的代表，以及有关技术、经济等方面的专家组成，成员人数为5人以上单数，其中技术、经济等方面的专家不得少于成员总数的三分之二。

评标委员会设负责人的，评标委员会负责人由评标委员会成员推举产生或者由招标人确定。评标委员会负责人与评标委员会的其他成员有同等的表决权。

评标委员会的专家成员应从省级以上人民政府有关部门提供的专家名册或者招标代理机构的专家库内的相关名单中确定。确定评标专家，一般项目，可以采取随机抽取的方式；技术特别复杂、专业性要求特别高或者国家有特殊要求的招标项目，采取随机抽取方式确定的专家难以胜任的，可以由招标人直接确定。

评标专家应符合下列条件：

(1)从事相关专业领域工作满八年并具有与招标项目相关的实践经验；

(2)熟悉有关招标投标的法律法规；

(3)能够认真、公正、诚实、廉洁地履行责任。

有下列情形之一的，不得担任评标委员会成员：

(1)投标人或者投标人主要负责人的近亲属；

(2)项目主管部门或者行政监督部门的人员；

(3)与投标人有经济利益关系，可能影响对投标公正评审的；

(4)曾因在招标、评标以及其他与招标投标有关活动中从事违法行为而受过行政处罚或刑事处罚的。

(二)评标原则

评标工作应按照严肃认真、公平公正、科学合理、客观全面、竞争优选、严格保密的原则进行,保证所有投标人的合法权益。

招标人应当采取必要的措施,保证评标秘密进行,在宣布授予中标人合同之前,凡属于投标书的审查、澄清、评价和比较及有关授予合同的信息,都不应向投标人或与该过程无关的其他人泄露。

任何单位和个人不得非法干预、影响评标的过程和结果。如果投标人试图对评标过程或授标决定施加影响,则会导致其投标被拒绝;如果投标人以他人名义投标或者以其他方式弄虚作假,骗取中标的,则中标无效,并将依法受到惩处;如果招标人与投标人串通投标,损害国家利益、社会公共利益或者他人合法权益,则中标无效,并将依法受到惩处。

(三)评标程序与内容

开标之后即进入评标阶段。根据《评标委员会和评标方法暂行规定》,评价的过程应包括评标的准备与初步评审、详细评审。

1.评标准备

评标委员会成员应当编制供评标使用的相应表格,认真研究招标文件,至少应了解和熟悉以下内容:

(1)招标的目标;

(2)招标项目的范围和性质;

(3)招标文件中规定的主要技术要求、标准和商务条款;

(4)招标文件规定的评标标准、评标方法和在评标过程中考虑的相关因素。

招标人或者其委托的招标代理机构应当向评标委员会提供评标所需的重要信息和数据。

招标人设有标底的,标底应当保密,并在评标时作为参考。

2.初步评审投标文件

对投标文件的初步评审,主要评审投标的响应性。《招标投标法》规定,投标人应当按照招标文件的要求编制投标文件,投标文件应当对招标文件提出的实质性要求和条件作出响应。因此,评标委员会应当根据招标文件规定的评标标准和方法,对投标文件进行系统地评审和比较(招标文件中没有规定的标准和方法不得作为评标的依据)。

初步评审阶段,主要评审投标对招标的偏差。投标偏差分为重大偏差和细微偏差。投标文件存在重大偏差即为实质性不响应。

1)投标书实质性不响应情形

除招标文件另有规定外,投标文件有下列情形之一的,为未能对招标文件作出实质性响应,按规定作废标处理:

(1)没有按照招标文件要求提供投标担保或者所提供的投标担保有瑕疵;

(2)投标文件没有投标人授权代表签字和加盖公章;

(3)投标文件载明的招标项目完成期限超过招标文件规定的期限;

(4)明显不符合技术规格、技术标准的要求;

(5)投标文件载明的货物包装方式、检验标准和方法等不符合招标文件的要求;

(6)投标文件附有招标人不能接受的条件;

(7)不符合招标文件中规定的其他实质性要求。

2)报价低于成本的投标

在评标过程中,评标委员会发现投标人的报价明显低于其他投标报价或者在设有标底时明显低于标底,使得其投标报价可能低于其个别成本的,应当要求该投标人作出书面说明并提供相关证明材料。投标人不能合理说明或者不能提供相关证明材料的,由评标委员会认定该投标人以低于成本报价竞标,其投标应作废标处理。

3)投标人有串通投标等行为

在评标过程中,评标委员会发现投标人以他人的名义投标、串通投标、以行贿手段谋取中标或者以其他弄虚作假方式投标的,该投标人的投标应作废标处理。

4)投标文件的细微偏差

细微偏差是指投标文件在实质上响应招标文件要求,但在个别地方存在漏项或者提供了不完整的技术信息和数据等情况,并且补正这些遗漏或者不完整不会对其他投标人造成不公平的结果。细微偏差不影响投标文件的有效性。

评标委员会应当书面要求存在细微偏差的投标人在评标结束前予以补正。拒不补正的,在详细评审时可以对细微偏差作不利于该投标人的量化,量化标准应当在招标文件中规定。

评标委员会可以书面方式要求投标人对投标文件中含义不明确,对同类问题表述不一致或者有明显文字和计算错误的内容作必要的澄清、说明或者补正。澄清、说明或者补正应以书面方式进行并不得超出投标文件的范围或者改变投标文件的实质性内容。

投标文件中的大写金额和小写金额不一致的,以大写金额为准;总价金额与单价金额不一致的,以单价金额为准,但单价金额小数点有明显错误的除外;对不同文字文本投标文件的解释发生异议的,以中文文本为准。

5)否决全部投标

若评标委员会按规定否决不合格投标或者界定为废标后,因有效投标不足三个使得投标明显缺乏竞争的,评标委员会可以否决全部投标。

投标人少于三个或者所有投标被否决的,招标人应当依法重新招标。

3.详细评审投标文件

经初步评审合格的投标文件,评标委员会应当根据招标文件确定的评标标准和方法,对其技术部分和商务部分作进一步评审、比较。

《招标投标法》规定,中标人的投标应当符合下列条件之一:

(1)能最大限度地满足招标文件中规定的各项综合评价标准;

(2)能满足招标文件各项要求,并且经评审的投标价格最低,但是投标价格低于成本的除外。

上述两项条件中,前者称为经评审的最低投标价法,后者称为综合评估法。

1)经评审的最低投标价法

经评审的最低投标价法一般适用于具有通用技术、性能标准或者招标人对其技术、性能没有特殊要求的招标项目。

根据经评审的最低投标价法,能够满足招标文件的实质性要求和技术要求与标准,并且经评审的最低投标价的投标,应当推荐为中标候选人。

采用经评审的最低投标价法的,评标委员会应当根据招标文件中规定的评标价格调整方法,对所有投标人的投标报价以及投标文件的商务部分作必要的价格调整,但无须对投标文件的技术部分进行价格折算。

根据经评审的最低投标价法完成详细评审后,评标委员会应当拟定一份“标价比较表”,连同书面评标报告提交招标人。“标价比较表”应当载明投标人的投标报价、对商务偏差的价格调整和说明以及经评审的最终投标价。

2)综合评估法

不宜采用经评审的最低投标价法的招标项目,一般应当采取综合评估法进行评审。

a.综合评估方法

根据综合评估法,最大限度地满足招标文件中规定的各项综合评价标准的投标,应当推荐为中标候选人。

衡量投标文件是否最大限度地满足招标文件中规定的各项评价标准,可以采取折算为货币的方法、打分的方法或者其他方法。需量化的因素及其权重应当在招标文件中明确规定。

评标委员会对各个评审因素进行量化时,应当将量化指标建立在同一基础或者同一标准上,使各投标文件具有可比性。对技术部分和商务部分进行量化后,评标委员会应当对这两部分的量化结果进行加权,计算出每一投标的综合评估价或者综合评估分。

根据综合评估法完成评标后,评标委员会应当拟定一份“综合评估比较表”,连同书面评标报告提交招标人。“综合评估比较表”应当载明投标人的投标报价、所作的任何修正、对商务偏差的调整、对技术偏差的调整、对各评审因素的评估以及对每一投标的最终评审结果。

b.技术评估与商务评估

(1)技术评估。

技术评估的目的是确认和比较投标人完成本工程的技术能力的可靠性。技术评估的主要内容如下:

①施工方案的可行性。对各类分部分项工程的施工方法,施工人员和施工机械设备的配备、施工现场的布置和临时设施的安排、施工顺序及其相互衔接等方面的评审,特别是对该项目的关键工序的施工方法进行可行性论证,审查其技术的最难点或先进性和可靠性。

②施工进度计划的可靠性。审查施工进度计划是否满足对完工时间的要求,并且是否科学和合理,切实可行,同时还要审查保证施工进度计划的措施,例如施工机械、劳务的安排是否合理和可能等。

③施工质量保证。审查投标文件中提出的质量控制和管理措施,包括质量管理人员的配备、质量检验仪器的配置和质量管理制度。

④工程材料和机器设备供应的技术性能符合设计技术要求。审查投标文件中关于主要材料和设备的样本、型号、规格和制造厂家名称、地址等,判断其技术性能是否达到设计

标准。

⑤对投标文件中按照招标文件规定提交的建议方案作出技术评审(如果有的话)。

(2)商务评估。

商务评估的目的是从工程成本、财务和经验分析等方面评审投标报价的准确性、合理性、经济效益和风险等,比较授标给不同的投标人产生的不同后果。商务评估在整个评标工作中通常占有重要地位。商务评估的主要内容如下:

①审查全部报价数据计算的正确性。通过对投标报价数据全面审核,看其是否有计算上的算术错误,如果有错,应按"投标人须知"中的规定予以澄清。

②分析报价构成的合理性。通过分析工程报价中直接费、间接费、利润和其他费用的比例关系,主体工程各专业工程价格的比例关系等,判断报价是否合理,有无不平衡报价,计日工报价是否合理等。

③对建议方案的商务评估。根据招标文件的规定,允许投标人投备选标的,评标委员会可以对中标人所投的备选标进行评审,以决定是否采纳备选标。不符合中标条件的投标人的备选标不予考虑。

4. 编写评标报告

评标委员会在详细评标的基础上,应推荐出中标候选人。中标候选人应当限定在一至三人,并标明排列顺序。

在确定中标人之前,招标人不得与投标人就投标价格、投标方案等实质性内容进行谈判。

评标委员会完成评标后,应当向招标人提出书面评标报告,并抄送有关行政监督部门。评标报告应当如实记载以下内容:

(1)基本情况和数据表;

(2)评标委员会成员名单;

(3)开标记录;

(4)符合要求的投标一览表;

(5)废标情况说明;

(6)评标标准、评标方法或者评标因素一览表;

(7)经评审的价格或者评分比较一览表;

(8)经评审的投标人排序;

(9)推荐的中标候选人名单与签订合同前要处理的事宜;

(10)澄清、说明、补正事项纪要。

评标报告由评标委员会全体成员签字。对评标结论持有异议的评标委员会成员可以书面方式阐述其不同意见和理由。评标委员会成员拒绝在评标报告上签字且不陈述其不同意见和理由的,视为同意评标结论。评标委员会应当对此作出书面说明并记录在案。

向招标人提交书面评标报告后,评标委员会即告解散。评标过程中使用的文件、表格以及其他资料应当即时归还招标人。

三、中标与签订合同

中标人确定后,招标人应于15日内向有关行政监督部门提交评标报告,经核准同意后,招标人向中标人发出中标通知书。

中标通知书对招标人和中标人均具有法律效力。中标通知书发出后,如果招标人想改变中标结果,拒绝和中标人签订合同,应当按规定赔偿中标人的损失;如果中标人拒绝在规定的时间内提交履约担保和签订合同,取消其中标资格,并按规定没收其投标保证金,并考虑与备选的排序第二投标人签订合同。

使用国有资金投资或者国家融资的项目,招标人应当确定排名第一的中标候选人为中标人。排名第一的中标候选人放弃中标、因不可抗力提出不能履行合同,或者招标文件规定应当提交履约保证金而在规定的期限内未能提交的,招标人可以确定排名第二的中标候选人为中标人。排名第二的中标候选人因前款规定的同样原因不能签订合同的,招标人可以确定排名第三的中标候选人为中标人。

招标人可以授权评标委员会直接确定中标人。

招标人和中标人应当自中标通知书发出之日起30天内,在中标通知书规定的时间、地点,按照招标文件和中标人的投标文件签订书面合同。所订立的合同不得对上述文件作实质性修改,不得再行订立违背合同实质性内容的其他协议。

第五章　服务项目和货物采购招标投标

第一节　服务项目招标投标概述

一、服务的概念

近些年来，随着我国社会主义市场经济体制的逐步建立，服务领域的招标活动也取得了很大发展。新产品开发、设备改造、科研课题、勘察设计、科技咨询、证券发行等项目的招标不断拓展。

服务，是指为集体(或别人的)利益或为某种事业而工作。这是中国汉语词典中给服务下的定义，即动词意义上的服务。而招标领域涉及的服务是指以招标方式进行的服务采购，将服务作为一种与货物、工程并列的采购对象。因此，这里所指的服务是指一种无形商品，是服务提供者向采购人提供的某种活动，通过提供这种活动使后者发生某种变化。由此可见，"服务"这个概念的内涵非常抽象。同时，服务的外延也非常广泛，包括社会服务、金融服务、技术服务和商业服务等。因此，对于这样一个内涵抽象、外延广泛的概念，国际上有关服务或服务贸易的规则，包括上述提及的有关服务招标采购的指令或规则，都未明确地给出服务的定义。通常采取的做法是：先在法则中泛泛地下一个定义，然后在附录中具体列出本法则所指服务的范围。如在关贸总协定乌拉圭回合谈判达成的第一个指导服务贸易的框架性文件——《服务贸易总协定》(CATS)中，由于参加方彼此在不同的服务贸易领域优势不同，在如何界定服务的范围上产生了极大的分歧，几经磋商，最后列出的"服务部门分类表"将服务分为商业、通信、建筑、教育、金融、环境、交通、旅游、娱乐等11大类40余部门。具体到有关服务招标采购的国际规则，如联合国贸易法委员会《关于货物、工程和服务采购示范法》中，将服务定义为"除货物或工程以外的任何采购对象"，同时准许颁布国列明某些当做服务看待的采购对象。欧盟《关于协调授予公共服务合同的程序的指令》中，也在对公共服务合同给出定义(指服务提供者与缔约机构以书面方式缔结的为了金钱利益的合同)后，在所附的服务目录中将服务分为A、B两类，A类包括公路运输、通信、金融、保险、计算机、会计等服务，B类包括铁路运输、法律、娱乐文化、宾馆等服务，并分别适用不同的规则(A类完全适用指令，在欧盟范围内进行招标采购；B类只有一部分适用指令，不在欧盟范围内进行招标采购)和不同的要求(对A类合同的招标程序要求较严，如必须采用公开、选择或谈判性程序，且除谈判程序外都必须在欧共体官方公报上发布招标通告；必须以最低标或以经济上最优为基准授予合同等)。

在界定服务的概念时，有这样一个问题，即某项建筑工程既包括工程咨询、设计，又包括材料设备采购、劳务人员雇用、工程建筑、监理等诸多环节；某批设备的采购包括运输、安装、调试等；某项服务合同的标的可能既包括A类性质的服务，也包括B类性质的服务。可以说,纯粹的货物或工程、服务的采购情形是极少的,可纯粹界定为A类或B类的服务在某些情况下也很难,如何界定这类混合性的招标项目呢?联合国贸易法委员会《关于货物、工程和服务采购示范法》第2条中规定,“货物指各种各样的物品,包括原料、产品、设备和固态、液态或气态物体和电力;以及货物供应的附带服务,条件是那些附带服务的价值不超过货物本身的价值。工程指与楼房或建筑物的建造、改建、拆除、修缮或翻新有关的一切工作,以及根据采购合同随工程附带的服务,如绘图、地震调查等,条件是这些服务的价值不超过工程本身的价值”。欧盟采购规则中规定,如果合同包含服务和供应及货物的安装、放置,在分类上应看两者各自的价值,以价值高的为准。若一个合同同时包含工程和服务,而两者之间没有相对价值的比较,应视合同的主要目的而定。就拿软件合同来说,这种合同通常被视为服务合同,但如果这种软件是预先订制的或拿来就能用的,除通信软件外,应当视为货物供应合同。至于某一合同A类和B类服务的区分,主要视各类服务的价值而定,在A的价值超过B时,合同应被视为A类服务合同;在B的价值超过或等于A时,视此合同为B类服务合同。由此可以看出,各国在采购项目同时包含货物、工程和服务时,一般都按三者的价值比例来确定项目的性质,以价值高的为准;在彼此价值相当时,视合同的主要目的而定。

二、服务招标的特点

与货物、工程招标相比,服务招标有以下几个特点:

(1)通常涉及无形商品的提供,其质量和内容难以像货物和工程那样量定,有时很难精确描述其技术规格。

(2)其评审程序侧重于质量(这主要由供应商或承包人的技术和专门知识决定),而不是货物、工程招标所偏重的价格。而且,越是智力投入高、对专业技术水平有特别要求的招标项目,价格因素在评审中所占的比例就越低。

(3)有的服务项目(如科研开发、设计、广告、电信等)涉及某些特定技术或艺术,往往与知识产权的保护息息相关,只有一定范围的供应商才能满足要求。因此,不能要求其像货物、工程招标那样发布招标公告,使尽可能多的投标人参加,只能在一定范围内通过征求建议书、参加竞争性谈判等方式进行。

三、服务招标采购方式

根据有关国际组织协议或国内法规规定以及实践中的具体做法,确定服务招标采购方式的基本原则是:

(1)如果可以拟定详细的条件,而且服务的性质允许采用招标方式,如一般的大楼管理服务、一般性质的工程设计等,可采用公开或邀请招标的方式进行。

(2)如果不能确切拟定或最后拟定条件,或采购的服务相当复杂,可采用征求建议书、邀请建议书、两阶段招标、竞争性谈判、设计竞赛等方式。

(3)与采购其他形式的服务相比,聘用专家提供咨询、研究、监理等服务更侧重对专家知识、技能、经验方面的考虑,故有独特的方式。

鉴于其他各章已对招标程序作了相当细致的介绍,本节只重点介绍上述(2)及(3)中所提及的各种方式及具体操作程序。

(一)征求建议书

征求建议书,是由采购者通过发布通告(征求服务建议书)的方式与少数服务提供者接洽,征求各方提交建议书的兴趣,并对表示兴趣的服务提供者发出邀请建议书。但当服务只能从有限数目的服务提供者处获得,或审查和评估建议书所需时间和费用与服务价值不相称,或为确保机密或出于国家利益的考虑,采购者可直接向服务提供者征求建议。邀请建议书中一般应载明采购者的名称,拟采购的服务性质、特点及时间,价格的表达方式,提交建议书的方式、地点和截止日期,中选标准,评审标准及程序等。

在评选程序上,根据拟采购的服务性质和在评选过程中拟考虑的主要因素,特别是采购者是否希望同服务提供者举行谈判,有三种程序可供选择。第一种是不通过谈判的评选程序,适用于属于标准性质的服务采购,不需要很高的个人技术和专门知识,采购中主要考虑的是价格而不是服务提供者的个人能力。采购者应按照邀请建议书中列明的标准、相对比重及应用方式对每份建议书进行比较,并将合同授予报价最低的建议书或根据评标标准取得最佳综合评价的建议书。第二种是通过同时谈判的评选程序,适用于性质复杂的、较注重服务者个人技术和专门知识的服务采购。采购者可以较早地与服务提供者进行谈判,允许其对所提建议作出修改,并在谈判结束后请所有未被淘汰的服务提供者在某一规定日期前提出最佳和最后建议。然后按照原先公开的评价标准、方式进行评估和比较,确定中选的建议书。第三种是通过顺序谈判的评选程序,在智力型服务采购中使用最广,特别是建筑和工程设计中最宜于采用。在这种程序中,采购者规定一个技术和质量方面的极限,据此评定得分在极限以上的那些建议书的等级,然后根据评分与得分最高的服务提供者进行谈判,直至同其中之一缔结采购合同。在这种程序中,有一个地方特别值得注意,那就是采购实体不得同意中断谈判的服务提供者重开谈判,以免造成不必要的延误及滋生腐败。

(二)两阶段招标

这种方式主要适用于下述服务采购:①不能确定服务特点的采购;②由于服务的性质,采购者必须与服务提供者进行谈判;③采购者为签订一项研究、实验、调查或开发工作的合同;④已采用招标程序,但没有人投标或采购者拒绝了全部投标,即使再进行新的招标程序也不太可能产生采购合同。

在两阶段招标的第一阶段,采购者可在招标文件中要求服务提供者提交列明其建议,但不列投标价格的初步投标书,并与符合条件的投标商就其投标的任何方面进行谈判。在第二阶段,采购者邀请投标尚未被拒绝的服务提供者提出列明价格的最后投标(不愿提出最后投标的服务提供者可退出投标过程且不丧失投标担保。这样做是为了保护投标商的利益,因为在第一阶段提交投标截止日期前,投标商不可能知道技术规范将在第二阶段出现哪些变化),采购者根据一般的招标程序进行评审和比较,以确定符合招标文件要求的中选投标。

两阶段招标的特点在于:在第一阶段给予了采购者相当大的灵活性,使其可通过谈判与服务提供者达成有关拟采购服务的规范和规格;在第二阶段,采购者可充分利用招标程序的高度客观性和竞争性,选定合适的中标人。

(三)竞争性谈判

这种方式的适用条件与两阶段招标、征求建议书基本相同,也就是说,凡适用两阶段招标和征求建议书的采购均可通过竞争性谈判进行。但是,在以下几种情况下采用竞争性谈判来缔结合同最为适宜:①急需得到某种服务,采用招标程序因不切实际而不可行,条件是此种紧迫情况并非因采购者办事拖拉所致;②由于发生灾难性事件而急需得到某种服务,采用其他方式因耗时太久而不可行;③所涉服务或风险的性质不允许事先作出总体定价;④由于技术或工艺的原因,或由于保护专属权的原因,服务只能由特定的提供者提供;⑤原合同的履行以需要提供某种补充服务(价值不得超过主合同的50%)为前提,这种补充服务不可能从技术上或经济上与主合同分开,且为完成主合同所绝对必需,故补充合同给予提供主合同服务的服务提供者。

在竞争性谈判中要注意以下几点:

(1)参与谈判的服务提供者的数目应足够多,以确保有效竞争(欧盟公共服务指令规定,参加谈判的候选人数目不得少于3人)。

(2)采购者必须将与谈判有关的所有资料平等地发送给参与谈判的所有服务提供者。

(3)谈判应保密,任何一方未征得另一方同意不得对外透露与谈判有关的信息、资料。

(4)谈判结束后,采购者应要求剩余的所有服务提供者最迟在某一日期前提出最佳和最后报价,并在此基础上选定中选者。

与两阶段招标、征求建议书相比,竞争性谈判有一定的灵活性,但在评选过程中的透明度、竞争性和客观性等方面有一些欠缺,也容易滋生行贿等腐败行为。

(四)设计竞赛

设计竞赛,指有关单位为获得某项计划或设计方案的使用权或所有权而组织竞赛,对参赛者提交的方案进行比较,并与优胜者签订合同的一种程序。主要用于地区规划、城市规划、建筑结构、土木工程或数据处理等方面。

在设计竞赛程序中应注意以下几点:

(1)一般都设立奖金,对最终选定的方案给予奖励,但一般也对落选的参赛者给予一定的金钱补偿。

(2)意欲开展设计竞赛的单位应以发布通告(应附有工程说明、收受方案的截止日期、参赛者预计人数、评审办法、奖金数额等内容)的形式表明自己的意图,使对竞赛感兴趣的人都可参加,并制定可为参赛方接受的竞赛规则。

(3)可通过邀请的方式限制参赛的人数,但在确定参赛人员时必须透明、公平,而且应邀参加的人数应足以确保竞争。

(4)优胜方案应由评比委员会选出,委员会根据组织者制定的标准对每个参赛者提交的方案进行比较。评比委员会拥有作出决定或发表意见的自主权。

(5)评比委员会由独立于参赛者的自然人组成,在要求参赛者须具备特定专业资格的情况下,至少三分之一的委员也须具备同等或相应的资格。

(五)聘用专家提供服务

聘请专家提供服务,主要指雇用方通过一定的程序聘请专家提供咨询、可行性研究、工程与设计、项目执行监理、管理等方面的技术或专门服务。咨询服务是针对特定的项目或主题,就计划、工程设计、建筑、运营、管理、检验、试验或质量控制等方面提供咨询意见;可行性研究是为具体的项目是否继续下去作决策而提供信息和依据进行研究;工程设计包括勘查、测量、调查、初步设计、造价估算以及在此基础上拟定计划、设计、施工图纸、费用估算、标的分包等;项目执行监理是指在项目执行过程中所提供的招标咨询服务、制造监理服务和建筑监理服务,招标咨询包括对招标提供建议、分析标书、提出中标建议、拟定合同文本,制造监理包括审查机械加工图及安装图、定期访问制造厂以检查进度、材料质量及制造工艺、查看性能等,建筑监理包括检查现场工作、核实承包人的工作数量和质量、下达工作变更或校正缺陷的指令等;管理服务指为改进企业运营而提供的专门服务,包括市场调研、生产管理、存货管理、销售管理、机构调整、人员培训和技术转移等方面。

聘用服务专家一般要履行以下几道手续:

(1)雇用方发布通告,邀请所有对提供服务感兴趣的人表达其意愿。

(2)所有对通告作出反应并表示有兴趣提供服务的服务专家,将被要求填写包括本人情况、能力和经验等内容的申请表。

(3)雇用方成立由数目为单数的委员组成的评选委员会(其中必须有熟悉所提供服务特点的技术委员),对申请者的情况进行评价,并列出拟邀请其提出建议的服务专家的名单。

(4)雇用方邀请名单上的服务专家提出建议。邀请信应包括任务的简要说明、背景情况、职责范围、邀请者的数目、提交建议的截止时间和方式等内容;服务专家提交的建议中应包括本人能力和经验、业绩、所建议的技术和对要做工作的讨论、工作计划和日程表、人员安排等。

(5)评选委员会先对服务专家提出的技术建议进行评审,并依据事先确定的标准对所有建议进行排队。服务专家的资质、经验、建议的工作方法等在评价标准中占有相当的比重。

(6)雇用方与技术建议排名第一的服务专家进行财务谈判,讨论并最终确定服务范围、工作方法和计划、雇用方提供的辅助服务以及财务条款和合同内容等。若在一定时间内不能达成协议,雇用方应邀请排名第二的专家进行谈判,依次类推,直到谈判成功缔结合同为止。

在某些情况下,可以采用简化的程序来选择个体服务者,雇用者可拟定一个由3~5个具有已知专长和能力的候选人名单,打电话或发传真征询他们对承担这项工作的兴趣和可能性,请有兴趣且有可能者提供他们的最新简历并表明他们的收费标准,将现有的候选人排队并与其就财务问题进行谈判。

第二节　勘察设计招标投标

一、勘察设计招标概述

勘察设计的优劣对工程项目建设的成败有着至关重要的影响。以招标投标方式委托勘察设计任务,是为了让设计的技术和成果作为有价值的商品进入市场,打破地区、部门的界限开展设计竞争,通过招标择优确定实施单位,达到拟建工程项目能够采用先进的技术和工艺、降低工程造价、缩短建设周期和提高投资效益的目的。设计招标的特点是投标人将招标人对项目的设想变为可实施方案的竞争。

(一)招标发包的工作范围

一般工程项目的设计分为初步设计和施工图设计两个阶段进行,对技术复杂而又缺乏经验的项目,在必要时还要增加技术设计阶段。为了保证设计指导思想连续地贯彻于设计的各个阶段,一般多采用技术设计招标或施工图设计招标,不单独进行初步设计招标,由中标的设计单位承担初步设计任务。招标人应依据工程项目的具体特点决定发包的工作范围,可以采用设计全过程总发包的一次性招标,也可以选择分单项或分专业的发包招标。

勘察任务可以单独发包给具有相应资质的勘察单位实施,也可以将其包括在设计招标任务中。由于勘察工作所取得的工程项目所需技术基础资料是设计的依据,必须满足设计的需要,因此将勘察任务包括在设计招标的发包范围内,由有相应能力的设计单位完成或由他再去选择承担勘察任务的分包单位,对招标人较为有利。勘察设计总承包与分为两个合同分别承包比较,不仅在合同履行过程中招标人和监理可以摆脱实施过程中可能遇到的协调义务,而且能使勘察工作直接根据设计需要进行,满足设计对勘察资料精度、内容和进度的要求,必要时还可以进行补充勘察工作。

(二)设计招标特点

设计招标不同于工程项目实施阶段的施工招标、材料采购招标、设备采购招标,其特点表现为承包任务是投标人通过自己的智力劳动,将招标人对建设项目的设想变为可实施的蓝图;而后者则是投标人按设计的明确要求完成规定的物质生产劳动。因此,设计招标文件对投标人所提出的要求不十分明确具体,只是简单介绍工程项目的实施条件、预期达到的技术经济指标、投资限额、进度要求等。投标人按规定分别报出工程项目的构思方案、实施计划和报价。招标人通过开标、评标程序对各方案进行比较选择后确定中标人。鉴于设计任务本身的特点,设计招标应采用设计方案竞选的方式招标。设计招标与其他招标在程序上的主要区别表现为如下几个方面:

(1)招标文件的内容不同:设计招标文件中仅提出设计依据、工程项目应达到的技术指标、项目限定的工作范围、项目所在地的基本资料、要求完成的时间等内容,而无具体的工作量。

(2)对投标书的编制要求不同:投标人的投标报价不是按规定的工程量清单填报单价后算出总价,而是首先提出设计构思和初步方案,并论述该方案的优点和实施计划,在此基础上进一步提出报价。

(3)开标形式不同:开标时不是由招标人的主持人宣读投标书并按报价高低排定标价次序,而是由各投标人自己说明投标方案的基本构思和意图,以及其他实质性内容,而且不按报价高低排定标价次序。

(4)评标原则不同:评标时不过分追求投标价的高低,评标委员更多关注于所提供方案的技术先进性、所达到的技术指标、方案的合理性,以及对工程项目投资效益的影响。

二、设计招标文件

方案竞选的设计招标文件是指导投标人正确编标报价的依据，既要全面介绍拟建工程项目的特点和设计要求，还应详细提出应当遵守的投标规定。

(一)招标文件的主要内容

招标文件通常由招标人委托有资质的中介机构准备，其内容应包括以下几个方面：

(1)投标须知，包括所有对投标要求的有关事项。

(2)设计依据文件，包括设计任务书及经批准的有关行政文件复制件。

(3)项目说明书，包括工作内容、设计范围和深度、建设周期和设计进度要求等方面内容，并告知建设项目的总投资限额。

(4)合同的主要条件。

(5)设计依据资料，包括提供设计所需资料的内容、方式和时间。

(6)组织现场考察和召开标前会议的时间、地点。

(7)投标截止日期。

(8)招标可能涉及的其他有关内容。

(二)设计要求文件的主要内容

招标文件中，对项目设计提出明确要求的“设计要求”或“设计大纲”是最重要的文件部分，文件大致包括以下内容：

(1)设计文件编制的依据。

(2)国家有关行政主管部门对规划方面的要求。

(3)技术经济指标要求。

(4)平面布局要求。

(5)结构形式方面的要求。

(6)结构设计方面的要求。

(7)设备设计方面的要求。

(8)特殊工程方面的要求。

(9)其他有关方面的要求，如环保、消防等。

编制设计要求文件应兼顾三个方面：严格性，文字表达应清楚不被误解；完整性，任务要求全面不遗漏；灵活性，要为投标人发挥设计创造性留有充分的自由度。

三、对投标人的资格审查

无论是公开招标时对申请投标人的资格预审，还是邀请招标时采用的资格后审，审查的基本内容相同。

(一)资格审查

资格审查指投标人所持有的资质证书是否与招标项目的要求一致，具备实施资格。

(1)证书的种类。国家和地方建设主管部门颁发的资格证书，分为“工程勘察证书”和“工程设计证书”。如果勘察任务合并在设计招标中，投标人必须同时拥有两种证书。若仅持有工程设计证书的投标人准备将勘察任务分包，必须同时提交分包人的工程勘察证书。

(2)证书级别。根据证书级别,不允许超越其资质等级承揽工程的勘察、设计任务。

(3)允许承接的任务范围。由于工程项目的勘察和设计有较强的专业性要求,还需审查证书批准允许承揽工作范围是否与招标项目的专业性质一致。

(二)能力审查

判定投标人是否具备承担发包任务的能力,通常审查人员的技术力量和所拥有的技术设备两方面。人员的技术力量主要考察设计负责人的资质能力,以及各类设计人员的专业覆盖面、人员数量、各级职称人员的比例等是否满足完成工程设计的需要。设备能力主要审核开展正常勘察或设计所需的器材和设备,在种类、数量方面是否满足要求。不仅看其总拥有量,还应审查其完好程度和在其他工程上的占用情况。

(三)经验审查

通过投标人报送的最近几年完成工程项目表,评定他的设计能力和水平。侧重于考察已完成的设计项目与招标工程在规模、性质、形式上是否相适应。

四、评标

(一)设计投标书的评审

虽然投标书的设计方案各异,需要评审的内容很多,但大致可以归纳为以下几个方面。

1. 设计方案的优劣

设计方案评审内容主要包括:设计指导思想是否正确;设计产品方案是否反映了国内外同类工程项目较先进的水平;总体布置的合理性,场地利用系数是否合理;工艺流程是否先进;设备选型的适用性;主要建筑物、构筑物的结构是否合理,造型是否美观大方并与周围环境协调;"三废"治理方案是否有效;以及其他有关问题。

2. 投入、产出经济效益比较

主要涉及以下几个方面:建筑标准是否合理;投资估算是否超过限额;先进的工艺流程可能带来的投资回报;实现该方案可能需要的外汇估算等。

3. 设计进度快慢

评价投标书内的设计进度计划,看其能否满足招标人制定的项目建设总进度计划要求。大型复杂的工程项目为了缩短建设周期,初步设计完成后就进行施工招标,在施工阶段陆续提供施工详图。此时应重点审查设计进度是否能满足施工进度要求,避免妨碍或延误施工的顺利进行。

4. 设计资历和社会信誉

不设置资格预审的邀请招标,在评标时还应进行资格后审,作为评审比较条件之一。

5. 报价的合理性

在方案水平相当的投标人之间再进行设计报价的比较,不仅评定总价,还应审查各分项取费的合理性。

(二)勘察投标书的评审

勘察投标书主要评审以下几个方面:勘察方案是否合理,勘察技术水平是否先进,各种所需勘察数据能否准确可靠，报价是否合理。

五、定标

评标委员会通过投标人的评标答辩和对投标书进行评分比较后，在评标报告中推选出候选中标方案。由招标人定标并与候选中标人进行谈判。谈判的主要内容可能涉及探讨改正或补充原投标方案的某些内容，以及将其他投标人的某些设计特点融于该设计方案之中的可能性等有关事项。但为了保护未中标人的合法权益，如果使用其他投标人的技术成果，需首先征得同意后实行有偿使用。

第三节　建设监理招标投标

一、建设监理招标概述

（一）监理招标的特点

监理招标的标的是“监理服务”，与工程项目建设中其他各类招标的最大区别表现为监理单位不承担物质生产任务，只是受招标人委托对生产建设过程提供监督、管理、协调、咨询等服务。鉴于标的具有的特殊性，招标人选择中标人的基本原则是“基于能力的选择”。

1. 招标宗旨是对监理单位能力的选择

监理服务是监理单位的高智能投入，服务工作完成的好坏不仅依赖于执行监理业务是否遵循了规范化的管理程序和方法，更多地取决于参与监理工作人员的业务专长、经验、判断能力、创新想象力，以及风险意识。因此，招标选择监理单位时，鼓励的是能力竞争，而不是价格竞争。如果对监理单位的资质和能力不给予足够重视，只依据报价高低确定中标人，就忽视了高质量服务，报价最低的投标人不一定就是最能胜任工作者。

2. 报价在选择中居于次要地位

工程项目的施工、物资供应招标选择中标人的原则是，在技术上达到要求标准的前提下，主要考虑价格的竞争性。而监理招标对能力的选择放在第一位，因为当价格过低时监理单位很难把招标人的利益放在第一位，为了维护自己的经济利益采取减少监理人员数量或多派业务水平低、工资低的人员，其后果必然导致对工程项目的损害。另外，监理单位提供高质量的服务，往往能使招标人获得节约工程投资和提前投产的实际效益，因此过多考虑报价因素得不偿失。但从另一个角度来看，服务质量与价格之间应有相应的平衡关系，所以招标人应在能力相当的投标人之间再进行价格比较。

（二）委托监理工作的范围

监理招标发包的工作内容和范围，可以是整个工程项目的全过程，也可以是监理招标人与其他人签订的一个或几个合同的履行。划分合同发包的工作范围时，通常考虑以下几个因素。

1. 工程规模

中小型工程项目，有条件时可将全部监理工作委托给一个单位；大型或复杂工程，则按设计、施工等不同阶段及监理工作的专业性质分别委托给几家单位。

2. 工程项目的专业特点

不同的施工内容对监理人员的素质、专业技能和管理水平的要求不同,应充分考虑专业特点的要求。如将土建和安装工程的监理工作分开招标,甚至有特殊基础处理时将该部分从土建中分离出去单独招标。

3. 被监理合同的难易程度

工程项目建设期间,招标人与第三人签订的合同较多,对易于履行合同的监理工作可并入相关工作的委托监理内容之中。如将采购通用建筑材料购销合同的监理工作并入施工监理的范围之内,而设备制造合同的监理工作则需委托专门的监理单位。

二、招标文件

监理招标实际上是征询投标人实施监理工作的方案建议。为了指导投标人正确编制投标书,招标文件应包括以下几方面内容,并提供必要的资料:

(1)投标须知。主要包括:①工程项目综合说明,包括项目的主要建设内容、规模、工程等级、地点、总投资、现场条件、开竣(完)工日期;②委托的监理范围和监理业务;③投标文件的格式、编制、递交;④无效投标文件的规定;⑤投标起止时间,开标、评标、定标时间和地点;⑥招标文件、投标文件的澄清与修改;⑦评标的原则等。

(2)合同条件。

(3)业主提供的现场办公条件(包括交通、通信、住宿、办公用房等)。

(4)对监理单位的要求。包括对现场监理人员、检测手段、工程技术难点等方面的要求。

(5)有关技术规定。

(6)必要的设计文件、图纸和有关资料。

(7)其他事项。

三、评标

(一)对投标文件的评审

评标委员会对各投标书进行审查评阅,主要考察以下几方面的合理性:

(1)投标人的资质,包括资质等级、批准的监理业务范围、主管部门或股东单位人员综合情况等。

(2)监理规划。

(3)拟派项目的主要监理人员(重点审查总工程师和主要专业工程师)。

(4)人员派驻计划和监理人员的素质(通过人员的学历证书、职称证书和上岗证书反映)。

(5)监理单位提供用于工程的检测设备和仪器,或委托有关单位检测的协议。

(6)近几年监理单位的业绩及奖惩情况。

(7)监理费报价和费用组成。

(8)招标文件要求的其他情况。

在审查过程中对投标书不明确之处可采用澄清问题会的方式请投标人予以说明，并可通过与总工程师的会谈，考察他的风险意识、对业主建设意图的理解、应变能力、管理目标的设定等素质的高低。

(二)对投标文件的比较

监理评标的量化比较通常采用综合评分法对各投标人的综合能力进行对比。依据招标项目的特点设置评分内容和分值的权重(见表5-1)。招标文件中说明的评标原则和预先确定的记分标准开标后不得更改，作为评标委员的打分依据。

表5-1　施工监理招标的评分内容及分值分配

评分内容	分值
投标人资质等级及总体素质	10~15
监理规划或监理大纲	10~20
监理机构：	
总工程师资格及业绩	10~20
专业配套	5~10
职称、年龄结构等	5~10
各专业工程师资格及业绩	10~15
监理取费	5~10
检测仪器、设备	5~10
监理单位业绩	10~20
企业奖惩及社会信誉	5~10
总计	100

从表5-1中可以看出，监理招标的评标主要侧重于监理单位的资质能力、实施监理任务的计划和派驻现场监理人员的素质。

第四节　货物采购招标投标

货物采购(Procurement of Goods)一般是指业主一方(有时也叫买方(Buyer))所需要的工程设备(包括将要安装在工程上的设备、有关机械、仪表和控制设备等)，通过招标的形式进行采购，选择合格的供货商(Supplier)，供货商通常也叫卖方(Seller)。

货物采购招标和工程采购招标有不少相似之处，但也有其特点，因此在本节中着重介绍货物采购招标文件包含的全部内容，特别是货物采购招标的特点，而不赘述货物采购招标与工程采购招标的相同之处。

一、货物采购分标和招标程序

(一)货物采购分标

货物采购分标的原则也是有利于吸引更多的投标人参加投标，以发挥各个供货商的专长，降低货物价格，保证供货时间和质量，从而保证工程项目的进度和质量，同时要考虑到便于招标工作的管理。

货物采购分标和工程采购不同,一般是将一个工程有关的货物采购分为若干个标,也就是说,将货物招标内容按工程性质和货物性质划分为若干个独立的招标文件,而每一个标下又分为若干个包(Packge),每个包中又分为若干项(Items)。

货物采购分标时考虑的主要因素包括:

(1)招标项目的规模。根据工程项目中各设备之间的关系、预计金额大小等来分标。每一个标如果分的太大,则要求有技术力量强大的供货商来单独投标或由他组织投标,一般中小供货商则无力问津,因此投标人数量会减少,从而可能会引起投标报价增加。反之,如果标分的比较小,可以吸引众多的中小供货商,但如分的太小则很难引起外国供货商的兴趣,同时招标评标工作量要加大。因而分标时要大小恰当,以吸引更多的供货商,有利于降低价格,便于买方挑选。

(2)货物性质和质量要求。如果分标时考虑到大部分或全部货物由同一厂商制造供货,或按相同行业划分(例如大型起重机械可划分为一个标),则可减少招标工作量,吸引更多竞争者。有时考虑到某些技术要求国内完全可以达到,则可单列一个标向国内招标,而将国内制造有困难的设备单列一个标向国外招标。

(3)工程进度与供货时间。如一个工程所需供货时间较长,而在项目实施过程中对各类设备、材料的需用时间不同,则应从资金、运输、仓储等条件综合考虑进行分标,以降低成本。

(4)供货地点。如果一个工程地点分散,则所需货物的供货地点也势必分散,因而应考虑到外部供货商、当地供货商的供货能力、运输、仓储等条件来进行分标,以利于保证供应和降低成本。

(5)市场供应情况。有时一个大型工程需用大量建筑材料和较多的设备,如果一次采购势必引起价格上涨,则应合理计划、分批采购。

(6)贷款来源。如果买方是由一个以上单位贷款,各贷款单位对采购的限制条件有不同要求,则应合理分标,以吸引更多的供货商参加投标。

分标确定后要进一步研究分包的问题。分包是一个标中的一部分,是投标的基本单位,供货商可以单独投一个"包"的标或几个"包"的标。如港口装卸机械标中,叉车作为一个"包",轮胎吊车作为另一个"包",等等。

"包"下面分"项",如轮胎吊车下分10 t的、20 t的等。供货商不能只投一个"项"而必须投一个"包"中的所有各个"项"的内容。

(二)货物采购的招标程序

货物采购的招标程序只有由业主安装并且工程项目复杂的项目才进行资格预审,此时的招标程序与工程采购招标基本相同。如果不由业主一方承担安装的项目多半在评标之后进行资格后审。招标程序一般为:编制招标文件、发布招标公告、出售招标文件、接受投标、公开开标、评标及资格后审、定标、发出中标函、合同谈判及签订合同、提交履约保证、合同生效。

一般单纯的货物采购项目没有必要设"工程师",交钥匙工程则肯定要设"工程师"。而按工程项目进行综合采购时,如果采购内容比较多,涉及设计、制造、采购、安装、调试等多个环节,则宜设立“工程师”协助业主工作。

二、货物采购招标文件编制

货物采购招标文件编制的主要准备工作如下:①工程设计,一般要求达到初步设计深度或相当于技术设计深度,才能确定货物采购要求。②分标和分包,按照设计要求确定是单纯货物采购、按工程项目进行综合采购还是按交钥匙工程要求进行采购,从而决定如何分标和分包。③确定要求进行技术服务的项目以便列入招标要求,这些技术服务的项目包括培训、赴生产厂审查设计及质量检验、安装监督、调试等。④确定资金来源。⑤确定交货进度要求、交货地点以及考虑有关运输等问题。⑥确定对供货商进行资格预审还是资格后审。

下面将详细介绍货物采购招标文件的编制。货物采购招标文件的内容,一般包含下面七个方面的内容,即投标邀请书、投标人须知、合同条件、货物需求一览表、技术规格、合同格式、各类附件。

下面以国际工程为例,对这几部分内容进行介绍。在介绍中列出全部标题,但内容与工程施工招标文件相同者不再赘述。

(一)投标邀请书

投标邀请书是买方向投标人发出的投标邀请,号召供货商对项目所需的货物进行密封式投标。在投标邀请书中一般明确所附的全部招标文件,买方回答投标人质询的地址、电传、传真、投标书送交的地点、截止日期和时刻,以及开标的时间和地点。

(二)投标人须知

1. 前言

(1)资金来源。说明买方的资金来源。如系国际金融机构贷款,应说明金融机构的名称以及贷款支付使用的限制条件。

(2)合格的投标人(Eligible Bidders)。对投标人的资格提出要求和限制,如为某国际金融机构贷款,则供货商必须符合该机构采购指南的规定。

(3)合格的货物及服务(Eligible Goods and Services)。为本合同提供的所有货物或辅助服务,其原产地应符合买方规定的国家和地区。原产地系指货物开采、生长或生产地,或提供辅助服务的来源地。货物指制造、加工或用主要元件装配而成的货物,其基本性能应与一般公认的原配件有实质性的区别。

(4)投标费用。一般按国际惯例规定投标人应自费支付投标过程中发生的一切费用,无论结果如何,业主均不负担此项费用。

2. 招标文件

(1)招标文件。招标文件中阐明所需货物、招标程序和合同条款。招标文件包括:①投标邀请书;②投标人须知;③合同条款;④货物需求一览表;⑤技术规格;⑥合同格式;⑦各种附件,包括投标书格式、投标价格表、货物说明一览表、规格偏离表、投标保证格式、履约保证格式、资格审查文件、买方开具的信用证格式、预付款保函格式等。

(2)招标文件的澄清。

(3)招标文件的修改。

3. 投标文件的编写

(1)投标语言。

(2)组成投标书的文件。投标人准备的投标文件应包括：

①按下面第(3)、(4)、(5)款要求填写的投标书格式(包含单独装在一个信封内的开标一览表)、投标价格表和货币说明一览表。

②按下面第(6)款要求出具的投标人的资格和能力的证明文件。

③按下面第(7)款出具的证明文件，证明投标人提供的货物及辅助服务是合格的，是符合招标文件要求的。

④投标保证。

(3)投标书格式(Bid Form)。投标人应按招标文件中规定的投标书格式及适用的投标价格表填报投标书，注明提供的货物名称、货物简介、原产地、数量和价格。

买方把投标文件分为 A、B、C 三组：

A 组为提供买方所属国家制造的货物的投标，在制造成本中，国内增值(指货物生产制造过程中由国内进行的制造、加工或非简单组装所增加的那部分价值)部分大于出厂价格的 20%。

B 组也是提供买方所属国家制造的货物的投标，但在制造成本中，国内增值部分少于出厂价格的 20%，或已经进口到本国的外国生产的货物。

C 组指提供直接从外商或通过当地代理人进口的外国生产的货物的投标。

如果投标人填错了投标价格表，投标不会遭到拒绝。由卖方将其重新归入适当的投标组中去。

(4)投标报价。投标商应在招标文件附件中适用的投标价格表中报价，如果单价与总价有出入，以单价为准。投标价格表按上述的 A、B、C 三组不同情况有不同的填表要求。

A 组投标：

①货物出厂价包括制造和装配该货物使用的原料和元件已付的全部关税、营业税和其他税在内。

②若授予合同，将支付的货物营业税和其他税。

③以出厂价的百分数表示的制造成本的国内增值。

④技术规格中特别要求的零备件的费用。

⑤技术规格中特别要求的安装、调整、测试、培训等服务费用。

B 组投标：

货物价格，以出厂价报价时内容同 A 组。

以出展室价、出库价或货架价报价时，包括进口时已纳关税、营业税和其他税。

其余费用同 A 组②、④、⑤。

C 组投标：

①以 CIF 到岸价报价的货物价格。

②以 FOB 离岸价报价的货物价格。

其他费用同 A 组④、⑤。

按投标文件分组报价只是用于评标时比较,但并不限制买方以不同条件签订合同。投标人的报价为履行合同的固定价格,不得随意改动。按可调价格报价将被拒绝。

(5)投标的货币(Bid Currencies)。在投标书格式和投标价格表中应按以下货币报价:国内货物用人民币报价;国外货物用一种国际贸易货币或投标人所在国货币报价。如投标人希望用多种货币报价则应在投标文件中声明,在此情况下,可以以多种货币报价,列出每一种货币各自的总投标价;也可以以一种货币报价,提出其他货币付款在总标价中的百分比,并说明计算汇率。

(6)投标人合格和资格证明文件(Documents Establishing Bidder's Eligibility and Qualifications)。投标人应提交证明其有资格进行投标和有能力履行合同的文件,作为投标文件的一部分。这些证明文件应使买方满意,并能充分证明:①若投标人按合同要求提供的货物不是投标人制造或生产的,投标人必须得到货物制造商或生产商的充分授权,向买方所在国提供该货物。②投标人具有履行合同所需的财务、技术和生产能力。③如投标人不在买方所在国营业,应让有能力的代理人履行合同条件规定的、由卖方承担的各种服务性(如维修保养、修理、备件供应等)义务。

投标人应填写和提交附在招标文件上的"资格预审文件"。

(7)货物合格并符合招标文件规定的证明文件(Documents Establishing Good's Eligibility and Conformity to Bidding Documents)。这些证明文件有以下一些:

①投标人应提交关于根据合同提供的所有货物及其辅助服务的合格性并符合投标文件的证明文件。

②上述证明文件应使买方满意,装运货物时需签发原产地证书。

③上述证明文件可以是文字资料、图纸或数据表。并须提供:货物主要技术和性能特点的详细描述;一份说明所有细节的清单,包括使货物在特定时间(如两年)内正常和连续工作所需要的所有零备件、特殊工具的货源和价格情况;技术偏离表(Specification Deviation Form)。

④买方在技术规格书中所指出的工艺、材料、设备标准、商标或样本目录号码等都不是限制性的,允许投标人提出替代标准、商标和样本目录号码,但替代标准等应基本上相当于或优于技术规格中的规定以使买方满意。

(8)投标保证。投标保证是为了保护买方的,投标人应按招标文件规定的金额数提交投标保证。投标保证金额数可以规定为投标价的一个百分比(如3%),但最好规定一个具体金额数。投标保证应该用投标货币提交,并以下列形式之一提交:①银行保函,采用哪个银行的保函要由买方同意;②银行本票、保付支票或现金。

保函格式由买方在招标文件中规定,投标保证有效期一般为投标有效期满后若干天(如30天)。对未中标的投标人的投标保证应在投标有效期满后规定时间内归还。中标人用履约保证换回投标保证。如果投标人在投标有效期内撤销其投标,或中标时拒签合同,或不按规定的要求时间提交履约保函,则买方有权没收投标保证。

(9)投标有效期。投标有效期由买方规定,所有投标人的投标从开标之日起,在投标有效期内均有效。如果买方要延长投标有效期,投标人有权选择或是接受延长的投标有效期或是退出投标。如果退出投标,买方应将投标保证退还投标人,如果投标人同意延长投标有效期,则应延长其投标保证的有效期,但不允许修改其投标文件。

(10)投标文件格式(Format of Bid)。与工程采购招标文件相同。

4. 投标文件的递交

(1)投标文件的密封和标记。

在有的招标文件中要求投标人在投标时填写附件中规定的"开标一览表",与投标保证单独装在一个信封内密封送交。"开标一览表"包括投标人名称、投标人国别、制造商国别、品号或包号、总 CIF 价或出厂价、有无投标保证等。提交时一般要一份正本及若干份副本。

(2)投标文件递交截止日期。

(3)迟到的投标文件。

(4)投标文件的修改和撤销。

5. 开标与评标

(1)开标。

有的货物采购招标文件要求提交"开标一览表",则开标时宣读"开标一览表"正本,如投标文件中有关数据与"开标一览表"不同,以"开标一览表"为准。

(2)折算成一种货币。

(3)对投标文件的初审和确定其符合性(Preliminary Examination and Determination of Bid's Substantial Responsiveness)。对投标文件的初步审查的目的是确定投标文件是否符合招标文件的要求,在供货范围、质量与性能等方面是否响应了招标文件的要求,没有重要的、实质性的不符之处。

(4)对投标文件的评估和比较。对通过初步审查并被认为符合招标文件要求的投标文件才进行评估和比较。

在评标时,买主所在国国内供货的投标价按出厂、出库或货架交货价计算(该价包括货物成本费及所用零部件和原材料已付或将付的关税与税费),不计中标后应交纳的营业税和其他税,国外进口货物按目的港到岸价计算,不计中标后应交纳的关税和进口税。

若技术规格中特别列明了评标方法,则买方在评标时除考虑投标价和服务费外,还将考虑以下因素:①发货到最终目的地时发生在买方国内的内陆运输、保险及其他费用。如果投标人对这类服务不予报价,买方评标时将采用公开发布的运费价格和其他相应的资料来源。②投标文件中所报交货期。③技术规范所要求的有关服务的费用。④零备件及相关服务的费用。⑤投标人在买方国内为其所供货物提供零备件及售后服务的可能性。⑥货物的性能和生产能力。⑦货物的质量及适用性。⑧其他因素。

(5)国内优惠。优惠只给本国制造的、属于 A 组投标的货物。

在买方所在国制造的货物,若其制造成本中包括的增值部分不低于工厂交货投标价的 20%,并且投标人为此提出令买方满意的证明,则买方在评标时将按下列程序对其投标给予部分优惠。

评审时对所报投标分组进行评标和比较,然后,确定出每组的最低标价的投标。再将每组的最低评标价的投标与其他组最低评标价的投标进行比较。经比较,从 A 组或 B 组选出最低评标价的投标,则将被授予合同。如果经比较后,最低评标价的投标产生于 C

组,所有C组投标的货物评标价加上下述两种金额中的较小者,再与A组最低评标价的投标进行比较:①非免税进口人对C组投标提供的货物须交纳关税和其他进口税金额。②货物CIF价格的15%。

进一步比较后,如果A组投标仍是最低评标价标,那么,应予以授标;否则,应授予按上述比较得出的C组最低标。

(6)投标文件的澄清。

(7)保密程序。

6.授予合同

(1)资格后审。在没有进行过资格预审的情况下,买方将对所选择的、提交了符合招标文件要求的投标人是否有资格能圆满地履行合同作出审查和确认。该确认将考虑投标人的财务、技术和生产能力,并基于投标人提供的资格审查的文件以及买方认为必要的和合适的其他文件资料。如果投标人被确定为不具备资格履行合同,其投标将被拒绝。此时,买方将对下一个最低评标价投标人作出类似的审查。

(2)授予合同的准则(Award Criteria)。买方将把合同授予所投的标被认定是能基本符合招标文件要求的最低评标价,并且是买方认为能圆满地履行合同的投标人。

(3)授予合同时变更数量的权利(Right to Vary Quantities at Time of Award)。买方在授予合同时有权在招标文件事先规定的一定幅度内对"货物需求一览表"中规定的货物数量或服务予以增加或减少。

(4)买方有权接受任何投标和拒绝任何或所有的投标。

(5)授予合同的通知。

(6)签订合同/合同格式(Signing of Contract/Contract Form)。买方在通知中标人的同时应寄去招标文件中规定的合同格式。

如招标文件规定要求合同在买方所在国签字,则中标人应在收到上述通知和合同格式后,在规定时间内来买方所在国签订合同。否则可在收到合同格式后在规定时间内签署并用挂号信寄回买方。

(7)履约保证。

(三)合同条件

货物采购包括单纯的货物采购,按照工程项目的综合采购和交钥匙工程所包含的采购,后两者的采购一般均包括设备的安装、调试等。在国际上通用的货物采购标准合同条件模式有三种,分别为:

(1)FIDIC编写的"电气与机械工程安装合同条件"(Condition of Contract of Electrical and Mechanical Works Including Erection on Site),国际上通称FIDIC"黄皮书"。

(2)联合国欧洲经济委员会(UN Economic Commission for Europe,ECE)制定的"进出口成套设备供应安装合同通用条件"(General Conditions for the Supply and Erection of Plant and Machinery for Import and Export)。

(3)欧洲开发基金会(The European Development Fund,EDF)颁发的"公共工程与供应合同通用条件"(General Conditions for Public Works and Supply Contract)。

上述三种之中的ECE合同条件格式是经过承发包双方协商讨论而逐步形成的,因而更能体现双方利益的平衡关系，在欧洲和一些其他国家被广泛采用。

在国际上，FIDIC 编写的“黄皮书”也被广泛应用。其编排顺序、包含的内容大部分与 FIDIC“红皮书”相同或相近。需用时可参阅原书。

在很多情况下，买方常常采用单纯的货物采购，即不要求供货商同时承包安装工程，此时的合同条件就不采用上面介绍的几种合同条件，而一般包含下述条款，在此作一简介。

(1)定义。对合同中专用的、基本的名词进行定义，如“合同”、“合同价格”、“货物”、“服务”、“买方”、“卖方”、“现场”、“验收”等。一般不列技术专用名词的定义。

(2)原产国(Country of Origin)。其内容与“投标人须知”中说明的基本相同。

(3)技术规格/标准(Technical Specification/Standards)。合同项下所供货物的技术规格应与招标文件技术规格规定的标准相一致。若技术规格中无相应规定，所供货物则应符合其原产国有关部门最新颁布的相应的正式标准。

(4)专利权(Patent Rights)。卖方须保障买方在买方所在国使用其货物、服务及其任何部分而不受到第三方关于侵犯专利权、商标权或工业设计权的指控。任何第三方如果提出侵权指控，卖方须与第三方交涉，并承担可能发生的一切法律责任和费用。

(5)包装。除非本合同另有规定外，提供的全部货物须采用出口标准保护措施进行包装。这种包装应适于长途海运/空运和内陆运输，并有良好的防湿、防潮、防震、防锈和防野蛮装卸等保护措施，以确保货物安全运抵现场而不因上述原因使货物受损。卖方应承担由于其包装不妥或不合理而引起货物锈蚀、损坏和丢失的责任。

每件包装中应附有详细装箱单和质量证书各两套，一套在里，一套在外。

(6)装运标志(Marking for Shipment)。卖方应在每一包装箱的四个侧面用不易退色的油漆以醒目的英文印刷字样标明收货人及其代号、合同号、装运标志、目的港、货物名称、箱号、毛重/净重(kg)、尺寸等运输标志。

凡重达 2 t 或 2 t 以上的包装，卖方应在每件包装箱的两侧用英文和以国际贸易适宜的运输标志标明“重心”和“吊装点”，以便装卸和搬运。根据货物的特点和运输的不同要求，并在包装箱上注明“小心轻放”、“勿倒置”、“防潮”等国际贸易中适用的标志。

(7)装运条款(Terms of Shipment)。装运条款包括：

①如果国外卖方采用 CIF 价合同，则根据合同规定的装运日期，卖方应在海运前 60 个日历日或空运前 14 个日历日以电报、传真或电传通知买方合同号、货物名称、数量、包装件数、总毛重、总体积、装运港和待运日期。同时，卖方应航空邮寄给买方详细交货清单一式五份，包括合同号、货物名称、规格、数量、总毛重、总体积、每箱尺寸、单价、总价、装运港和待运日期，以及货物在运输和仓储中任何特殊要求与注意事项。

卖方负责租船订舱、安排运输和支付运费，以确保按合同规定的交货期交货。

卖方在租订的船只抵达装运港前 10 天应以电报、传真或电传通知买方船名、预计装船日期、合同号、货物名称、数量、总重量和总体积。

海运/空运提单的日期将被认为是货物的实际交货日期。

目的港见合同条款前附表指定的港口。

②如果是买方所在国卖方的出厂价合同，卖方应在合同规定的交货期前 30 个日历日

以电报、传真、电传或挂号信通知与上述国外卖方采用 CIF 合同所应提供的相同资料给买方。卖方负责安排内陆运输,由用户承担费用。有关运输部门出具的货物提单日期应视为是货物的交货日期。卖方装运的货物不准超过合同规定的数量或重量,否则,一切后果均由卖方承担。

(8)装运通知(Shipping Advice)。卖方应在货物装船完成 24 小时内以电报、传真或电传通知买方货物情况、发票金额、载运船只名称和启运/启航日期。如果包装件超重或超高,卖方应将其重量或尺寸通知买方。若货物中有易燃品或危险品,卖方也须将详细情况通知买方。

在出厂价合同条件下,由于卖方没有及时通知买方上述内容而使买方未能按期保险,由此而造成的一切损失由卖方承担。

(9)保险(Insurance)。在出厂价合同条件下,货物装运后由用户办理保险。在 CIF 价合同下,由卖方办理保险,以合同货币按发票金额的 110% 投保"一切险"。

(10)支付(Payment)。由国际金融组织贷款项下的支付应以合同条款前附表中所规定的货币通过下述方式进行:

①特别承诺方式(适用于国外卖方)。买方应在合同生效后的 30 个工作日内,由买方所在国中央银行开立,并通过在国外与之有业务往来的银行(议付银行)递交以卖方为受益人的不可撤销的信用证。在该信用证下,应当根据卖方开出的以议付银行为抬头的即期汇票和本合同规定的付款单据,按照合同条款前附表规定的有关百分比支付贷款。如果在卖方国家内没有与买方所在国中央银行有往来业务的银行,应当通过卖方提出并且为买方接受的卖方国内银行递交信用证。该信用证的有效期直至装运完毕后 30 天。在买方国内发生的银行费用由买方承担,在买方国以外发生的银行费用由卖方承担。卖方应负担在议付中发生的一切利息。

②直接付款方式(适用于国内买方和国外卖方)。卖方应按买卖双方签订的合同的规定履行交货义务。交货后,卖方应向买方提交符合合同规定的付款单据,买方在审核付款单据完全符合合同要求后,应予以支付。付款过程中产生的银行费用由卖方承担。

(11)技术文件(Technical Documentation)。卖方应准备与设备或仪器相符的英文(或双方同意的其他语言)技术资料,例如:样本、图纸、操作手册、使用说明、维修指南和/或服务手册等,每台两份,并于合同生效后 60 天内寄送到买方。如果本条款所述资料寄送不完整或丢失,卖方应在收到买方通知后 30 天内免费另寄。

一套完整的上述资料应包装好随每批货物发运。

(12)价格(Prices)。卖方为其所供货物和服务而要求买方支付的金额应与其投标报价一致。如果在专用条件中未列入调价公式及有关要求,则本合同视为不进行价格调整。

(13)质量保证(Guarantee of Quality)。卖方应保证其提供的货物是全新的、未使用过的,采用的是最佳材料和第一流的工艺,并在各个方面符合合同规定的质量、规定和性能。卖方应保证其货物经过正确安装、正常操作和保养,在货物寿命期内运转良好。在合同条款前附表规定的质量保证期内,卖方应对由于设计、工艺或材料的缺陷而发生的任何缺陷或故障负责。出现上述情况,卖方应在 30 天之内,除技术规格中另有规定外,免费负责修理或更换有缺陷的零部件或整机。

(14)检验(Inspection)。此条款有以下一些规定:

①卖方应让制造商在发货之前对货物的有关质量、规格、性能、数量和重量进行准确的、全面的检验,并出具其货物符合合同规定的质量证书。该证书将作为提交给议付银行付款单据的一部分,但不应视为是对质量、规格、性能、数量或重量的定论。质量证书应附有写明制造商检验的结果和细节的说明。

②货物运抵目的港或现场后,买方将向本国进出口商品检验局(以下简称"商检局")提出申请,对货物的有关质量、规格、数量/重量进行检验,并出具检验证书。如果经商检局检验发现质量或规格或两者都与合同规定不符时,买方将有权在运抵现场后90个日历日内向卖方提出索赔。

③如果在第(13)款规定的质量保证期内,经过商检局检验,发现货物的质量或规格与合同规定不符,或证明货物有缺陷,包括潜在的缺陷或使用不合适的材料,买方应根据本质量保证条款立即向卖方提出索赔。

(15)索赔(Claims)。

如果卖方对货物与合同要求不符负有责任,并且买方已于第(13)或(14)款规定的质量保证期内,在检验、安装、调试和验收测试期限内提出索赔,卖方应按买方同意的下述一种或多种方法解决索赔事宜。

①卖方同意买方拒收货物并把被拒收货物的金额以合同规定的同类货币偿付给买方,卖方负担发生的一切损失和费用,包括利息、银行费用、运费、保险费、检验费、仓储和装卸费,以及为保管和保护被拒绝货物所需要的其他必要费用。

②根据货物的低劣和受损程度以及买方遭受损失的金额,经双方同意降低货物价格。

③更换有缺陷的零件、部件和/或设备,以达到合同规定的规格、质量和性能;对修理缺陷部分,卖方承担一切费用和风险,并负担买方遭受的一切直接费用。同时,卖方应根据第(13)款规定对更换的货物相应延长质量保证期。

如果买方提出索赔通知后30个日历日内卖方未能予以答复,该索赔应视为已被卖方接受。若卖方未能在买方提出索赔通知的30天内,或买方同意的更长一些的时间内,按买方同意的上述任何一种方式处理索赔事宜,买方将从议付款或卖方提供的履约保证金中扣回索赔金额。

(16)延期交货与损害赔偿费(Late Delivery and Liquidated Damages)。如果卖方未能按合同规定的时间按期交货(下款规定的不可抗力除外),在卖方同意支付损害赔偿费的条件下,买方将同意延长交货期。损害赔偿费的支付将由议付银行从议付款或从履约保证金中扣除。但是,损害赔偿费的支付不得超过合同条款前附表规定的百分比。损害赔偿费比率为每迟交7天,按迟交货物金额的0.5%,不满7天按7天计算。如果卖方在合同条款前附表规定的时间内仍不能交货,买方有权因卖方违约撤销合同,而卖方仍需接受上述迟交的损害赔偿费。

(17)不可抗力(Force Majeure)。签约双方的任何一方受诸如战争、严重火灾、洪水、台风、地震等不可抗力事故的影响而不能执行合同时,履行合同的期限应予以延长,延长的期限应相当于事故所影响的时间。不可抗力事故系指买卖双方在缔结合同时所不能预见的,并且它的发生及其后果是无法避免和无法克服的。

受到妨碍一方应在不可抗力事故发生后尽快用电报或电传通知对方,并于事故发生后14天内将有关当局出具的证明文件用挂号信寄给对方审阅确认。一旦不可抗力事故的影响持续120天以上,双方应通过协商在合理的时间内达成进一步履行合同的协议。

(18)税费(Taxes and Duties)。

①买方应承担买方项目所在国政府根据现行税法向买方课征的、与履行本合同有关的一切税费。

②卖方应承担买方项目所在国政府根据现行税法和合同条款前附表规定向卖方课征的、与履行本合同有关的一切税费。

发生在买方项目所在国境外的,与履行本合同有关的一切税费,应由卖方承担。

(19)履约保证。卖方应在收到中标通知书后30个日历日内,按照合同条款前附表的要求,按合同货币提供合同总价10%的履约保证,履约保证的有效期至货物保证期期满。履约保证应由买方确认的银行开具。

卖方提供的履约保证按附件格式以银行保函的形式提供,与此有关的费用由卖方负担。

如果卖方未能按合同规定履行其义务,买方有权从履约保证中取得补偿。

(20)仲裁。

①在执行本合同中发生的,或与本合同有关的争端,双方应协商解决,经协商在60天内不能达成协议时,该争端应提交仲裁。

②除非卖方在投标时提出了国际仲裁或其他的仲裁方式并已为买方所同意,上述提交正式仲裁的争端,均应在买方指定的地点和指定的仲裁委员会根据该委员会的仲裁程序/规则予以最终裁决。除非双方另有协议,仲裁的正式语言应当是英语。仲裁裁决应为最终决定,并对双方具有约束力。

③除仲裁委员会另有裁决外,仲裁费应由败诉方负担。

④在仲裁期间,除正在进行仲裁部分外,合同其他部分继续执行。

(21)违约终止合同(Termination for Default)。如卖方未能如期(包括买方同意的延长期)交货或未能履行其他合同义务,买方可将书面违约通知送交卖方,若卖方在规定期限内(如30天),仍未纠正其过失,买方可全部或部分终止合同。在此情况下,买方可以用他认为适当的条件和方式采购与欠交货物类似的产品,由之发生的超额费用均由卖方对买方负责。但卖方仍应继续履行其他未中止部分的合同。

(22)破产终止合同(Termination for Insolvency)。当卖方破产或无清偿能力时,买方可在任何时候以书面形式通知卖方终止合同,该终止合同以不损害或不影响买方已采取或将采取补救措施的任何权利为条件。

(23)变更指示(Variation Orders)。

买方在任何时候都可以向卖方发出书面指示,在合同总体范围内对如下一点或几点提出变更:①合同项下需为买方特殊制造的货物的图纸、设计或规格;②装运方式和包装方式;③交货地点;④卖方须提供的服务。

若上述任何变更导致了卖方履行合同项下任何部分义务的费用或所需时间的增减,应对合同价格和/或交货进度进行合理的调整,同时相应地修改合同。卖方必须在接到买方的变更指示后 30 天内根据本款提出调整的要求。

(24)合同修改(Contract Amendments)。根据上款,欲对合同条款作出任何改动或偏离,买卖双方均须签署书面的合同修改书。

(25)转让与分包(Assignment and Subcontracts)。

①除非买方事先书面同意,卖方不得部分或全部转让其应履行的合同项下的义务。

②卖方应书面通知买方有关本合同项下所授予的所有分包合同,但该通知不解除卖方向买方承担的本合同项下的任何责任或义务。

分包合同必须符合第(2)款的规定。

(26)适用法律(Applicable Law)。合同应按买方所在国的法律解释。

(27)主导语言与计量单位(Ruling Language and Unit of Measurement)。

①合同书写应用双方约定的语言,合同正本两份,买卖双方各执一份。买卖双方所有的来往函电以及与合同有关的文件均应以双方约定的语言书写。

②除技术规格中另有规定外,计量单位均使用公制。

(28)通知(Notices)。合同任何一方给另一方的通知都应以书面或电传、电报、传真的形式发送,而另一方应以书面形式确认并发送到对方明确的地址。

(29)合同文件及资料的使用(Use of Contract Documents and Information)。

①除卖方为执行合同所雇人员外,未经买方同意,卖方不得将合同或其中任何规定,任何有关规格、计划、图纸、式样、样本,或买方为上述内容向卖方提供的资料透露给任何人。卖方须在对外保密的前提下,对其雇用人员提供有关情况,所提供的情况仅限于执行合同必不可少的范围内。

②除非执行合同需要,事先未经买方同意,卖方不得使用第①款中所列的任何文件和资料。

③除合同本身以外,①款列明的所有资料始终为买方的财产,若买方要求,卖方应于其合同义务履行完毕以后将这些资料(包括所有副本)退还买方。

(30)合同生效及其他(Effectiveness of the Contract and Miscellaneous)。本合同经双方签字并在买方收到卖方的履约保证金后,即开始生效。

如果本合同货物在其所在国需要出口许可证的话,卖方负责办理出口许可证,费用自理。

卖方须按技术规格中的规定,向买方提供与合同项下的货物有关的技术服务、培训及其他相关服务。

(四)货物需求一览表

为了使投标人对货物采购要求一目了然,所以将货物需求一览表(Schedule of Requirements)单列为一部分。投标人可据之选择自己有兴趣投标的分包项目。货物需求一览表格式如表 5-2 所示。

表 5-2 货物需求一览表

项目号	货物名称	规格	数量	交货期	目的港

表5-2中有关项目说明如下：

(1)项目号。由分标号、分包号和分项三个数组成。

(2)货物名称。要写明准确的、国际通用的专业术语英文名称。写货物名称时还要注意说明供货范围,必要时可单独列出说明。

(3)规格。应规定得具体、准确。如果必须符合某一国家标准,则应在招标文件中规定其他可接受的、相当的规格。应尽量避免以商标、商品目录作为规格。

(4)数量。首先要注意单位,如"一组"、"一对"、"一份"等。业主应仔细研究所需数量,以免追加订货时增加开支。

(5)交货期(Time of Delivery)。一般交货期规定若干个月,由合同签字或合同生效之日算起,也有规定由发出中标通知书之日算起的。

招标文件应对是否允许分批交货作出明确规定。

(6)目的港(Port of Shipment)。指货物运送要求抵达的港口。在CIF价格情况下应明确卖方承担目的港卸货费。

(五)技术规格

技术规格与图纸共同构成买方对货物的技术要求以及技术服务的要求,是投标人在投标时应遵循的主要条件。技术规格文件一般包括以下内容:总则、说明和评标准则、技术要求和检验。现分别介绍如下。

1. 总则、说明和评标准则

(1)前言。提醒投标人仔细阅读全部招标文件,使投标文件能符合招标要求。如承包人有替代方案,应在投标价格表中单独列出并说明。前言要规定货物生产厂家的制造经验与资格。说明投标商要在技术部分投标文件中编列的文件资料格式、内容和图纸等。

(2)供货内容。对单纯的货物采购,其供货范围和要求在货物需求一览表中说明即可,还应说明要求供货商承担的其他任务(如设计、制造、发运、安装、调试、培训等)。要注意供货商承担的任务与土建工程承包人任务的衔接。供货内容按分项开列,还应包括备件、维修工具及消耗品等。

(3)与工程进度的关系。对单纯的货物采购,在货物需求一览表中规定交货期即可。但对工程项目的综合采购,则应考虑与工程进度的关系,以便考虑安装和土建工程的配合以及调试等环节。对交货期应有明确规定,包括是否允许提前交货。

(4)备件、维修工具和消耗材料。备件可以分为三大类。一类是按照标准或惯例应随货物提供的标准备件,这类备件的价格包括在基本报价之内,投标人应在投标文件中列表填出标准备件的名称、数量和总价。第二类是招标文件中规定可能需要的备件,这类备件不计入投标价格,但要求投标人按每种备件规格报出单价。如果中标,买方根据需要数量算出价格,加到合同总价中去。第三类是保证期满后需要的备件。投标人可列出建议清单,包括名称、数量和单价,以备买方考虑选购。维修工具和消耗材料也分类报价:一类是随货物提供的标准成套工具和易耗材料,逐个填出名称、数量、单价和总价。此总价应计入投标报价内。第二类是招标文件中提出要求的工具内容,由投标人在投标文件中进行报价,在中标后根据选择的品种和数量计算价格后再计入合同总价中。

(5)图纸和说明书。对单纯采购的货物的技术资料要求见合同条件第(11)条。对工程项目货物采购应在本节中说明以下内容:①规定卖方向买方有关单位提交的各类图纸、文件和说明书的份数。还应如合同条件所要求的,随装箱发运一整套完工图纸和最终说明书资料。还应说明图纸的寄送要求。②招标文件中有与安装设备有关的土建工程尺寸的图纸,投标人不能随意变动。但如发现土建尺寸妨碍设备合理布置,可在投标时提出修改建议并写入规范偏离表,必要时应附有修改土建尺寸的建议图。一般招标文件规定不接受要求土建尺寸有较大改变的投标文件。如签订合同后卖方才提出土建和设备尺寸不吻合,则只能修改设备设计而买方不承担任何额外费用。③图纸规格。图纸尺寸应符合ISO 标准,采用 SI 系统尺寸单位。④说明书。提出卖方提供的说明书内容要求。

(6)审查、检验、安装、测试、考核和保证。这些工作是指货物交货阶段前一些有关的技术规定和要求,现分述如下:

①审查。卖方应将供货项目的设计、材料及技术数据送买方审查批准,买方的批准并不减轻卖方应承担的义务和责任。

②检验。包括在加工制造过程中的检验和出厂的试验,一般应规定试验未通过者不准装箱发运。除规定检验的标准和程序外,还要规定买方是否派人赴卖方工厂去检验以及派出人员的人数、工作期限和费用承担等。即使买方派人进行了检验,在交货后发现货物不符合合同要求时,买方仍有权要求赔偿。

③安装。应明确是买方还是卖方负责安装,如由买方安装,还应明确卖方是否派人指导。如由卖方安装,则应明确买方是否需要提供诸如机具、劳力等条件。如买方对设备进行安装、调试,而规定由卖方进行技术指导和监督时,卖方应派出有能力的工程师担任此工作,并应提前几个月将此工程师的经历、资格等通知买方,以取得买方同意。安装监督工程师的费用一般按人日单独报价。

④测试和考核。招标文件中应明确规定测试考核的项目、程序、方法和标准以及未通过测试考核的处理方法。对于复杂的设备也可在招标文件中提出考核总的要求,而在订合同时再确定具体测试考核要求。

⑤保证。这里指的是质量保证,投标人按照招标文件的要求对货物提供的数据和说明是质量保证的基本条件。这种性能首先通过试验来确定。然后应明确货物质量保证期的要求,如果设备运行出现故障,其责任,对于复杂设备,一般质量保证期为货物验收之后12 个月;对较简单的货物,质量保证期为货物抵达现场或目的港后 12 ~ 18 个月。

(7)通用的技术要求。指各分包和分项共同的技术要求,一般包含:使用的标准、涂漆、机械、材料和电气设备通用技术要求。

招标文件中应规定货物应符合的总的标准体系,如投标人在设计、制造时采用独自的标准,应事先申请买方审查批准。如技术规范中的规定与上述标准不一致,以技术规范中的规定为准。

2. 技术要求

技术要求有时也称特殊技术条件,这一部分详细说明采购货物的技术规范。

货物的技术规格、性能是判断货物在技术上是否符合要求的重要依据,所以在招标文件中对货物的技术规格和性能要规定得详细、具体、准确。对工程项目综合采购中的主体设备和材料的规格及与其关联的部件,也应叙述得明确、具体。这些说明加上图纸,就可反映出工程设计及其中准备安装的永久设备的设计意图和技术要求。这也是鉴别投标人的投标文件是否作出实质性响应的依据。

编写技术要求时应注意以下几点：

(1)应写明具体订购货物的型式、规格和性能要求、结构要求、结合部位的要求、附属设备以及土建工程的限制条件等。

(2)在保证货物的质量和与有关设备布置相协调的前提下，要使投标人发挥其专长，不宜对结构的一般型式和工艺规定得太死。

(3)综合的工程项目采购中，应注意说明供应的辅助设备、装备、材料与土建工程和其他相关工程项目的分界面，必要时用图纸作为辅助手段进行解释。

(4)替代方案。要说明买方可以接受的替代方案的范围和要求，以便投标人作出反应。

(5)注意招标文件的一致性。如技术要求说明应与供货范围一致，招标文件技术要求应与投标书格式中的一致等。

3.检验和试验

应规定检验和试验的项目，其技术要求和内容也应在本部分说明。一般情况下：①加工工厂进行的检验和试验，由卖方(制造商)进行，买方有权派人到制造厂进行监督。②在工地安装完成后的检验和试验，由买方组织，卖方派代表在工地监督。

第六章　外商特许权项目招标投标

第一节　外商特许权项目概述

一、外商投资特许权项目的概念与产生背景

外商投资特许权,是指政府为了吸收外商投资建设基础设施而采用的一种投融资方式。政府通过特许权协议,在规定的特许期内,将基础设施项目的特许权授予外国私人投资者(即特许权项目公司),由项目公司负责该项目的投融资、建设、运营和维护。在特许期内,项目公司拥有特许权项目的所有权和经营权,特许期满后,项目公司将特许权项目的资产无偿移交给政府。

外商投资特许权项目最常用的建设方式是 BOT,即 Build—Operate—Transfer(建设—运营—移交)或者 Build—Own—Transfer(建设—拥有—移交)。在实践中,BOT 也代表了其他一些含义:BOO(Build—Own—Operate,建设—拥有—运营);BOOT(Build—Own—Operate—Transfer,建设—拥有—运营—移交);BRT 或 BLT(Build—Rent 或 Lease—Transfer,建设—租赁—移交);BTO(Build—Transfer—Operate,建设—移交—运营);BT(Build—Transfer,建设—移交,回购价可以分期偿付)等。

BOT 作为项目融资的一种方式,是国际经济合作发展到一定阶段的产物。在第一次世界大战之前,许多基础设施建设项目(如铁路、公路、桥梁、电站、港口)就已开始利用私人投资,这些私人投资者为了赚取巨额利润而甘愿承担所有风险。然而一战后直至二战后相当长的一段时间里,基础设施建设主要由政府部门来承担。这种模式给各国政府带来了许多负担,尤其是对那些普遍缺乏资金的发展中国家来说,在许多情况下,根本无法满足基础设施建设所需的资金。

20 世纪 70 年代末到 80 年代初,随着世界经济形势的逐渐变化,经济发展、人口增长、城市化等导致对交通、能源、供水等基础设施需求的急剧膨胀;经济危机和巨额赤字使政府投资能力大为减弱;债务危机使许多国家的借贷能力锐减,从而急需减少投资项目的预算资金。赤字和债务负担迫使这些国家在编制财政预算时实行紧缩政策,转而寻求私营部门的投资。

在这种背景下,许多发展中国家开始重视并鼓励以 BOT 方式兴建基础设施项目。这种项目一般按有限追索权方式投资,特许权项目公司根据与东道国政府或与该政府某一机构签订的项目协议,进行私营项目的建设和运营,并在运营期终了时把项目移交给东道国政府,移交时一般不付给任何费用,或只付给一点象征性费用。

目前,在一些国家已有相当多的 BOT 项目建成并投入运营。从各国的实施情况看,BOT 方式主要有以下作用和优势:

第一,它是一种吸收外资的有效手段。以潜在的巨大市场及利润吸引各种来源的国外私人资本投资基础设施建设,这样既可弥补本国建设资金的不足,同时也可以改变投资环境。

第二,可减轻政府的财政负担。采用 BOT 方式建设的项目,其融资风险及责任均由投资者承担,政府不提供任何信用担保,因此它是降低政府财政负担和债务的一种良好方式。

第三,通过 BOT 方式,可借鉴和利用私营机构市场化的经营原则和经营方式,获取潜在的经济效益和社会效益。

改革开放以来,吸收外商投资作为我国对外开放的重要内容,对促进我国经济的发展,增强综合国力,发挥了重要作用。截至 1997 年底,我国已累计批准外商投资企业 30.37 万多家,实际利用外资 2 205 亿美元,在吸收外商投资的数量和增长速度上取得了令世人瞩目的成就。但外商投资的产业结构不尽合理是我们急需解决的问题之一。大量的外商投资集中于一般的加工工业项目和房地产项目,投资于能源、交通等基础设施和基础产业的比例很低。而长期以来,我国能源、交通等基础设施发展滞后形成"瓶颈",制约着国民经济的发展。因此,外商开始逐渐看好我国的电力、交通等基础设施市场。但鉴于基础设施项目具有投资大、回收期长的特点,许多外商纷纷要求以 BOT 方式投资于我国基础设施和基础产业的建设。

为适应我国继续扩大吸收外商投资规模、不断拓展外商投资领域这一新形势的需要,我国在 20 世纪 80 年代中期即有过 BOT 投资方式的实践,1984 年兴建了我国第一个 BOT 基础设施项目——广东沙角 B 电厂。从 1995 年开始,国家正式组织 BOT 项目试点,并先后批准了广西来宾 B 电厂、湖南长沙电厂 A 厂、四川成都水厂等项目。

二、我国特许权项目的运作程序

目前,我国还没有一部专门的关于 BOT 项目确立和实施的法律或行政法规。根据现行国务院有关行政主管部门的规定和已有的 BOT 项目试点情况,我国的 BOT 项目主要是指由省、自治区、直辖市、副省级城市人民政府以及地方政府或者国务院有关主管部门授权的国有独资公司或者公用事业单位,通过特许协议,准许境外投资者依据中国有关外商投资企业的法律、行政法规成立的项目公司,在规定的项目期限内,承担项目的投融资、建设、运营和维护,并在项目期满后,将项目设施及权益无偿移交给地方政府或者授权机构。

按照现行管理体制,国务院计划主管部门会同国务院有关主管部门负责 BOT 项目的组织和协调,并依据法律和行政法规的规定以及社会公共利益的要求,对项目公司的建设、运营和移交进行监督、管理。在我国兴建 BOT 项目,必须是符合国家产业政策的交通、能源、城市供排水等基础设施项目。BOT 项目的项目期限一般根据项目投资额、投资风险和投资回收期的长短确定,大多不超过 30 年。

按照有关部门的现行规定,我国 BOT 项目的确定和实施,一般要经过以下一些程序。

(一)项目公司的设立

BOT 项目由项目所在地地方政府的计划部门会同同级项目主管部门上报项目建议

书(预可行性研究报告),经国务院行业主管部门提出审查意见后,由国务院计划主管部门商国务院有关主管部门审批。重大项目由国务院计划主管部门审查后,报国务院批准。项目建议书获得批准后,由地方政府或者授权机构负责组织编制资格预审及招标文件,并开始招标工作。评标委员会由国务院计划主管部门、国务院有关部门和地方政府的成员以及有关经济、技术、法律方面的专家组成。

地方政府或授权机构在发售招标文件前,应当对有意向参加投标的境外投资者进行资格预审。资格预审邀请书和招标公告应在两家以上全国发行的报刊上刊登,其中至少一家是面向海外发行的全国性报刊。

招标文件包括下列内容:投标人须知、对投标书内容的最低要求、特许协议草案、项目技术指标、地方政府或者授权机构提供的其他条件。

投标书必须符合招标文件要求的格式、条款及其他条件,并包括以下内容:项目可行性研究报告、项目建设工期及预算、预期收费标准和调价公式、投标保证金以及招标文件要求的其他内容。投标书所附项目可行性研究报告应当包括下列内容:项目实施纲要和目标概述,项目的市场需求,成本和收费,项目对环境影响的评价,项目工程技术指标,工程设计、建设、运营的标准和计划,财务分析报告等。

地方政府或者授权机构应当按照招标公告规定的时间、地点,公开开标。地方政府或者授权机构应当根据评标委员会的评审报告确定中标的投资人,并与中标的投资人确认特许协议的内容。地方政府或者授权机构提交的评标委员会的评审报告及与中标方确认的特许协议,由国务院计划主管部门商国务院有关主管部门审批。重大项目的特许协议经国务院计划主管部门审查后,报国务院审批。被批准中标的投资人应当依照中国有关外商投资企业的法律、行政法规的规定,办理项目公司合同、章程的审批和工商登记等事宜,成立项目公司。

(二)特许权协议的签订

项目公司成立后,投资人在特许协议中的权利义务由该项目公司承担。项目公司自成立之日起30日内,应当与地方政府或者授权机构正式签署特许协议。特许协议自签字之日起生效。

特许协议应当包括以下内容:缔约双方的名称、住所、注册地和法定代表人的姓名、国籍、职务;特许期限;项目预概算和收费标准、调整公式;项目设计、建造、运营和维护的标准;项目进度及项目延期、中止或者终止的后果;项目终止和项目期满项目设施及权益移交地方政府或授权机构的标准和程序;风险分担的原则;项目公司权利、义务的转让;项目设施及权益的担保;特许协议约定的地方政府或者授权机构和项目公司的其他权利、义务等。

经地方政府或者授权机构同意,项目公司可以为项目融资的目的在项目设施及权益上设定担保。但是,担保期限不得超过特许期限。项目公司权利、义务的转让,应当征得地方政府或者授权机构同意,并报原审批机关批准。项目的融资、建造、运营和维护等商业风险由项目公司承担。由于国家政策、法律变更导致特许项目受到实质性影响的,经原审批机关批准,地方政府或者授权机构可以通过调整收费标准、延长特许期或者其他相应的措施对项目公司予以补偿。

地方政府或者授权机构不得对特许项目的投资收益率提供任何形式的担保。国有金融机构也不得为特许项目融资提供直接担保。地方政府或者授权机构可以承诺不对可能形成与项目公司竞争的类似项目提供公共资金。项目公司用于偿还境外本金、利息和分配利润所需外汇,按照国家外汇管理有关规定,通过外汇指定银行办理外汇汇兑业务;国家保证不因外汇有关政策的改变对该企业的汇兑造成不利影响。

因不可抗力或者其他不能归责于特许协议当事方的原因致使特许协议不能履行的,双方应当协商决定继续履行协议的条件,或者协商终止协议;协商不成时,任何一方有权书面通知对方终止特许协议。因不可抗力或者其他不能归责于特许协议当事人的原因,致使该当事人履行特许协议产生困难的,经协议双方协商一致,并报原审批机关批准后,可以延长特许期限或者修改特许协议。

有下列情形之一的,经原审批机关批准,可以终止特许协议:项目公司不能或者不能完全履行特许协议的义务,致使特许协议不能履行的;由于社会公共利益的原因需要终止特许协议的;特许协议规定的其他情形。

(三)项目的实施和保障

特许协议生效后,项目公司应当按照特许协议的约定,及时开工。在工程建设、运营期间,在同等条件下,应当优先采购国内物资,优先使用国内劳动力。在特许期内,国家有关主管部门有权依照法律、行政法规的规定,对工程的建设、运营状况等进行监督检查,项目公司应当予以协助。项目设施建成后,应当经地方政府或者授权机构验收合格,方可投入运营。

项目公司可以自己经营管理项目设施,也可以经地方政府或者授权机构同意委托第三人负责经营管理,项目公司应当对受委托的第三人的经营行为承担全部责任。在项目运营期间内,项目公司应当使项目设施处于良好、稳定的运营状态。项目公司应当依照法律、行政法规的规定或者特许协议的约定对项目的固定资产进行折旧。折旧费用及有关收益应当专项用于项目设施的更新和改造,不得将其汇往境外;特许期限届满时,项目公司应当将折旧费用及有关收益的余额全部无偿转让给地方政府或者授权机构。项目公司应当配备必要的设备或者设施,保障项目设施使用者的人身和财产安全。因项目公司的原因导致使用者人身伤害、财产损失的,项目公司应当承担赔偿责任。特许期限届满,项目公司应当将处于良好状态、不负带任何债务的项目设施以及特许协议约定的有关权益全部无偿移交给地方政府或者授权机构。特许期限届满,项目公司应当将项目运营与维护的技术和资料一并移交给地方政府或者授权机构。项目公司应当承担项目移交后独立负责项目运营和维护所需中方人员的培训。

第二节　特许权项目招标的基本原则

选择一项科学和妥善的采购程序对于成功地实施一个 BOT 项目是至关重要的。BOT 项目的采购程序受到很多因素影响,其中包括关于工程采购的现行法律制度,国际上承认的公共采购规则,商业环境,总体基础设施政策,以及特定 BOT 项目的性质。

国际上一般采用的都是公开招标制度,也有个别国家允许谈判采购制度。

目前,在我国有关部门发布的关于 BOT 项目的规章中只承认公开招标采购制度。

BOT 项目的招标过程,必须符合 BOT 项目自身特点的需要。确定 BOT 项目招标方式时最重要的原则就是,要保证这个项目符合国家的发展计划,并尽可能快和经济地得到授权、批准与建设。要做到这一点,除其他条件外,还要有一个合理的招标制度。在这种采购制度中,每一项投标文件中的内容和价值都应得到充分的评估,这意味着首先要明确项目目标,然后再通过招标方式实现这些目标。

(一)确保招标程序的公开、公平、公正

采用一种有条不紊的公开、公平、公正的招标程序,对于吸引境外 BOT 发起人是至关重要的,对抑制滥用权力也是必不可少的。只有当发起人确信 BOT 项目的招标程序是众所周知时,才有可能参加漫长而昂贵的项目开发和投标过程。否则,如果没有公开、公平和公正的采购程序,投标人无法控制自己的命运,他们肯定也不愿意参加投标。

(二)促进竞争

BOT 招标程序的一个基本目标是鼓励竞争,以便提高私营部门的效率。有些国家的现行采购立法排斥外国公司参与公共项目,或者通过优惠性标准来照顾本国承包商,这种做法不适于 BOT 项目。从广义上说,对公共基础设施项目采用鼓励竞争的采购方法有助于增强一个国家经济的市场导向,用优惠政策保护落后不是 BOT 项目的目的。在基础设施建设招标过程中,向社会公布项目,让公众知道有关招标的法律、法规,尽量减少对参与采购程序的限制,提供详细的招标文件,让各方面事先了解客观的不带歧视的评标标准等,都是鼓励竞争的做法。

(三)鼓励私营部门的创新和替代性解决办法

采用 BOT 方式的一个基本理由,是要利用私营部门的创新能力及其在设计、技术管理和融资方面的创造力。因此,采购方法应当提供灵活的、以鼓励私营部门提出替代性的和创新的解决办法。这个过程应当鼓励提出建议,改进技术规格和施工方法,提出技术革新以及可能降低成本、加快施工进度或讲求效益的其他建议。政府必须注意保护从私营部门获得的创新和构思中的知识产权,合格的投标人如果看到他们的经营思想和创新被抄袭,就不会继续参与对 BOT 项目的竞争。

(四)向投资人、贷款人、供应商和其他各方提供保证政府选定的是"正确的"BOT 项目的投标文件

一个 BOT 项目是否能筹措到资金,在很大程度上要受到投资者和贷款人对政府所运用采购方法的影响。对于贷款人来讲,公开招标程序最有可能产生成本小和效益高的项目,滥用职权和违约的风险也最小。

(五)增强社会各界对在基础设施开发中采用 BOT 做法的信任程度

公开、公平和公正的招标过程,将有助于增强公众对私营部门投资公共基础设施项目的信任。由于 BOT 项目涉及巨额款项,而且往往与公众利益有冲突,因此 BOT 基础设施项目一般都具有较大的社会影响,依照法律规定,并根据事先公布的评标标准的采购做法,既有助于私营部门的利益,也会增强公众的信任。

(六)促进尽早授予项目

早日授予项目,能获得可靠的投标文件和顺利完成 BOT 项目。实践证明,如果采购过程旷日持久,在缔约时间方面又有相当大的不确定性,那么建设项目将难以得到可靠的投标文件,也难以从贷款人、承包商和供应商方面获得可靠的承诺。最好的解决办法是要有一个明确界定的时间表,并为整个招标过程的各主要阶段规定具体的完成日期。

(七)尽量减少项目开发费用

BOT项目的投标和谈判费用一般都很高。高开发费用和长开发周期已经使一些BOT项目不能继续进行下去,或限制了投标的人数,从而减少了竞争以及政府希望从私营部门中得到的效益。造成开发费用高和采购过程时间长的一个主要原因是缺乏适当的、简便的BOT采购程序,包括缺乏标准合同和其他标准文件,而公开招标则是提高效率和促进竞争的重要保证。实际上,BOT项目公开招标程序在目前得到普遍接受,其主要原因就在于其成功地推动了竞争,提高了经济效益和社会效益。

第三节　特许权项目的招标程序

BOT项目的招标程序与一般的招标程序基本是一样的。但是,BOT项目的招标也有自己的一些特点:一是要对有兴趣参加投标的公司实行资格预审;二是对通过资格预审的公司发出投标邀请书,实行邀请招标;三是在确定中标候选人后要进行合同谈判。具体来说,BOT招标程序要经过以下一些阶段:①资格预审;②邀请投标;③评标;④合同谈判;⑤授予项目。

就我国目前BOT项目试点的情况而言,政府批准立项后方能进入招标程序,包括开展资格预审、招标与投标、评标、澄清与谈判、特许权协议的审批和完成融资等项工作。在我国,从政府批准立项到特许权协议生效,一般情况下BOT招标程序的时间表如表6-1所示。

一、资格预审

公开邀请对项目有兴趣的公司参加资格预审,根据这些公司所提交的公司情况,包括技术力量、工程经验、财务状况等方面的资料,进行比较分析,拟定一个数量不多和参加最终投标的备选名单。

对BOT项目的投标人实行资格预审,是BOT项目招标程序的一个重要特点。BOT项目结构极其复杂,完成BOT项目的前期开发工作的费用很高,而且开发周期也较长,如果没有资格预审,投标人的投标风险很大,这样将会影响投标人的积极性和项目成功的可能性。具体来说,对BOT项目实行资格预审主要是为了达到以下目的:

(1)了解申请人的财务能力、技术能力,尤其是从事类似BOT项目开发和作为总承包商的经验与经历;

(2)了解申请人履行合同的能力,只有严格履行协议且没有严重违法行为的申请人才能作为项目的发起人;

(3)选择在财务、技术和经验等方面最优秀的申请人参加投标;

(4)淘汰不合格和资格较弱的申请人,减少他们购买招标文件、进行现场考察和投标工作中的费用;

表 6-1　BOT 招标程序的时间表

招标程序		时间
资格预审	资格预审的广告及邀请的发出	第 0 周
	资格预审申请递交日期	第 6 周
	资格预审申请的评审	第 7 周
	向通过资格预审的申请人发出确认的信函	第 8 ~ 10 周
投标及评标	投标邀请书的发出	第 10 ~ 12 周
	投标文件的提交日期	第 26 ~ 36 周
	向评标委员会和咨询专家分发投标文件	第 27 ~ 37 周
	投标人的介绍会	第 28 ~ 38 周
	讨论及核对需澄清问题的会议	第 29 ~ 39 周
	向投标人提出问题以对投标文件进行澄清	第 30 ~ 40 周
	从投标人那里得到对问题的答复	第 31 ~ 41 周
	讨论投标人答复的会议	第 32 ~ 42 周
	与中标候选人对投标书澄清/谈判的会议	第 33 ~ 43 周
	收到咨询专家的最终报告	第 35 ~ 46 周
	完成评标报告	第 36 ~ 47 周
	评审委员会确定中标候选人	第 36 ~ 48 周
澄清/谈判	发出投标文件入选或落选的通知	第 37 ~ 49 同
	向入选投标人发出澄清/谈判备忘录	第 38 ~ 50 周
	与入选投标人开始澄清/谈判	第 39 ~ 51 周
	谈判结束及特许权协议定稿	第 47 ~ 67 周
	地方政府批准	第 48 ~ 68 周
	地方政府与中标人草签特许权协议	第 48 ~ 68 周
特许权协议的审批生效	提交国务院有关部门审核、批准	第 49 ~ 69 周
	国务院有关部门对特许权协议条款的批准	第 58 ~ 84 周
	签订特许权协议	第 58 ~ 84 周

(5)减少投标人的投标风险；

(6)缩短评标阶段的工作时间,减少评标工作量和评标费用；

(7)排除政府将项目授予不合格投标人的风险,为政府选择最合适的发起人打下基础。

(一)资格预审程序

(1)编制资格预审文件。

由于 BOT 项目的专业性较强,一般来说,资格预审文件的编制都由政府委托专业咨询公司完成,但资格预审文件发出前要经过政府的审查和批准。资格预审文件的主要内容包括:项目概述、项目范围、需要申请人提供的有关资料、资格预审评审标准、预期进度安排等。

(2)刊登资格预审通告。

资格预审通告要刊登在国内外有影响的、发行量比较大的刊物或报纸上,如《人民日报》、《中国日报》、联合国《发展论坛(商业版)》等。在报纸上刊登广告的同时,项目组织者还可以将资格预审通告通过传真或快件等方式送往有关国家驻华使馆和有关国际组织的驻华机构以及我国驻外使馆商务参赞等。组织者也可将资格预审通告直接寄给潜在项目发起人或潜在贷款人。资格预审通告内容应包括项目名称、项目概况、申请人的条件、购买资格预审文件的日期和地点、递交资格预审文件的时间和地点等。

(3)出售资格预审文件、提交资格预审申请文件、澄清资格预审申请文件、资格预审申请文件的评审等程序同前。

BOT 项目的招标总代理代表政府以书面形式向所有参加资格预审的申请人通知评审结果。在发布资格预审结果的同时,招标总代理可以要求对是否参加投标予以确认。

(二)资格预审文件的主要内容

1. 项目概述

项目概述是向申请人介绍有关项目的基本情况,内容一般包括项目的历史背景、项目的基本描述、项目建设的条件、项目所在地社会经济发展状况、项目所在地的发展规划,以及有关图纸等情况介绍和对项目范围的描述。

2. 政府对项目的支持

对于特定项目,在邀请申请人参加资格预审时应该明确政府对项目的具体支持,以帮助申请人决定是否参加资格预审和投标。

3. 需要提交的资料

必须明确提出需要申请人提供的详细资料,以满足资格预审评审工作的要求。如果投标人是联合体,那么联合体内每个成员除作为单个公司独立提交全部公司资料外,还需提交一份联合体协议草案。需要提交的资料一般包括:

(1)申请人的公司结构或组织机构、财务状况(包括申请人过去 3 年经审计的财务报告);

(2)在过去 5 年里申请人作为 BOT 项目发起人的经历以及目前正在进行或将要进行的项目,并对项目作简要说明;

(3)申请人的融资能力和银行对申请人出具的资信证明;

(4)申请人的组织机构(包括未来项目公司中主要成员的姓名、经验及语言能力)。

4. 资格预审的评估标准

根据实施项目的指导思想,确定不同因素的权重,对每个申请人的申请文件进行统一打分,根据打分结果确定投标人名单。投标人的名单须经政府机构批准。资格预审的预期进度表,主要内容包括工作内容、资格预审邀请、提交资格预审申请文件截止日期、公布资格预审结果、发售招标文件、投标人提交投标文件、评标结束、草签特许权协议、开工等时间安排。

5. 一般性规定

一般性规定包括资格预审文件的澄清、资格预审申请文件书的准备费用、资格预审申请文件提交的时间和地点、进一步资料的取得等。

6. 附表

根据申请人准备申请书的方便程度和评估申请文件的要求编制一些必要的表格。

二、投标邀请

邀请通过资格预审的投标人投标，并按照招标文件的要求，提出详细的投标文件。在投标人提交的投标文件中，应当详细地说明所有的重要问题，如：项目的类型及所提供的产品或服务的性能或水平、竣工日期、产品的价格或服务费用、履约标准、投资回报和融资结构、价格调整公式、外汇安排、不可抗力事件的规定、维修计划、风险分析等。

（一）招标文件的编制原则

招标文件编制的好坏，决定了整个 BOT 项目招标工作的成败。

首先，招标文件是投标人准备投标文件的依据。招标文件应该详细提供有关项目情况、投标文件的具体内容及提交程序、评标标准等内容，投标人将严格根据这些规定准备投标文件。

其次，招标文件是签订特许权协议的基础。特许权协议草案是招标文件的重要组成部分，投标人在投标文件中可对协议草案作出修改，投标人与政府将对修改过的草案进行谈判，最终达成特许权协议。如果特许权协议草案完成得好，将为以后工作的顺利进行创造有利条件。

因此，编制招标文件应该做到系统、完整、准确，使投标人容易理解政府对投标的要求。编制招标文件过程中应注意以下几点原则：

（1）应该遵守国家法律法规。如果招标文件内容不符合国家法律法规，则可能导致招标无效，造成不必要的损失。

（2）应该遵守国际惯例。BOT 项目的发起人一般来自境外，而且项目涉及面很广，可能涉及很多国家的政府、公司、银行，只有按国际惯例，招标工作才能被各方接受。

（3）合理分配项目的风险与收益。BOT 项目的融资是无追索的，尽管如此，政府方面也要承担一定的风险，并根据项目情况参与利益分配。如果政府把全部风险都推给发起人和银行，则项目成功的可能性很小。

（4）招标文件内容应该准确、客观，保证投标人准备投标文件时能有可靠的基础，减少以后履约过程中可能出现的争议。

（5）招标文件各部分之间应协调一致，力求统一，避免各部分之间相互矛盾。

（二）对投标文件的要求

在资格预审阶段，政府已经向申请人提供了项目的部分资料。在招标阶段，应该深化这些资料的内容，并可要求投标人在投标文件中详细说明，并补充有关资料。

投标文件一般分为以下几部分：

（1）实施概要。主要是填写招标文件的各种表格。

（2）可行性研究报告。主要指财务可行性研究报告，说明项目的资本结构，各股东的投资和融资资金来源及还债计划等。

（3）技术方案。根据招标文件对投标文件的深度要求，可以达到初步设计深度，也可以作为一个技术方案。

(4)特许权协议。对招标文件中特许权协议草案进行修改。

(5)投标保证金。投标人必须与他们提交的投标文件一道提交一定金额的保证金，保证金的形式可以是支票、信用证，也可以是银行担保。

投标人须知也是招标文件的重要组成部分，是投标人准备投标文件时的指导性文件。招标人须知一般包括下列主要内容：

(1)项目概述；

(2)对投标人的资格要求；

(3)投标费用(包括招标文件购买费用)；

(4)现场考察；

(5)标前会议；

(6)招标文件的澄清；

(7)招标文件的修改；

(8)投标语言；

(9)投标有效期；

(10)投标担保；

(11)投标文件的密封和印记；

(12)投标截止日期；

(13)投标文件的修改和撤销；

(14)开标。

招标文件还应当包括各种财务表格及说明文件。

三、评标

评标是招标过程中非常重要的步骤。在招标文件中应当明确规定一套评标标准。由于评标标准的选择将明显地影响到最终的中标结果，因此一开始就应该让投标人知道评标方法，从而使他们能据此来进行项目设计，并提出投标文件。

评标由评标委员会负责。评标委员会可以分为领导小组和专家小组。领导小组由国家计委牵头，地方政府、国务院有关部委、总代理单位等成员组成，负责评标的组织和决策工作。专家小组由总代理单位牵头，包括技术顾问、法律顾问、财务顾问等成员，负责评标的具体工作，完成评标报告。根据项目具体情况可以将领导小组和专家小组合成统一的评标小组，也可以在专家小组下设立若干个专业小组。评标委员会负责对所有投标人提交的投标文件进行评审，并推荐最具竞争能力的中标候选人名单。在与中标候选人谈判之前，评审结果须得到政府的批准。

评标标准是招标文件的组成部分，但招标文件中的评标标准一般只作原则性说明。在评标阶段，为了评选出最具竞争力的中标候选人，评标委员会需要将招标文件中的评标标准细化。评标标准要综合考虑发起人就融资、设计、建设和运营维护项目提出的建议，看其是否能最大程度地满足政府和社会的利益。

一般来说，评标标准要包括下面一些内容：

(1)技术方案：投标人提出的技术方案首先必须满足最低技术规范要求，超出基本要求的可考虑适当加分。

(2)项目经验:资格预审后最后形成的投标人可能有所变化,投标人本身的情况,经过一段时间后也可能发生变化,需要对投标人的资格重新审查。

(3)财务能力:投标人对项目融资所必备的资本金或筹措股本金的能力以及得到银行的支持程度。

(4)项目收费:项目收费是主要评标标准,对收费进行评审时要考虑投标人承担的风险。

对上述各项进行加权打分,得分高的前几名投标人作为最有竞争力的中标候选人,排在第一位的中标候选人将首先与政府进行合同谈判。

四、合同谈判

确定出中标候选人后,应邀请其与政府进行合同谈判。BOT 项目的合同谈判时间较长,且非常复杂,因此在特许权协议签订之前,政府和发起人都必须准备花费大量的时间与精力修改合同和进行谈判,如果政府与第一中标人不能达成协议,政府可能会转向第二中标人与之谈判,以此类推。

招标程序经过了资格预审、投标邀请、提交投标文件和评标工作之后,就进入了 BOT 项目招标活动的最后一个环节,即合同谈判阶段。BOT 项目中涉及了许多合同,如特许权协议、信贷协议、总承包合同、运营维护合同、投资人协议、燃料供应协议、仲裁协议、担保协议、保险合同等。这里所指的合同是指特许权协议。特许权协议不仅指特许权协议书,根据具体项目情况,还包括一些附录,如项目介绍、技术规范、政府的支持函、合同主体的法律意见书、履约保函、图纸等。

(一)谈判内容

特许权协议涉及 BOT 项目的产品性能和质量、建设期、特许期、项目公司结构、资本结构、备用资金、原料和燃料供应、项目收费和价格调整方式、最低收入担保、外汇安排、贷款人的权利、不可抗力、项目建设规范、维修计划、移交条件、奖惩以及仲裁等内容。

一般来讲,BOT 项目特许权协议的条款分为基本条款和特殊条款两种。为了节省谈判时间并使投标人目标明确,政府在制定 BOT 项目招标文件时总要安排些基本合同条款,这些条款对所有投标人的要求是一样的,投标人不能任意改变。

例如,项目收费和特许期是 BOT 项目中两个关键而又密切相关的因素,如果这两个因素全都由投标人在投标文件中提出,将很难选择一个合理的投标标准,因此在招标文件中一般只固定一个因素,另一个因素由投标人在投标文件中提出并作为评标时的主要评审对象,在这种情况下投标人在投标时就不能改变政府在招标文件中已经确定的因素。特殊条款由政府在招标文件中提出,投标人根据各自的情况可以接受,也可以对这些条款进行修改,BOT 项目特许权协议的谈判主要是针对这些特殊条款的。BOT 项目谈判的内容又分为技术部分和商务部分,一般来说,技术部分的谈判容易一些,商务部分的谈判则要艰难一些。

(二)谈判过程

除谈判内容不同外,每个 BOT 项目的谈判从开始到结束的各个步骤也有所不同。即使是相似的项目,完成谈判也不一定必须采取同样的步骤,谈判者必须保持最大的灵活性。

1. 谈判准备阶段

开始谈判前,一定要做好谈判的准备工作,只有这样才能在谈判中争取主动。由于特许权协议涉及国际工程承包、技术、经济、法律、环保等广泛的领域,就政府方面说,谈判的准备工作大体可以包括以下几个方面内容:

(1)组织准备,包括组成谈判小组并选定谈判组长。一般来说,谈判组成员应包括政府官员、政府代理顾问、财务顾问、法律顾问、翻译和秘书等。由于谈判组长在谈判过程作出的承诺应该具有约束力,因此谈判组长应得到政府的授权。

(2)谈判方案。开始谈判前,要认真研究投标人的投标文件,列出需要解决问题的清单,并要有明确的解决方案以及回复对方方案的办法,写出谈判大纲,作为谈判工作的指导文件。同时,应该认真分析谈判中的有利因素和不利因素,结合具体情况制定谈判策略。

(3)准备资料。应准备好谈判所需的资料,包括准备提交给对方的资料以及向对方索取资料的清单。

(4)谈判议程。谈判议程应在谈判前由双方商定,BOT 项目涉及的内容较多,一轮谈判可能解决不了所有问题,一般需要 3 ~5 轮谈判。如果与第一家中标候选人谈不拢,可与第二家中标候选人谈判,与第二标的谈判同样也需 3 ~5 轮。每两轮谈判之间要留出足够的时间整理谈判成果并为下轮谈判作准备。

2. 正式谈判

正式谈判开始阶段,主要是了解对方的基本情况,例如对方主谈人员有多大决定权、是否有幕后决策人、主谈人员的谈判风格和谈判策略等。除注意主谈人员外,对其他谈判人员的情况也应注意,注意对方人员的分工。谈判中应该向对方清楚地表达自己的立场,不能因害怕谈判失败而回避自己的观点。谈判中双方都希望讨论自己关心的问题,在谈判中应注意引导对方转向自己关注的问题。谈判中出现僵局是常见的事,在这种情况下应该努力控制自己的情绪,并认真对待对方的观点,冷静分析。谈判中,当需要重新考虑自己的立场时,可以暂停谈判,在小组内部认真研究一下,然后重新开始谈判。当谈判中出现新情况时,调整自己立场是必要的。严格地说,谈判的成功是双方不断争取和不断妥协的结果,根据谈判进展情况,当对方作出一些让步后,作出一些妥协也是可以理解的。

3. 签约

经过谈判,当事人就 BOT 项目特许权协议中双方的权利、义务达成了一致意见,就具备了签订协议的条件。

五、授予项目

当地政府和项目发起人草签特许权协议后,还要上报国务院主管部门批准,获得批准后特许权协议才能正式生效,政府将正式向项目公司发出中标函,将项目授予项目公司。

中标人接受项目,并应在规定的时间内提交履约保证金。特许权协议生效后,中标人将组建项目公司,项目公司将正式与贷款人、建筑承包商、运营维护承包商和保险公司等签订其他项目协议。

第七章 合同的法律基础

第一节 合同与合同法

一、合同

(一)合同的概念及其法律特征

合同一词有广义和狭义之分。广义的合同,泛指一切确立权利义务关系的协议。狭义的合同则仅指民法上的合同,又称民事合同。我们这里所讲的就是指民法上的合同。《中华人民共和国合同法》(简称《合同法》)规定:“合同是平等主体的自然人、法人、其他组织之间设立、变更、终止民事权利义务关系的协议。”按照该条规定,凡民事主体之间设立、变更、终止民事权利义务关系的协议都是合同。合同是一种协议,但合同不同于协议书。协议书可能只是一种意向书,并不涉及双方的具体权利义务。合同具有以下法律特征:

(1)合同是一种民事法律行为。民事法律行为,是指以意思表示为要素,依其意思表示的内容而引起民事法律关系设立、变更和终止的行为。而合同是合同当事人意思表示的结果,是以设立、变更、终止财产性的民事权利义务为目的,且合同的内容即合同当事人之间的权利义务是由意思表示的内容来确定的。因而,合同是一种民事法律行为。

(2)合同是一种双方或多方的民事法律行为。合同是两个以上的民事主体在平等自愿的基础上互相或平行作出意思表示,且意思表示一致而达成的协议。首先,合同的成立须有两个或两个以上当事人;其次,合同的各方当事人须互相或平行作出意思表示;再次,各方当事人的意思表示须达成一致,即达成合意或协议,且这种合意或协议是当事人平等自愿协商的结果。因而,合同是一种双方、多方或共同的民事法律行为。

(3)合同是以在当事人之间设立、变更、终止财产性的民事权利义务为目的。首先,合同当事人签订合同的目的,在于为了各自的经济利益或共同的经济利益,因而合同的内容为当事人之间财产性的民事权利义务;其次,合同当事人为了实现或保证各自的经济利益或共同的经济利益,以合同的方式来设立、变更、终止财产性的民事权利义务关系。无论当事人订立合同是为了设立财产性的民事权利义务关系,还是为了变更或终止财产性的民事权利义务关系,只要当事人达成的协议依法成立并生效,就会对当事人产生法律约束力,当事人也必须依合同规定享有权利和履行义务。

(4)订立、履行合同,应当遵守法律、行政法规。这其中包括:合同的主体必须合法,订立合同的程序必须合法,合同的形式必须合法,合同的内容必须合法,合同的履行必须合法,合同的变更、解除必须合法,等等。

(5)合同依法成立,即具有法律约束力。《合同法》规定:"依法成立的合同,对当事人具有法律约束力。当事人应当按照约定履行自己的义务,不得擅自变更或者解除合同。"所谓法律约束力,是指合同的当事人必须遵守合同的规定,如果违反,就要承担相应的法律责任。合同的法律约束力主要体现在以下两个方面:①不得擅自变更或解除合同。②违反合同应当承担相应的违约责任。

(二)合同的形式

合同的形式是合同当事人意思表示一致的表现形式。合同的形式既是合同内容的外部表现,又是合同内容的载体。合同的形式对合同当事人权利义务的确定,具有重要的意义。合同的形式主要有以下几种。

1. 口头形式

口头形式是指合同当事人只用语言为意思表示而订立合同,而不用文字表达协议内容的合同形式。在日常生活中经常被采用,口头形式具有简便易行的特征,可以为当事人节省时间和精力,但在发生纠纷时常因举证困难而分不清责任,故其一般只适用于标的金额较小、当事人权利义务比较简单的即时清结的合同。对于不能即时清结的合同和标的数额较大的合同,不宜采用口头形式。

2. 书面形式

书面形式是指合同书、信件以及数据电文(包括电报、电传、传真、电子数据交换和电子邮件)等可以有形地表现所载内容的形式。书面合同一般不要求必须遵从固定的格式,但其内容应当写明当事人的全部权利、义务,明确各方的责任,并由当事人签字或盖章,法人订立书面合同的,应加盖法人的公章(或合同专用章),并由法定代表人或代理人签名盖章。书面合同较口头合同复杂,在当事人发生纠纷时举证方便,容易分清责任,也便于主管机关和合同管理机关监督、检查。法律、行政法规规定采用书面形式的,应当采用书面形式。当事人约定采用书面形式的,应当采用书面形式。

3. 公证形式

公证形式是当事人约定或者依照法律规定,以国家公证机关对合同内容加以审查公证的方式订立合同。公证机关一般均以合同的书面形式为基础,对合同内容的真实性和合法性进行审查确认后,在合同书上加盖公证印鉴,以资证明。经过公证的合同具有最可靠的证据力,当事人除有相反的证据外,不能推翻。

4. 鉴证形式

鉴证形式是当事人约定或依照法律规定,以国家合同管理机关对合同内容的真实性和合法性进行审查的方式订立合同的一种合同形式。鉴证是国家对合同进行管理和监督的行政措施,只能由国家工商行政管理机关进行。鉴证的作用在于加强合同的证明,提高合同的可靠性。

5. 批准形式

批准形式是指法律规定某些类别的合同须采取经国家有关主管机关审查批准的一种合同形式。这类合同,除应由当事人达成意思表示一致而成立外,还应将合同书及有关文件提交国家有关主管机关审查批准才能生效。

6. 登记形式

登记形式是指当事人约定或依照法律规定，采取将合同提交国家登记主管机关登记的方式订立合同的一种合同形式。

7. 合同确认书

合同确认书即当事人采用信件、数据电文等形式订立合同，一方当事人可以在合同成立之前要求以书面形式加以确认的合同形式。

（三）合同的主要内容

合同的主要条款是合同一般应具备的条款，又称必要条款。主要条款是合同的核心部分，它确定了当事人的基本权利和义务，是履行合同与承担责任的基本依据。合同的组成包括合同的主体、客体和内容。合同的主体即合同的当事人，就是权利义务的主体。合同的客体是指当事人权利义务所共同指向的对象即标的。合同的内容是指当事人享有的权利和承担的义务。《合同法》第 12 条规定，合同的内容由当事人约定，一般包括以下条款：当事人的名称或者姓名和住所；标的；数量；质量；价款或者报酬；履行期限、地点和方式；违约责任；解决争议的方法。合同的主要条款是根据合同的性质所必须具备的条款。

1. 当事人的名称或者姓名和住所

合同当事人是自然人的，要写明自然人的姓名和住所；当事人是法人或其他组织的，要写明该法人或该组织的名称和住所。名称或者姓名和住所是确定当事人的主要依据，如果合同不具有这些内容，合同的当事人就无法确立，合同的权利和义务就找不到承担者，根本就不可能有合同关系。

2. 标的

合同标的是合同法律关系的客体，是合同当事人双方权利义务所共同指向的对象。合同标的可以是货物、工程项目、劳务，还可以是技术成果等。标的集中反映了当事人的目的和要求，是合同成立的基础。没有标的，权利义务就失去了目标，当事人之间不可能建立起权利义务关系。因而，没有标的，合同不能订立。标的是任何合同都不能欠缺的条款。

3. 数量

数量是合同标的的具体化，也直接体现了合同双方当事人权利义务的大小程度。数量是确定合同标的的具体条件，是同类标的中这一标的区别那一标的的具体特征，也是合同得以正确、全面履行的保障。数量是衡量标的的尺度，通常由数字和计量单位表示。合同中对标的的数量、计量单位和计量方法必须明确并确定，尤其应采用法定计量单位。

4. 质量

质量与数量一样，也是合同标的的具体化，质量是标的内在的素质和外观形象的综合，它包括品种、型号、等级、规格要求等。合同的质量要求和标准，必须明确、具体、详细。有国家或行业标准的，按国家或行业标准签订，同时应写明标准的年号、代号；如无国家或行业标准的，按地方标准或企业标准签订。产品的等级要明确，对某些须安装运转后才能确定内在质量问题的产品，应按照法律法规和政策规定，在合同中可明确提出质量异议的条件和时间。对某些抽样检验质量的产品，有关抽样标准、方法和比例等均应在合同中明确。

5. 价款或报酬

价款或报酬是标的的价金，是当事人一方取得标的应向对方支付的代价。对于有偿合同，存在价款或报酬的问题；在以货物为标的的合同中，这种代价称为价款，在以劳务为标的的合同中，这种代价称为报酬。价金以货币数量表示，除法律、法规另有规定的外，必须以人民币为计算和支付单位。当事人在签订合同时，应当明确约定价款或者报酬的计算标准、金额总数、结算方式、支付条件、支付日期等内容，以便双方的权利和义务得到具体的、明确的规定，使合同能够得到切实的履行。如果没有约定或约定不明确，当事人也可以事后补充；当事人事后不能达成补充协议的，可以按照合同的有关条款、交易的惯例或法律的补充性规定来确定。

6. 履行期限、履行地点和履行方式

履行期限是交付标的和支付价款的时间，是一方当事人向另一方当事人履行义务的时间界限，即当负有履行义务的一方当事人在约定的期限内没有自动履行义务时，享有权利的一方当事人即可取得要求对方履行义务的权利；同时，合同的履行期限，又是一方当事人行使合同解除权的一个条件，即当负有义务的一方当事人在约定期限内没有履行义务的时候，享有权利的一方当事人即可取得通知对方解除合同的权利。因此，履行期限是合同的一个主要的内容，当事人双方在签订合同时，应当明确约定履行期限，以明确双方的责任。

履行地点是指在什么地方交付或提取标的。履行地点是一个关系到合同是否已经得到履行的判断标准的问题，如果当事人没有在合同约定的期限内到指定的地点履行合同，就可以判断为没有履行合同。一般来讲，交付的标的物是不动产的，在不动产的所在地履行；交付的标的物是动产的，应当在接受该动产一方当事人的所在地履行。此外，在实践中，当事人签订合同时，也有没有明确约定履行地点的情况。在这种情况下，履行地点不明确的，给付货币的，在接受给付一方的所在地履行，其他标的在履行义务一方的所在地履行。

履行方式是指交付标的的方式，即当事人采取什么方法来履行合同规定的义务。合同的履行方式是多种多样的，如一次履行和分期履行；交付方式有送货、代运、自提；价格或报酬的结算方式，都应在合同中规定清楚。如一方要改变履行方式，则应征得对方同意。

7. 违约责任

违约责任是指违反合同约定义务的当事人应当承担的法律责任。它由合同的法律效力决定。当事人可以在合同中约定，一方违反合同时，向另一方支付一定数额的违约金；也可以在合同中约定对于违反合同而产生的损失赔偿额计算方法。合同没有违约责任的条款，不等于合同当事人对违反合同不承担责任，因而并不会使合同失去应有的作用。合同中即使没有违约责任条款，合同仍可成立；当事人不履行合同义务时，仍应依法承担违约的民事责任。

8. 解决争议的方法

当事人可以在合同中约定，合同在履行中发生争议时解决的方法，是通过仲裁方式解决，还是通过法院审判方式解决，应当在合同中明确规定，一旦发生争议，便于按照约定向仲裁机关申请仲裁或者向人民法院提起诉讼。

二、合同法

(一) 合同法的概念

合同法是民法的重要组成部分，它是调整合同法律关系的法律规范的总称。合同法规定了合同的一般原则，规定了合同的订立、变更、终止以及违约责任以及与此相关的权利义务。合同法是规范交易关系、保障我国市场经济秩序的最重要的法律。

改革开放以来，我国先后制定了《中华人民共和国经济合同法》(简称《经济合同法》)、《中华人民共和国涉外经济合同法》(简称《涉外经济合同法》)和《中华人民共和国技术合同法》(简称《技术合同法》)。这三部合同法对保护合同当事人的合法权益，维护社会经济秩序，促进国内经济、技术和对外经济贸易的发展，保障社会主义建设事业的顺利进行，发挥了重要作用。但是，随着改革开放的不断深入和经济、社会的不断发展，这些有关合同的法律已不能完全适应现实的需要，如近年来出现了融资租赁、居间等新的合同种类，委托、行纪等合同也日益增多。同时，在市场交易中利用合同形式进行欺诈，损害国家、集体和他人利益的情况较为突出。因此，根据发展社会主义市场经济的要求，需制定统一的合同法。

《合同法》于1999年3月15日通过，自1999年10月1日起施行，包括三部分：总则(第1条~第129条)、分则(第130条~第427条)和附则(第428条)。

《合同法》具有以下鲜明的特点：在原来《经济合同法》、《涉外经济合同法》和《技术合同法》的基础上，总结实践经验，加以补充完善，保持了我国法律的连续性和稳定性；更加具有可操作性；对有关合同的共性问题作出了统一规定，把近十年来行之有效的有关合同的行政法规和司法解释的规定，都尽量吸收了进来，并针对市场经济活动和司法实践中出现的新情况、新问题，对原来比较原则的规定，尽可能地作出了具体规定。《合同法》的颁布实施，对于保护合同当事人的合法权益，维护社会经济秩序，促进社会主义现代化建设，具有重要的现实意义和深远的历史意义。

(二) 合同法的调整范围

《合同法》第2条规定："合同是平等主体的自然人、法人、其他组织之间设立、变更、终止民事权利义务的协议。"

合同法调整的是平等主体之间的权利义务关系，属于民事关系。政府对经济的管理活动，属于行政管理关系，不是民事关系，不适用合同法；企业、事业单位内部的管理关系，不是平等主体之间的关系，也不适用合同法。

有关婚姻、收养、监护身份关系的协议，不适用合同法。

除法律另有规定外，涉外合同的当事人可以选择处理合同争议所适用的法律。涉外合同的当事人没有选择适用法律的，适用与合同有最密切联系的国家的法律。在中华人民共和国境内履行的中外合资经营企业合同、中外合作经营企业合同、中外合作勘探开发自然资源合同，适用中华人民共和国法律。

(三)合同法的基本原则

1. 平等原则

《合同法》第 3 条规定:“合同当事人的法律地位平等，一方不得将自己的意志强加给另一方。”

合同当事人法律地位平等是指当事人之间在合同关系中不存在管理与被管理、服从与被服从的关系，不论合同当事人的级别高低、规模大小、组织还是自然人、国有企业还是私营企业等，他们的合同当事人法律地位完全平等。即使当事人之间在其他方面具有不平等的关系，而在订立合同时，也必须居于平等的法律地位，一方不能凌驾于另一方之上，不得将自己的意志强加给另一方，否则会影响合同的效力。

2. 自愿原则

《合同法》第 4 条规定:“当事人依法享有自愿订立合同的权利，任何单位和个人不得非法干预。”

所谓自愿原则，即当事人有是否订立合同和与谁订立合同的自由，任何人和任何单位均不得强迫对方与之订立合同。在不违反法律规定的情况下，当事人对合同的内容、合同的履行等均应遵循自愿原则，任何单位和个人不得非法干预。自愿原则和平等原则是相辅相成、不可分割的，平等体现了自愿，自愿要求平等。合同法的自愿原则也不是绝对的，合同自愿只有在合法的前提下才能得以实现，也就是说，自愿原则要受到一定的干预与限制。

3. 公平原则

《合同法》第 5 条规定:“当事人应当遵循公平原则确定各方的权利和义务。”

公平原则要求合同当事人在确定各方权利义务时要公平合理。有偿合同要平等互利，协商一致，不利用欺诈、胁迫和乘人之危强迫对方当事人签订不公平的条款。

公平原则是指本着社会公认的公平观念确定当事人之间的权利义务。主要体现为:

(1)当事人在订立合同时，应当按照公平合理的标准确定合同的权利义务，不能使合同的权利义务显失公平。

(2)当事人发生纠纷时，法院应当按照公平原则对当事人确定的权利义务进行价值判断，以决定其法律效力。

(3)当事人变更、解除合同或者履行合同，应体现公平精神，不能有不公平的行为。

4. 诚信原则

《合同法》第 6 条规定:“当事人行使权利、履行义务应当遵循诚实信用原则。”

诚实信用原则要求合同当事人在合同订立和合同履行的过程中，遵守法律法规和双方的约定，本着诚实、信用、实事求是的精神以善意的方式履行合同义务，不搞欺诈行为，不乘人之危进行不正当竞争等。

诚实信用原则在《合同法》中有着许多具体的体现，如第 60 条规定:当事人应当遵循诚实信用的原则，根据合同的性质、目的和交易习惯履行通知、协助、保密等义务。

5. 合法原则

《合同法》第 7 条规定:“当事人订立、履行合同,应当遵守法律、行政法规,尊重社会公德,不得扰乱社会经济秩序,损害社会公共利益。”

当事人订立、履行合同应当遵守法律、行政法规。只有依法成立的合同,才受法律保护,对当事人具有法律约束力。如果合同违反了法律、行政法规的强制性规定,则该合同无效,且自始没有法律约束力。

当事人订立和履行合同,必须尊重社会公德,不得扰乱社会经济秩序、损害社会公共利益。

第二节 合同的订立

一、订立合同的主体资格

合同是平等主体的自然人、法人、其他组织之间设立、变更、终止民事权利义务的协议。《合同法》第 9 条规定:“当事人订立合同,应当具有相应的民事权利能力和民事行为能力。”

(一)自然人的民事权利能力和民事行为能力

自然人从出生时起到死亡时止,具有民事权利能力。自然人的民事权利能力一律平等。任何公民,无论年龄、性别、职业、贫富等,都享有法律赋予的平等的民事权利能力,范围完全相同。

自然人的民事行为能力分为完全民事行为能力、限制民事行为能力和无民事行为能力三种。根据《民法通则》规定,18 岁以上的公民是成年人,具有完全民事行为能力,可以独立进行民事活动;16 周岁以上不满 18 周岁的公民,以自己的劳动收入为主要生活来源的,视为完全民事行为能力。10 周岁以上的未成年人是限制民事行为能力人,可以进行与他的年龄、智力相适应的民事活动;不能完全辨认自己行为的精神病人是限制民事行为能力人,可以进行与他的精神健康状况相适应的民事活动;其他的民事活动由他的法定代理人代理或者征得他的法定代理人的同意。不满 10 周岁的未成年人是无民事行为能力人,由他的法定代理人代理民事活动;不能辨认自己行为的精神病人是无民事行为能力人,由他的法定代理人代理民事活动。

(二)法人的民事权利能力和民事行为能力

法人作为合同当事人,也要具有相应的民事权利能力和民事行为能力。

法人是与自然人相对的民事权利主体,是具有民事权利能力和民事行为能力,依法独立享有民事权利和承担民事义务的组织,我国《民法通则》将法人分为两类:一类是企业法人,一类是机关、事业单位和社会团体法人。法人应当具备以下条件:①依法成立,即法人的设置、变更或者撤销都必须按照法定程序,经有关国家机关审查、批准和登记;企业法人经主管部门批准,经工商行政管理部门核准登记,取得法人资格;机关和社会团体法人经主管部门或者其他有权机关批准成立的,即取得法人资格。②有必要的财产和经费,这是作为法人社会组织能够独立参加经济活动的物质基础和条件。③有自己的名称、组织机构和场所。④能够以自己的名义享有民事权利和独立承担民事义务。

(三)其他组织

其他组织是指依法成立,有一定的组织机构和财产,但不具备法人资格,不能独立承担民事责任的组织。包括非法人企业,非法人机关、事业单位和社会团体,个体工商户、农村承包经营户等。

二、合同订立的方式

合同的订立就是合同当事人进行协商,使各方的意思表示趋于一致的过程。合同当事人的意思表示达成一致,合同成立。

当事人订立合同一般采取要约、承诺方式。在当事人协商过程中,一般要先有一方作出订约的意思表示,然后他方予以附和,前者为要约,后者为承诺。因此,合同订立的一般程序从法律上可分为要约和承诺两个阶段。此外还有要约交错与意思实现等特殊方式。

当事人订立合同一般采取要约、承诺方式。

(一)要约

1.要约的概念

要约是希望和他人订立合同的意思表示。要约在商业活动和对外贸易中又称为报价、发价或发盘。

发出要约的当事人称为要约人,而要约所指向的对方当事人则称为受要约人。

要约具有法律效力,必须具备下列特征:

(1)要约必须是特定人的意思表示,即人们能够确定发出要约的是谁。

(2)要约的内容必须包括足以决定合同内容的主要条款。只有要约人的要约具备这些条款,受要约人才能决定是否接受该要约;这一要约一经受要约人接受,合同也就成立。如果一方提议的内容不足以决定合同的主要条款,即使对方接受提议,也无从确定当事人对合同的主要条款是否达成一致,合同不能成立。

(3)要约必须表明经受要约人承诺,要约人即受该意思表示约束。即要约必须具有缔结合同的目的。当事人发出要约,是为了与对方订立合同,要约人要在其意思表示中将这一意愿表示出来。凡不以订立合同为目的的意思表示,不构成要约。

2.要约的方式

要约人以何种方式发出要约,一般可以分为两种,一种是口头形式,即要约人以直接对话或者电话等方式向对方提出要约,这种形式,主要用于即时清结的合同;另一种是书面形式,即要约人采用信函、电报、电传和传真等文字形式向对方提出要约。

3.要约的生效

要约到达受要约人时生效。要约生效的时间依要约的形式不同而有所不同:口头要约一般自受要约人了解时发生法律效力;非口头要约一般自要约送达受要约人时发生法律效力。

《合同法》规定:采用数据电文形式订立合同,收件人指定特定系统接收数据电文的,该数据电文进入该特定系统的时间,视为到达时间;未指定特定系统的,该数据电文进入收件人的任何系统的首次时间,视为到达时间。

4. 要约的撤回

要约撤回,是指在要约生效前,要约人使其不发生法律效力的意思表示。要约一旦送达受要约人或被受要约人了解,即发生法律效力。所以,撤回要约的通知应当在要约到达受要约人之前或者与要约同时到达受要约人。因此,撤回通知一般应采取比要约更迅速的通知方式。

5. 要约的失效

要约失效,即要约丧失其法律效力。要约失效后,要约人不再受其约束,受要约人也终止了承诺的权利。发生下列情形之一时,要约失效:

(1)拒绝要约的通知到达要约人。要约人一旦收到受要约人不接受或不完全接受要约的通知,要约即因被拒绝而终止效力。对于向不特定的人发出的要约,如标价商品,则不因特定人的拒绝而消灭。

(2)要约人依法撤销要约。只要撤销符合法律规定条件,要约即失效。

要约的撤销,是指在要约生效后,要约人使其丧失法律效力的意思表示。《合同法》规定,要约可以撤销,撤销要约的通知应当在受要约人发出承诺通知之前到达要约人,但有下列情形之一的,要约不得撤销:①要约人确定了承诺期限或者以其他形式明示要约不可撤销;②受要约人有理由认为要约是不可撤销的,并已经为履行合同做了准备工作。

(3)承诺期限届满,受要约人未作出承诺。要约的有效期限也就是受要约人可以承诺的有效期限。在该期限届满时,受要约人未作出承诺的,要约就失去效力。

(4)受要约人对要约的内容作出实质性变更。

6. 要约邀请

要约邀请是希望他人向自己发出要约的意思表示。

要约和要约邀请的区别是:要约是以订立合同为目的具有法律意义的意思表示行为,一经发出就产生一定的法律效果;而要约邀请的目的是让对方对自己发出要约,是订立合同的一种预备行为,在性质上是一种事实行为,并不产生任何法律效果。因此,要约邀请本身不具有法律意义。在实际生活中,寄送的价目表、拍卖公告、招标公告、招股说明书、商业广告等都为要约邀请。

商业广告的内容符合要约规定的,视为要约。如悬赏广告,是不同于一般广告的一种特殊广告形式。它是广告人以广告的形式声明对完成悬赏广告中规定的行为的任何人,给予广告中约定的报酬的意思表示行为。

(二)承诺

1. 承诺的概念

承诺,是受要约人同意要约的意思表示。承诺一经作出,并送达要约人,合同即告成立。

承诺应具备下列特征:

(1)承诺必须由受要约人作出。

(2)承诺必须向要约人作出。

(3)承诺的内容应当和要约的内容一致。

受要约人对要约的内容作出实质性变更的,为新要约。有关合同标的、数量、质量、价款或者报酬、履行期限、履行地点和方式、违约责任和解决争议方法等的变更,是对要约内容的实质性变更。

受要约人对要约的内容作出非实质性变更的,除要约人及时表示反对或者要约表明承诺不得对要约的内容作出任何变更的外,该承诺有效,合同的内容以承诺的内容为准。

(4)承诺应当在要约确定的期限内到达要约人。

2. 承诺的方式

《合同法》规定,承诺应当以通知的方式作出,但根据交易习惯或者要约表明可以通过行为作出承诺的除外。

受要约人以何种方式发出承诺,一般应当与要约的形式一致。当要约是口头形式时,受要约人也应当用口头形式作出承诺,即以直接对话或者电话等方式向对方作出承诺,当然,这种形式主要用于即时清结的经济合同。当要约是书面形式时,受要约人也应当用书面形式作出承诺。当然,要约人也可以在要约中规定受要约人必须采用何种形式作出承诺,在这种情况下,受要约人必须按照要约中规定的形式作出承诺。此外,要约人和受要约人也还可以就承诺的形式问题进行约定,一旦约定了,受要约人就要按照约定的承诺形式作出承诺。

3. 承诺的期限

承诺应当在要约确定的期限内到达要约人。要约没有确定承诺期限的,承诺应当依照下列规定到达:

(1)要约以对话方式作出的,应当即时作出承诺,但当事人另有约定的除外;

(2)要约以非对话方式作出的,承诺应当在合理期限内到达。

要约以信件或者电报作出的,承诺期限自信件载明的日期或者电报交发之日开始计算。信件未载明日期的,自投寄该信件的邮戳日期开始计算。要约以电话、传真等快速通信方式作出的,承诺期限自要约到达受要约人时开始计算。

受要约人超过承诺期限发出承诺的,除要约人及时通知受要约人该承诺有效的外,为新要约。受要约人在承诺期限内发出承诺,按照通常情形能够及时到达要约人,但因其他原因承诺到达要约人时超过承诺期限的,除要约人及时通知受要约人因承诺超过期限不接受该承诺的外,该承诺有效。

4. 承诺的生效

《合同法》规定,承诺通知到达要约人时生效。采用数据电文形式订立合同,收件人指定特定系统接收数据电文的,该数据电文进入特定系统的时间,视为承诺到达时间;未指定特定系统的,该数据电文进入收件人的任何系统的首次时间,视为承诺到达时间。

承诺不需要通知的,根据交易习惯或者要约的要求作出承诺的行为时生效。

5. 承诺的撤回

撤回承诺是指阻止承诺发生法律效力的一种意思表示。撤回承诺的通知应当在承诺通知到达要约人之前或者与承诺同时到达要约人。

6. 承诺时变更要约内容

承诺的内容应当与要约的内容一致。

承诺对要约的内容作出非实质性变更的,除要约人及时表示反对或者要约表明承诺不得对要约的内容作出任何变更的外,该承诺有效,合同的内容以承诺的内容为准。

(三)订立合同的原则

订立合同的过程是订约当事人进行协商的过程。订约当事人在发出要约,新要约,直至承诺的协商过程中,应当遵循订立经济合同合法的原则、平等互利的原则和协商一致的原则。

(1)订立合同必须贯彻合法的原则。合同合法的原则是指合同订立的主体、订立的方式和程序、订立合同所涉及的内容都要符合我国法律和行政法规的规定。

(2)订立合同必须贯彻平等互利的原则。平等是指在合同法律关系中,当事人双方之间在合同的订立、履行和承担合同违约责任等方面都处于平等的法律地位,彼此的权利和义务对等;互利是指合同的双方当事人在相互的经济交往中都有利可得。平等互利就是当事人双方平等地享有权利,平等地承担义务,这是当事人之间建立合同关系的前提条件。

(3)订立合同必须贯彻协商一致的原则。协商一致是指双方当事人相互充分表达各自意见,并取得意思表示一致,这是当事人之间建立合同关系的法定方式。合同是双方协议的法律行为,双方当事人意思表示一致,合同才能成立。

三、合同的成立

(一)合同成立的概念

合同的成立是指合同当事人依照有关法律、行政法规对合同的内容和条款进行协商一致的意见。《合同法》第8条规定:“依法成立的合同,对当事人具有法律约束力。当事人应当按照约定履行自己的义务,不得擅自变更或者解除合同。依法成立的合同,受法律保护。”合同的成立是合同存在的前提。如果合同没有成立,也就不存在有效合同关系,更谈不上合同的履行、变更、终止等问题。合同的成立也是认定合同是否有效的前提条件,如果合同根本不成立,那么确认合同的有效和无效就无从谈起。再有,合同的成立是区分合同责任和缔约责任的根本标志。合同责任是指基于合同关系所产生的对合同当事人的法律约束力。

合同成立的条件主要有以下几个方面:

(1)订约主体存在双方或多方当事人;

(2)双方当事人订立合同必须是“依法”进行的;

(3)当事人必须就合同的主要条款协商一致;

(4)合同的成立应具备要约和承诺阶段。

以上只是合同的一般成立条件。实际上由于合同的性质和内容不同,许多合同都具有其特有的成立要件。

当事人采用合同书形式订立合同的,自双方当事人签字或者盖章时合同成立。采用合同书形式订立合同,在签字或者盖章之前,当事人一方已经履行主要义务,对方接受的,该合同成立。法律、行政法规规定或者当事人约定采用书面形式订立合同,当事人未采用书面形式但一方已经履行主要义务,对方接受的,该合同成立。

(二)合同成立的地点

合同法对合同成立的地点也作出了以下规定:

(1)承诺的地点为合同成立的地点。

(2)采用数据电文形式订立合同的,收件人的主营业地为合同成立的地点;没有主营业地的,其经常居住地为合同成立的地点。

(3)采用合同书形式订立合同的,双方当事人签字或者盖章的地点为合同成立的地点。

(4)当事人另有约定的,按照其约定。

合同成立的地点涉及合同的履行及产生纠纷之后的案件管辖地问题。因此,合同当事人有必要在合同中明确合同成立的地点。

四、格式条款

格式条款是当事人为了重复使用而预先拟定,并在订立合同时未与对方协商的条款。采用格式条款订立合同的,提供格式条款的一方应当遵循公平原则确定当事人之间的权利和义务,并采取合理的方式提请对方注意免除或者限制其责任的条款,按照对方的要求,对该条款予以说明。

格式条款具有合同法规定的合同无效或无效免责情形的,或者提供格式条款一方免除其责任、加重对方责任、排除对方主要权利的,该条款无效。合同无效情况见下节,无效免责条款包括:

(1)造成对方人身伤害的;

(2)因故意或者重大过失造成对方财产损失的。

对格式条款的理解发生争议的,应当按照通常理解予以解释。对格式条款有两种以上解释的,应当作出不利于提供格式条款一方的解释。格式条款和非格式条款不一致的,应当采用非格式条款。

五、缔约过失责任

所谓缔约过失责任,是指在合同缔结过程中,缔约人故意或者过失地违反先合同义务时依法承担的民事责任。其中先合同义务,是随着缔约人双方为成立合同互相接触磋商逐渐产生的注意义务(或称附随义务),而非合同有效成立所产生的义务。它包括互相协助、互相照顾、互相保护、互相通知、诚实信用等义务。缔约过失责任既不同于违约责任,也有别于侵权责任,是一种独立的责任。缔约过失责任主要是赔偿责任。

缔约过失责任的构成,主要体现在:

(1)缔约一方受有损失;

(2)缔约当事人有过错;

(3)缔约当事人的过错行为与损失之间有因果关系;

(4)合同尚未成立。

承担缔约过失责任有以下几种情形:

(1)假借订立合同,恶意进行磋商;

(2)故意隐瞒与订立合同有关的重要事实或者提供虚假情况;

(3)有其他违背诚实信用原则的行为;

(4)违反缔约过程中的保密义务。

第三节 合同的效力

一、合同的生效

(一)合同生效的概念

合同生效是指业已成立的合同具有法律约束力。《合同法》规定,依法成立的合同,自成立时生效;法律、行政法规规定应当办理批准、登记等手续生效的,依照其规定。

(二)附条件合同的效力

附条件的合同是指合同当事人约定一定的条件,将条件的成就与否作为该合同生效或者解除的依据。附条件的合同中的"条件",是指当事人所约定的决定合同生效或者解除的特定事实,既可以是事件,又可以是行为。条件必须是当事人约定的将来的不确定事实。

当事人为自己的利益不正当地阻止条件成就的,视为条件已成就;不正当地促成条件成就的,视为条件不成就。

(三)附期限合同的效力

当事人对合同的效力可以约定附期限。附生效期限的合同,自期限届至时生效;附终止期限的合同,自期限届满时失效。

(四)限制民事行为能力人订立合同的效力

《合同法》规定,限制民事行为能力人订立的合同,经法定代理人追认后,该合同有效,但纯获得益的合同或者与其年龄、智力、精神健康状况相适应而订立的合同,不必经法定代理人追认。

《合同法》同样也规定,相对人可以催告法定代理人在一个月内予以追认,法定代理人未作表示的,视为拒绝追认。合同被经追认之前,善意相对人有撤销的权利。撤销应当以通知的方式作出。

(五)无权代理所订立的合同的效力

《合同法》规定,行为人没有代理权、超越代理权或者代理权终止后以被代理人名义订立的合同,未经被代理人追认对被代理人不发生效力,由行为人承担责任。

《民法通则》规定,下列代理情形订立的合同无效:

(1)代理人以被代理人的名义同自己签订的合同;

(2)代理人以被代理人的名义同自己代理的其他人签订的合同;

(3)代理人与对方通谋签订的损害被代理人利益的合同。

(六)法人或者其他组织的法定代表人、负责人超越权限订立的合同效力

法人或者其他组织的法定代表人、负责人是具有特殊身份的人,他们对外可以直接代表组织,与他人签订合同。法人或者其他组织的法定代表人、负责人执行职务的行为与非执行职务的行为经常很难区分开来,而且他们的许多行为经常是个人行为和组织行为合一。因此,为了保护相对人的利益,维护交易,《合同法》规定,法人或者其他组织的法定代表人、负责人超越权限订立的合同,除相对人知道或者应当知道其超越权限的外,该代表行为有效。

二、合同无效

合同无效是指合同因欠缺一定生效要件而致合同当然不发生效力。

《合同法》规定,有下列情形之一的,合同无效:

(1)一方以欺诈、胁迫的手段订立合同,损害国家利益的;

(2)恶意串通,损害国家、集体或者第三人利益的;

(3)以合法形式掩盖非法目的;

(4)损害社会公共利益的;

(5)违反法律、行政法规的强制性规定的。

三、格式条款的无效情形

《合同法》第40条规定,格式条款具有本法第52条和第53条规定情形的,或者提供格式条款一方免除其责任、加重对方责任、排除对方主要权利的,该条款无效。

(1)属于《合同法》第52条规定情形的格式条款无效:

①一方以欺诈、胁迫的手段订立合同,损害国家利益;

②恶意串通,损害国家、集体或者第三人利益;

③以合法形式掩盖非法目的;

④损害社会公共利益;

⑤违反法律、行政法规的强制性规定。

(2)属于《合同法》第53条规定情形的格式条款无效:

①造成对方人身伤害的;

②因故意或者重大过失造成对方财产损失的。

(3)提供格式条款一方免除其责任、加重对方责任、排除对方主要权利的,该格式条款无效。

四、合同的撤销

合同的撤销是指通过撤销权人行使撤销权,使已经生效的合同归于消灭。合同的撤销必须具备法律规定的条件,不具备法定的条件,当事人任何一方都不能随便提出撤销合同,否则要承担法律责任。当合同具备法定的撤消条件时,当事人一方可请求人民法院或者仲裁机构变更或者撤销合同。

《合同法》规定,可撤销合同应具备下列条件之一:

(1)合同是因重大误解而订立的。重大误解,是指误解人作出意思表示时,对涉及合同法律效果的重要事项存在着认识上的显著缺陷。误解作为可撤销的原因,是法律为误解人提供救济机会的表现。但是,误解一般是可归责于误解人的,对方当事人对此一般无责任。既然如此,对误解人的保护应是有限度的,不能不问误解的程度一律允许误解人撤销合同。正因如此,法律只承认重大误解为可撤销的原因。对重大误解的具体确定,应区分误解人所误解的不同情况,考虑当事人的状况、活动性质、交易习惯等各方面的因素。

(2)合同的订立显失公平。显失公平,是指双方当事人的权利义务明显不对等,使一方遭受重大不利。其构成要件为,双方当事人的权利义务明显不对等,这种不对等违反公平原则,超过了法律允许的限度。显失公平是从结果着眼的,若把原因考虑进去,会有多种类型,如因欺诈形成的显失公平、因胁迫形成的显失公平、因乘人之危形成的显失公平、因重大误解形成的显失公平等。

(3)一方以欺诈、胁迫的手段或者乘人之危,使对方在违背真实意思的情况下订立合同。

欺诈是指以使他人陷于错误并因而为意思表示为目的,故意陈述虚伪事实或者隐瞒真实情况的行为。构成欺诈行为的要件是:欺诈人有欺诈故意,受欺诈人有因欺诈而陷于错误的意思表示,以及欺诈违反法律、违反诚实信用原则。

胁迫是指对方当事人表示施加危害,使受危害人发生恐惧,并且有基于此种恐惧的一定意思表示。其构成要件是:存在胁迫行为,胁迫人有胁迫的故意,受胁迫人有因胁迫而发生恐惧而为的意思表示,胁迫人所表示要施加危害属于违法或不当行为。

乘人之危是指当一方当事人处于紧急危难的境地,另一方故意提出严重侵犯对方利益的苛刻条件,对方迫于无奈而只能违背自己的真实意思。

《合同法》规定,具有撤销权的当事人主张变更的,合同不得撤销。

有下列情形之一的,撤销权消灭:

(1)具有撤销权的当事人自知道或者应当知道撤销事由之日起一年内没有行使撤销权;

(2)具有撤销权的当事人知道撤销事由后明确表示或者以自己的行为放弃撤销权。

五、无效合同和被撤销合同的法律后果

(一)自始没有法律约束力与部分无效

无效的合同或者被撤销的合同自始没有法律约束力。合同部分无效,不影响其他部分效力的,其他部分仍然有效。换言之,无效合同自成立时起就是无效的,从来没有发生过法律效力,而不是从其被确认无效之日起没有约束力;被撤销的合同自其被撤销之日起,追溯至其成立时起无效。因此,合同被确认无效或者被撤销的最终结果是一致的。

合同的内容往往是由多个部分组成的,各个条款在合同中的地位和作用并不相同。如果有些条款违法而另一些条款并不违法,违法条款对合同效力的影响就要看其在合同中的地位以及各合同条款之间的关系。如果违法条款不影响其他条款的效力的,其他条款仍然有效;如果影响到其他条款的效力,其他条款也随之无效。

(二)合同无效等不影响解决争议条款的效力

合同无效、被撤销或者终止的,不影响合同中独立存在的有关解决争议方法的条款的效力。合同无效、被撤销或者终止的,都属于合同实体内容的确认或者变化,这种确认或者变化往往会在当事人之间产生争议。当事人对解决争议方法的条款的约定不属于实体权利义务的内容本身,而属于解决争议的程序问题。无论这些条款的性质是否便于当事人争议的处理,都决定了其本身的独立性,即合同无效、被撤销或者终止的,不影响合同中独立存在的有关解决争议方法的条款的效力。

(三)财产返还和赔偿损失

合同无效或者被撤销后,因该合同取得的财产,应当予以返还;不能返还或者没有必要返还的,应当折价补偿。有过错的一方应当赔偿对方因此所受到的损失,双方都有过错的,应当各自承担相应的责任。

(四)收归国有和返还集体、第三人问题

当事人恶意串通,损害国家、集体或者第三人利益的,因此取得的财产应当收归国家所有或者返还集体、第三人。对于因当事人恶意串通,损害国家、集体或者第三人利益而确认无效的合同,其依据该合同并通过恶意串通所取得的财产,应当按其损害对象为国家、集体还是第三人的不同,分别收归国家所有或者返还集体、第三人,即损害国家利益所取得的财产收归国有,损害集体、第三人所取得的利益分别返还集体、第三人,决不能使恶意串通的当事人因该行为而获得好处。

第四节 合同的履行

合同的履行,是指合同生效后,双方当事人按照约定全面履行自己的义务,从而使双方当事人的合同目的得以实现的行为。履行合同才是实现订立合同的目的,它关系到当事人的利益。合同的履行是合同法律效力的主要内容和集中体现,双方当事人正确履行合同的结果,是使双方的权利得以实现,合同关系归于消灭。

一、合同履行的原则

依法成立并生效的合同,当事人应按照合同的约定履行各自的义务。当事人履行合同应遵循下列原则。

(一)全面履行原则

全面履行原则是指合同当事人必须按照合同的规定全面履行各自的义务。具体讲就是必须按合同规定的标的的数量、品种、质量、交货地点、期限交付物品,并及时支付相应价金。这一原则的意义在于约束当事人信守诺言,讲究信用,全面按合同的规定履行权利义务,以保证当事人双方的合同利益。

(二)实际履行原则

实际履行原则,是指要求合同当事人按照合同的标的履行,不能任意用其他标的代替合同的标的或任意以承担违约责任的形式代替合同规定的标的履行。

实际履行作为一项原则,双方当事人必须严格遵守,但遇到下列情况时允许以货币、其他物品、劳务行为代替履行,或者按照变更原则处理。

(1)由于不可抗力发生致使合同无法实际履行。

(2)以特定物为标的的合同实物已经丧失,实际履行已不可能。

(3)由于一方违约,使合同履行成为不必要。

(三)诚实信用原则

诚实信用原则要求合同当事人在合同订立和合同履行的过程中,遵守合同的约定,本着诚实信用、实事求是的精神履行合同义务,不搞欺诈行为和不乘人之危侵害对方当事人利益;诚实信用原则要求合同当事人应按照合同约定的真实意思表示解释和理解合同条款;合同当事人应遵循诚实信用的原则,根据合同的性质、目的和交易习惯履行通知、协助、保密等义务。

1. 通知义务

通知义务是指合同的双方当事人负有将与合同有关的事项通知给对方当事人的义务。通知义务包括订立合同时的通知义务和履行合同过程中的通知义务。订立合同中通知义务如:将与合同的成立有关的事项通知对方当事人、通知对方当事人订立合同中所发生一切变化事情、承诺迟到的通知、法律政策的变更通知等。履行合同过程中的通知义务如:有关履行标的物到达对方的时间、地点、交货方式的通知,合同提存的有关事项的通知,不可抗力事件发生的通知等。

2. 协助义务

协助义务是指双方当事人在履行合同的过程中应当互相给予对方必要的和能够的协作与帮助的义务。合同的履行并不是债务人一方的事情,往往需要对方当事人的协助。所以合同双方当事人应当在履行时给予对方必要的协助。

3. 保密义务

保密义务是指合同双方当事人负有的为对方的秘密进行保守不为外人知道的义务。合同双方当事人都应当负有为对方保密的义务。如果因为未能为对方当事人保守秘密,使外人知道对方的秘密,给对方造成损害的,应当对此承担责任。保密义务不仅在合同履行过程中存在,而且在合同的订立过程中及合同终止后的一定时期内,也是存在的。

4. 防止损失扩大的义务

《合同法》规定,当事人一方违约后,对方可以采取适当措施防止损失的扩大而没有采取适当措施的,不得就扩大的损失要求赔偿。当事人因防止损失扩大支出的费用由违约方承担。

二、合同条款约定不明确的合同的履行

《合同法》规定,合同生效后,当事人就质量、价款或者报酬、履行地点等内容没有约

定或者约定不明确的，可以协议补充；不能达成补充协议的，按照合同有关条款或者交易习惯确定。依照上述规定仍不能确定时，依照《合同法》下列规定执行：

(1)质量要求不明确的，按照国家标准、行业标准履行；没有国家标准、行业标准的，按照通常标准或者符合合同目的的特定标准履行。

(2)价款或者报酬不明确的，按照订立合同时履行地的市场价格履行；依法应当执行政府定价或者政府指导价的，按照规定履行。

(3)履行地点不明确，给付货币的，在接受货币一方所在地履行；交付不动产的，在不动产所在地履行；其他标的，在履行义务一方所在地履行。

(4)履行期限不明确的，债务人可以随时履行，债权人也可以随时要求履行，但应当给对方必要的准备时间。

(5)履行方式不明确的，按照有利于实现合同目的的方式履行。

(6)履行费用的负担不明确的，由履行义务一方负担。

三、合同履行的抗辩权、拒绝权、代位权和撤销权

(一)抗辩权

抗辩权又称异议权，是指对抗请求权或者否认他人权利主张的权利。抗辩权的作用是使对方的权利受到阻碍或者消灭。抗辩权主要包括同时履行抗辩权、后履行抗辩权和不安抗辩权。

1. 同时履行抗辩权

《合同法》规定：当事人互负债务，没有先后履行顺序的，应当同时履行。一方在对方履行之前有权拒绝其履行请求。一方在对方履行债务不符合约定时，有权拒绝其相应的履行请求。

2. 后履行抗辩权

《合同法》规定，当事人互负债务，有先后履行顺序的，先履行一方未履行之前，后履行一方有权拒绝其履行请求，先履行一方履行债务不符合约定的，后履行一方有权拒绝其相应的履行请求。

3. 不安抗辩权

不安抗辩权，是指双务合同的当事人，一方负有先行履行合同的义务的，在合同订立之后，履行之前，有充分的证据证明后履行一方有未来不履行或者无力履行合同时，先履行义务人可以暂时中止履行，通知对方当事人在合理的期限内提供适当担保；如果对方在合理的期限内提供了适当的担保的，中止履行的一方应当恢复履行；如果对方当事人未能在合理的期限内提供适当的担保，中止履行的一方可以解除合同。

不安抗辩权的适用必须具有法定事由和确切证据。《合同法》规定，应当先履行债务的当事人，有确切证据证明对方有下列情形之一的可以中止履行：①经营状况严重恶化；②转移财产、抽逃资金，以逃避债务；③丧失商业信誉；④有丧失或者可能丧失履行债务能力的其他情形。当事人没有确切证据中止履行的，应当承担违约责任。

（二）拒绝权

拒绝权是债权人对债务人未履行合同的拒绝接受的权力，拒绝权包括提前履行拒绝权和部分履行拒绝权。

按照合同约定的期限履行债务是当事人的义务，提前或者逾期履行都构成违约。债权人接受债务人履行期限的约定往往有其自身的考虑，如果债务人随意提前履行，通常会给其带来不必要的损失或者负担，因此可以拒绝提前履行。但是，根据诚实信用原则，提前履行并不损害债权人的利益的，债权人应当为债务人提供必要的方便，此时应当接受履行，不应以提前履行为由拒绝接受。因债务人的提前履行给债权人增加费用的，债务人应当予以负担。

合同约定全部履行而进行部分履行的，也是对约定的违约，债权人可以拒绝。但是，根据诚实信用原则，部分履行不损害债权人利益的，债权人应当接受，不应该拒绝。如果债务人的部分履行给债权人增加费用的，该费用由债务人承担。

（三）债权人的代位权

1. 代位权的概念

《合同法》规定，因债务人怠于行使其到期债权对债权人造成损害的，债权人可以请求人民法院以自己的名义代位行使债务人的债权，除了该债权是专属于债务人自身的。代位权的行使范围以债权人的债权为限。债权人行使代位权的必要费用，由债务人承担。代位权属于债权的一种保全制度，其目的在于赋予债权人防止债务人财产减少的权利，保障债务人具有偿债的财产。

代位权具有下列特点：

（1）代位权是为自己的目的居于他人之位代他人行使权利的权利。按照债权的相对性效力，债权债务关系只能拘束债权人和债务人，债权人只能向债务人主张债权，不能对债务人以外的第三人主张债权，而赋予债权人代位权，即赋予了债权人对债务人的债务人主张权利的权利。

（2）代位权是一种法定的权利。代位权是由法律直接规定的权利，不需要当事人特别约定。只要债权产生，债权人就享有代位权，该权利随着债权的转让而转让，随着债权的消灭而消灭。

（3）代位权是债权人以自己的名义行使债权人的权利。代位权是债权人所享有的权利，因而与代理人的代理权不同，代理人必须以被代理人的名义行使代理权。

（4）代位权的行使是出于债务人怠于行使债权的事实。所谓债权人怠于行使债权，是指债务人在债权的行使上有懈怠行为，或者说应当并且能够行使债权而不去积极行使债权。所谓“应当行使”，是指债务人既然欠有债务，就应该积极清偿债务，而有债权不去追索，就是懈怠；所谓“能够行使”，是指债务人完全具有行使债权的条件，没有无法克服的行使障碍。如果债务人已经向其债务人主张权利或者已向法院提起了诉讼，只是由于债务人的原因而尚未实现权利，则不属于怠于行使权利。

（5）债务人对权利的怠于行使损害了债权人债权的实现。债务人怠于行使债权，致使债务人没有偿还债务的能力，构成了对债权人利益的损害。当然，对此不应该过于严苛,应从有利于保护债权人利益的角度进行解释。

(6)代位权的行使范围以债权人的债权为限。就是说,代位权行使的范围以达到保全债权的程度为必要。

2. 代位权的效力

1)对债务人的效力

债权人行使代位权的效果直接归属于债务人。如债务人仍怠于受领,债权人可代为受领,但债务人仍有权请求债权人交付所受领的财产。债务人的某项权利被债权人代位行使后,债务人对该权利一般不能再作处分。

2)对债权人的效力

债权人对因行使代位权所用的必要费用,有权请求债务人予以返还。债权人在债务人怠于受领时虽得代位受领,但受领的财产利益不得专供清偿自己的债权,也不得擅自抵消自己与债务人的债务。

3)对第三人的效力

凡第三人对抗债务人的一切抗辩权,均可用以对抗债权人,而第三人对于债权人的抗辩权,则不得在债权人行使代位权时对抗债权人。

(四)债权人的撤销权

1. 撤销权的概念

撤销权是指债务人放弃其到期债权、无偿转让财产或者以明显不合理的低价转让财产,对债权人造成损害的,债权人可以请求人民法院撤销债务人的行为的权利。

撤销权的行使,应由债权人以自己的名义,并采取提起诉讼的形式。撤销权的行使范围以债权人的债权为限。债权人行使撤销权的必要费用,由债务人负担。

2. 债权人撤销权的效力

1)撤销权的行使对债务人的效力

债务人的行为一旦被撤销,则该行为自始无效。债务人与第三人订立的合同,因撤销而失去法律效力,未履行的,债务人不再履行该合同。已经履行的,则双方应当互负返还责任。

2)债权人的撤销权的行使对第三人的效力

在债务人无偿地处分其财产时,第三人因而受益的,在债权人行使撤销权后,第三人应当负有向债务人返还财产和所取得的利益的责任。如果原有的财产不能返还的则应当给予相应的赔偿。

在债务人处分其财产的行为是有偿的,但是明显低于实际价值,如果第三人知道债务人的行为会给债权人的债权造成危害的,债权人可以行使撤销权,撤销权一经行使,该行为即失去法律效力,第三人和债务人互负返还财产的责任。

3)债权人行使撤销权对债权人的效力

撤销权一经行使,则使债务人处分其财产的行为归于无效。就此第三人返还的财产或者赔偿金,债权人当然有权到时要求债务人清偿其债权。但返还的财产的所有权仍是债务人的,而不是自动成为对债权人的债务履行,且无优先受偿权。

4)对于其他债权人的效力

撤销权取得的财产返还或损害赔偿,归属于全体一般债权人的共同担保,得按债权数额比例平等受偿,而不只是对行使撤销权的债权人提供担保。

3. 撤销权的消灭

债权人的撤销权的行使并不是无限期的。《合同法》规定,撤销权自债权人知道或者应当知道撤销事由之日起一年内行使。自债务人的行为发生之日起五年内没有行使撤销权的,该撤销权消灭。

四、当事人分立、合并后的合同履行

(一)当事人分立后的合同履行

分立是指非自然人的民事主体,包括法人和非法人组织,在合同成立并生效后,由原有的主体分为两个以上的民事主体。合同的当事人发生分立的,分立后的当事人之间对原合同享有连带债权、承担连带债务,即各分立后的法人或者其他组织,对合同的另一方当事人承担连带责任,其中一个法人或者其他组织负有对合同的所有债务进行清偿的义务,也享有要求合同的另一方当事人对其履行全部合同债务的权利。但是分立后的当事人约定各自的债权比例,并且通知债务人的,则他们之间为按约定比例享有债权。

(二)当事人合并后的合同履行

合并是指法人或其他组织,在合同成立并生效后,与其他的法人或组织合并成一个法人或组织。凡发生合并的,由合并后的法人或其他组织享有合同的债权、承担合同的义务。

第五节 合同的变更、转让和终止

一、合同变更

合同依法成立,对合同当事人均具有法律约束力,任何一方不得擅自变更。但是,合同当事人依据主客观情况的需要,可依法变更合同。《合同法》规定,当事人协商一致,可以变更合同;法律、行政法规规定变更合同应当办理批准、登记等手续的,依照其规定。

(一)合同变更的特征

(1)合同的变更是通过协议达成的;

(2)合同的变更也可以依据法律的规定产生;

(3)合同的变更是合同内容的局部变更,是对合同内容作某些修改和补充,而不是合同内容的全部变更;

(4)合同的变更会变更原有权利义务关系,产生新的权利义务关系。

(二)合同变更须具备的条件

(1)合同关系原已存在;

(2)合同内容发生变化;

(3)合同的变更必须依当事人协议或法律的规定;

(4)合同的变更必须遵守法律规定的方式。

合同法为了规范合同行为,减少合同纠纷,保护合同当事人合法利益,不但对订立合同规定了一定的方式,而且对变更合同也规定了一定方式。合同的变更必须遵守这些法定方式。法律规定需要采用书面形式订立合同的,当事人协议变更合同也应采取书面形式;法律、行政法规规定变更合同应当办理批准、登记等手续的,当事人应当依法办理有关的审批、登记手续,只有遵守了这些法律规定的方式,合同的变更才发生法律效力。

《合同法》第78条规定:"当事人对合同变更的内容约定不明确的,推定为未变更。"本条是关于合同变更约定不明确的推定的规定。

(三)合同变更的法律效力

合同变更的法律效力应当包括以下方面:

(1)变更后的合同部分,原有的合同内容失去效力,当事人应按照变更后的合同内容履行;

(2)合同的变更只对合同未履行的部分有效,不对合同已经履行的内容发生效力;

(3)合同的变更不影响当事人请求损害赔偿的权利。

二、合同的转让

(一)合同转让概述

合同转让是指合同当事人一方依法将其合同的权利和(或)义务全部或部分地转让给第三人。合同转让包括合同权利的转让、合同义务的转让、合同权利和义务的一并转让。

合同转让的主要特征是:①合同的转让以有效合同的存在为前提;②合同的转让是合同主体改变;③合同的转让不改变原合同的权利义务内容;④合同的转让既涉及转让人(合同一方当事人)与受让人(第三人)的关系,也涉及原合同双方当事人的关系。

合同的转让需要具备以下条件:①必须有有效成立的合同存在;②必须有转让人(合同当事人)与受让人(第三人)协商一致的转让行为;③必须经债权人同意或通知债务人;④合同权利的转让必须是转让依法能够转让的权利;⑤合同转让必须依法办理审批登记手续。

(二)合同权利的转让

合同权利转让,是指合同债权人通过协议将其债权全部或部分地转让给第三人。合同权利转让具有以下特点:①合同权利转让的主体是债权人与第三人;②合同权利转让的标的是合同债权;③合同权利转让的效力是第三人成为合同当事人,享受合同债权,合同权利的转让可以是全部合同权利的转让,也可以是部分合同权利的转让。

不得转让合同权利包括:①根据合同的性质不得转让的合同权利;②按照当事人的约定不得转让的合同权利;③依照法律规定不得转让的合同权利。

债权人转让权利的,应当通知债务人。未经通知,该转让对债务人不发生效力。债权人转让权利的通知不得撤销,但经受让人同意的除外。

债权人转让权利的,受让人取得与债权有关的从权利,但该从权利专属于债权人自身的除外。债务人接到债权转让通知后,债务人对让与人的抗辩,可以向受让人主张。

(三)合同义务的转让

合同义务转让,又称合同义务的转移,是指债务人将合同的义务全部或者部分转移给第三人。债务人将合同的义务全部或者部分转移给第三人的,应当经债权人同意。合同义务转让也是合同内容不变而合同主体的变更。

合同义务转让可分为全部转让和部分转让。全部转让是指第三人受让债务人的全部债务,第三人取代债务人的地位而成为合同的债务人;部分转让是指第三人受让债务人的部分债务,原债务人仍然承担债务,但其中的部分债务已转让给第三人即新债务人。

合同义务转让的特殊效力:①债务人的抗辩权随债务的转让而转让;②从债务随主债务的转让而转让。从债务随主债务的转让而转让,是从随主原则的一种体现。

(四)合同权利义务的一并转让

合同权利义务的一并转让,是指合同当事人一方将其权利义务一并转移给第三人,而第三人一并接受其转让的权利义务,又称为概括转让。合同权利义务的一并转让既可以根据当事人之间的合同而发生,又可以根据法律规定而发生。

协议性的合同权利义务一并转让是通过合同一方与第三人达成协议的方式进行的转让。此种协议需要经过合同对方的同意,即仅转让方与第三人的转让协议还不能生效,还必须由合同相对人同意的意思表示作为补充。概括转让生效后,受让人一并地受让转让人的地位。

法定的权利义务一并转让。《合同法》第 90 条规定:“当事人订立合同后合并的,由合并后的法人或者其他组织行使合同权利,履行合同义务。当事人订立合同后分立的,除债权人和债务人另有约定的以外,由分立的法人或者其他组织对合同的权利和义务享有连带债权,承担连带责任。”本条是关于当事人合并和分立后的权利义务一并继受的规定,可以简称为法定的一并转让。

三、合同的权利义务终止

合同的终止即合同权利义务的终止。合同终止后,从权利或者从债务也随之消灭,如抵押权、质权等担保方面的从属于主债权的权利,随主债权的消灭而消灭。

《合同法》规定有下列情形之一的,合同的权利义务终止。

(一)债务已经按照约定履行

合同所规定的权利义务履约完毕,合同的权利义务自然终止,这是合同的权利义务终止的正常状态。

(二)合同解除

合同解除是指在合同有效成立后,在一定的条件下通过当事人的单方行为或者双方协议终止合同效力的行为。合同的解除是合同终止的事由之一,具有下列特点:①合同的解除是对有效合同的解除;②合同的解除必须具有解除的事由;③合同的解除必须通过解除行为而实现;④合同的解除产生终止合同的效力并溯及地消灭合同。

合同的解除具有协议解除和单方解除两种基本方式。

一是协议解除。合同的协议解除是指当事人通过协议解除合同的方式。《合同法》第 93 条规定:“当事人协商一致,可以解除合同。当事人可以约定一方解除合同的条件。

解除合同的条件成就时，解除权人可以解除合同。”经当事人协商一致解除合同的，当然属于协议解除，而在约定的解除条件成就时的解除，也是以合同对解除权的约定为基础的，可以看做一种特殊的协议解除。在附条件的合同中对附解除条件的合同及其效力进行了解释，对附解除条件的合同而言，解除条件成就时合同即告解除。

二是单方解除。合同的单方解除(也可称法定解除)，是指在具备法定事由时合同一方当事人通过行使解除权就可以终止合同效力的解除。《合同法》规定有下列情形之一的，当事人可以解除合同：①因不可抗力致使不能实现合同目的；②在履行期限届满之前，当事人一方明确表示或者以自己的行为表明不履行主要债务；③当事人一方迟延履行主要债务，经催告后在合理期限内仍未履行；④当事人一方迟延履行债务或者有其他违约行为致使不能实现合同目的；⑤法律规定的其他情形。

合同解除后所产生的法律后果为：合同解除后，尚未履行的，终止履行；已经履行的，根据履行情况和合同性质，当事人可以请求恢复原状，或者采取其他补救措施，并有权要求赔偿损失。

(三)债务相互抵消

抵消是指当事人互负到期债务时，各以其债权充抵对方的债权，而使其债务与对方的债务在对等额内相互消灭。抵销既消灭了互负的债务，也消灭了互享的债权，因此抵消是合同之债消灭的原因。

抵消必须具备以下条件：①双方当事人互负债务、互享债权；②双方互负债务的标的种类、品质相同；③双方互负的债务均届清偿期；④双方互负债务均不是不得抵消的债务。

(四)债务人依法将标的物提存

提存是在因债权人的原因而难以交付合同标的物时，将该标的物提交给提存机关而消灭合同的行为。债务人将标的物依法提存后，即发生债务消灭、合同关系消灭的后果。因此，提存是合同消灭的原因。

在下列情况下债务人可以将标的物提存：①债权人无正当理由拒绝受领；②债权人下落不明；③债权人死亡而未确定继承人；④债权人丧失行为能力而未确定监护人；⑤法律规定的其他情形。

标的物不适于提存或者提存费用过高的，债务人依法可以拍卖或者变卖标的物，提存所得的价款。标的物提存后，毁损、灭失的风险由债权人承担。提存期间，标的物的孳息归债权人所有。提存费用由债权人负担。

(五)债权人免除债务

免除是指债权人抛弃债权从而发生债务消灭的单方行为。因债权人抛弃债权，债务人的债务得以免除，合同关系归于消灭，因而免除是合同终止的一种方法。

(六)债权债务同归于一人

债权和债务同归于一人的，合同的权利义务终止，但涉及第三人利益的除外。

(七)法律规定或者当事人约定终止的其他情形

合同的权利义务因法律规定或者当事人约定而终止，如一方当事人为公民的债，该公民死亡，又无继承人及遗产，则合同终止。双方当事人协商一致也可以使合同的权利义务终止。

第六节　合同的违约责任

一、违约责任的概念及其法律特征

《合同法》规定：当事人一方不履行合同义务或者履行合同义务不符合约定的，应当承担继续履行、采取补救措施或者赔偿损失等违约责任。

违约责任具有以下法律特征：

(1)违约责任是当事人一方不履行合同债务或其履行不符合合同约定或法律规定时所产生的民事责任。

(2)违约责任原则上是不履行合同债务或其履行不符合约定或法律规定的一方当事人向另一方当事人承担的民事责任。

(3)违约责任可以由当事人在法律允许的范围内约定。

(4)违约责任是财产责任而非人身关系。

二、构成违约责任应具备的条件

构成违约责任应具备以下几个条件：

(1)违约一方当事人必须有不履行合同义务或者履行合同义务不符合约定的行为，这是构成违约责任的客观要件。

(2)违约一方当事人主观上有过错，这也是违约责任的主观要件。

(3)违约一方当事人的违约行为造成了损害事实。

(4)违约行为和损害结果之间存在着因果关系。

三、承担违约责任形式

(一)继续履行

继续履行是指合同当事人一方不履行合同义务或者履行合同义务不符合约定条件时，对方当事人为维护自身利益并实现其合同目的，要求违约方继续按照合同的约定履行义务。请求违约方继续履行合同是承担违约责任的基本方式之一，但有下列情形之一的除外：

(1)法律上或者事实上不能履行；

(2)债务的标的不适于强制履行或者强制履行费用过高；

(3)债权人在合理期限内未请求履行。

(二)采取补救措施

从广义上讲，继续履行、赔偿损失等违约责任都属于补救措施，或者说都是对违约行为的补救。此外，《合同法》还规定了下列违约补救措施：

(1)合同生效后，当事人就质量、价款或者报酬、履行地点等内容没有约定或者约定不明确的，可以协议补充；不能达成补充协议的，按照合同有关条款或者交易习惯确定。

(2)质量不符合约定的，应当按照当事人的约定承担违约责任。对违约责任没有约定或者约定不明确，不能达成补充协议或按照合同有关条款或者交易习惯仍不能确定时，受损害方根据标的的性质以及损失的大小，可以合理选择请求修理、更换、重做、退货、减少价款或者报酬等违约责任。

(三)赔偿损失

赔偿损失是指违约方以支付金钱的方式弥补受害方因违约方的违约行为所减少的财产或者所丧失的利益。赔偿就是以金钱方式弥补损失，而损失则是财产的减少或者利益的丧失。

合同依法成立后，债务人必须按照合同的约定全面地、适当地履行其合同规定义务，以使债权人的合同债权得到完全实现。合同的履行是依法成立的合同所必然发生的法律效果，当事人一方不履行合同或者履行合同义务不符合约定的，应承担不履行或不适当履行合同的违约责任。合同当事人一方违约，对方有权要求其继续履行或采取补救措施；违约一方在履行义务或采取补救措施后，对方还有其他损失的，违约方还应当进行赔偿。《合同法》第 112 条规定："当事人一方不履行合同义务或者履行合同义务不符合约定的，在履行义务或者采取补救措施后，对方还有其他损失的，应当赔偿损失。"

1. 损失赔偿的确定原则

按照合同法规定，确定赔偿损失时，应遵循下列三个原则。

1) 可预见性原则

《合同法》规定：当事人一方不履行合同义务或者履行合同义务不符合约定，给对方造成损失的，损失赔偿额应当相当于因违约所造成的损失，包括合同履行后可以获得的利益，但不超过违反合同一方订立合同时预见到或者应当预见到的因违反合同可能造成的损失。

2) 过错相抵原则

过错相抵原则是指在受害人对损失的发生或扩大也有过错时，可以减轻或免除违约方赔偿责任的原则。《合同法》第 120 条规定："当事人双方都违反合同的，应当各自承担相应的责任。"

3) 减轻损失原则

减轻损失原则是指受害人不得就其本可以采取合理措施予以避免的损失获得赔偿。《合同法》第 119 条规定："当事人一方违约后，对方应当采取适当措施防止损失的扩大；没有采取适当措施致使损失扩大的，不得就扩大的损失要求赔偿。"

2. 损失赔偿的确定方式

损失赔偿的确定方式，是指按照什么方式确定损害赔偿的数额或者范围。《合同法》第 114 条规定："当事人可以约定一方违约时应当根据违约情况向对方支付一定数额的违约金，也可以约定因违约产生的损失赔偿额的计算方法。""约定的违约金低于造成的损失的，当事人可以请求人民法院或者仲裁机构予以增加；约定的违约金过分高于造成的损失的，当事人可以请求人民法院或者仲裁机构予以适当减少。"

1) 损失赔偿计算方法

在合同中，当事人可以根据违约的不同情形，约定违约的损失赔偿计算公式。计算公式应概念清楚，基础参数易于确定。

2)违约金

违约金是指当事人在合同中约定的或法律所规定的,一方违约时应支付给对方的一定数量的货币。违约金可分为以下两种:

第一,法定违约金。法定违约金是指由法律直接规定违约金的数额、固定比率;或者由法律直接规定违约金的比例幅度,具体比率由当事人在此幅度内商定。法定违约金是法律预先规定的,不得因当事人协商而改变,也不管当事人是否把法定违约金条款写进合同,违约方都应支付违约金。

第二,约定违约金。约定违约金是指数额和支付条件都是由当事人双方约定的违约金。从我国现行法律规定来看,约定违约金主要有两种情况:①法律、法规对违约金未作具体规定,完全允许当事人约定的违约金。②法律、法规虽规定了违约金的数额、比率或幅度,但是又允许当事人自行协商,或规定当事人的约定优于法定的违约金。我国《合同法》规定的违约金为赔偿性违约金,即约定的违约金低于造成的损失的,当事人可以请求人民法院或者仲裁机构予以增加;约定的违约金过分高于造成的损失的,当事人可以请求人民法院或者仲裁机构予以适当减少。

3)定金

定金是指当事人为了确保合同的履行,依照法律规定或当事人的约定,由一方当事人在合同履行之前,按照合同标的额的一定比例,预先付给对方当事人的金钱或其他代替物。

《合同法》第115条规定,当事人可以依照《担保法》约定一方向对方给付定金作为债权的担保。债务人履行债务后,定金应当抵作价款或者收回;给付定金的一方不履行约定的债务的,无权要求返还定金;收受定金的一方不履行约定的债务的,应当双倍返还定金。

4)混合违约金

当事人既约定违约金,又约定定金的,称为混合违约金。合同约定混合违约金,当一方违约时,对方可以选择适用违约金或者定金条款。

四、承担违约责任的其他规定

(一)因不可抗力不能履行合同的责任问题

不可抗力是指人们不能预见、不能避免、不能克服的客观情况。不可抗力作为人力所不可抗拒的力量,包括自然现象和社会现象两种。自然现象包括地震、台风、洪水、海啸等,社会现象包括战争、海盗、罢工等。

因不可抗力不能履行合同的,根据不可抗力的影响,部分或者全部免除责任,但法律另有规定的除外。当事人迟延履行后发生不可抗力的,不能免除责任。

当事人一方因不可抗力不能履行合同的,应当及时通知对方,以减轻可能给对方造成的损失,并应当在合理期限内提供证明。

(二)当事人双方都违反合同的责任问题

合同当事人双方违约是指合同的双方当事人都有违约行为。《合同法》第120条规定,当事人双方都违反合同的,应当各自承担相应责任。

（三）第三人原因的违约责任的问题

第三人原因的违约责任，是指合同的一方当事人与第三人有特定的关系，由于第三人的原因，使一方当事人未能按照合同的约定履行债务时，应当承担的责任。《合同法》第121条明确规定："当事人一方因第三人的原因造成违约的，应当向对方承担违约责任。当事人一方和第三人之间的纠纷，依照法律规定或者按照约定解决。"第三人原因违约责任的构成要件为：①合同的一方的违约是第三人的原因造成的；②合同的一方构成违约。

（四）加害给付责任问题

因当事人一方的违约行为，侵害对方人身、财产权益的，受损害方有权选择依照合同法要求其承担违约责任或者依照其他法律要求其承担侵权责任。

加害给付是指因债务人的履行行为造成债权人的履行利益以外的权利损害的情况。加害给付责任是就因为债务人的加害给付，对债权人承担的赔偿责任。

第七节　合同争议的解决方式

合同争议也称合同纠纷，是指合同当事人之间基于合同而产生的权利、义务的分歧。合同在履行过程中由于种种原因（包括对合同条款理解、合同文件本身的文字、合同当事人对履行合同的预期后果等），使合同当事人之间对享有权利和承担义务而产生分歧，是不可能完全避免的，重要的是合同出现争议后，当事人应积极寻求解决办法，及时解决合同纠纷，尽量减少损失。

建设工程合同纠纷是指该合同的当事人对合同履行的情况所产生的争议。解决建设工程合同纠纷的方式有四种，即和解、调解、仲裁或诉讼。当合同当事人之间有争议时，当事人可以通过和解或者调解解决合同争议。当事人不愿和解、调解或者和解、调解不成的，可以根据仲裁协议向仲裁机构申请仲裁。涉外合同的当事人可以根据仲裁协议向中国仲裁机构或者其他仲裁机构申请仲裁。当事人没有订立仲裁协议或者仲裁协议无效的，可以向人民法院起诉。当事人应当履行发生法律效力的判决、仲裁裁决、调解书；拒不履行的，对方可以请求人民法院执行。

一、和解、调解

（一）合同争议和解解决

所谓和解，是指合同的当事人在履行合同的过程中，对所产生的合同纠纷，由当事人双方在平等、自愿的基础上，根据法律和事实，友好磋商，分清责任，互相谅解，在彼此都认为可以接受的基础上达成和解协议，从而解决合同争议的一种方法。

这种方式的特点是简便易行，有利于双方的团结和合作，能够及时解决争议，对所达成的协议，也便于执行。其缺点是，双方就解决纠纷所达成的协议不具有强制执行的效力，当事人较易反悔。

友好协商在一般情况下，反映了双方的共同心愿。这样做节省时间，节省费用，气氛友好，有利于双方今后继续发展友好合作关系。在协商时，应坚持维护国家利益、集体利益和当事人合法权益的原则和符合国家法律、法规要求的原则。当事人对合同条款的理解有争议的，应当按照合同所使用的词句、合同的有关条款、合同的目的、交易习惯以及诚实信用原则，确定该条款的真实意思。

合同文本采用两种以上文字订立并约定具有同等效力的，对各文本使用的词句推定具有相同含义。各文本使用的词句不一致的，应当根据合同的目的予以解释。

（二）合同争议调解解决

合同纠纷的调解，是指当事人双方在第三者即调解人的主持下，在查明事实、分清是非、明确责任的基础上，对纠纷双方进行斡旋、劝说，促使他们相互谅解，进行协商，以自愿达成协议，消除纷争的活动。它有三个特征：一是有第三方（国家机关、社会组织、个人等）主持协商，与无人从中主持，完全是当事人双方自行协商的和解不同；二是第三方即调解人只是斡旋、劝说，而不作裁决，与仲裁不同；三是纠纷当事人共同以国家法律、法规为依据，自愿达成协议，消除纷争，不是行使仲裁、司法权力进行强制解决。

实践证明，用调解方式解决纠纷，程序简便，当事人易于接受，解决纠纷迅速及时，不至于久拖不决，从而避免经济损失的扩大。也有利于消除当事人双方之间的隔阂和对立，调整和改善当事人之间的关系，促进了解，加强协作。还由于调解协议是在分清是非、明确责任、当事人双方共同提高认识的基础上自愿达成的，所以可以使纠纷得到比较彻底的解决，协议的内容也比较容易全面履行。

合同纠纷的调解，可以分为社会调解、行政调解、仲裁调解和司法调解。这里的调解主要是社会调解、行政调解。

（1）社会调解。社会调解是指根据当事人的请求，由社会组织或个人主持进行的调解。

（2）行政调解。行政调解是指根据一方或双方当事人申请，当事人双方在其上级机关或业务主管部门主持下，通过说服教育、相互协商，自愿达成协议，从而解决合同纠纷的一种方式。

仲裁调解与司法调解详见本章仲裁与诉讼部分。

无论采用何种调解方法，都应遵守自愿和合法两项原则。

自愿原则具体包括两个方面的内容：一是纠纷的调解必须出于当事人双方自愿。合同纠纷发生后能否进行调解，完全取决于当事人双方的意愿。如果纠纷当事人双方或一方根本不愿用调解方式解决纠纷，就不能进行调解；二是调解协议的达成也必须出于当事人双方的自愿。达成协议，平息纠纷，是进行调解的目的。因此，调解人在调解过程中要竭尽全力，促使当事人双方互谅互让，达成协议。其中包括对当事人双方进行说服教育，耐心疏导，晓之以理、动之以情，还包括向当事人双方提出建议方案等，但是，进行这些工作不能带有强制性。调解人既不能代替当事人达成协议，也不能把自己的意志强加于人。纠纷当事人不论是对协议的全部内容有意见，还是对协议部分内容有意见而坚持不下的协议均不能成立。

合法原则是合同纠纷调解活动的主要原则。国家现行的法律、法规是调解纠纷的唯一依据，当事人双方达成的协议的内容，不得同法律和法规相违背。

调解成功，制作调解书。由双方当事人和参加调解的人员签字盖章。重要纠纷的调解书，要加盖参加调解单位的公章。调解书具有法律效力。但是，社会调解和行政调解达成的调解协议或制作的调解书没有强制执行的法律效力,如果当事人一方或双方反悔,不能申请法院予以强制执行,而只能再通过其他方式解决纠纷;仲裁调解达成的调解协议和制作的调解书,一经作出便立即产生法律效力,一方当事人不履行,对方即可申请人民法院强制执行。法院调解所达成的协议和制作的调解书,也具有与仲裁调解书相同的法律效力,但是其性质是一种司法文书。

二、争议调解组

为了更好地解决合同纠纷,建设工程施工合同的双方当事人可以共同协商成立争议调解组,当发包人和承包人或其中任一方对监理人作出的决定持有异议,又未能在监理人的协调下取得一致意见而形成争议,任一方均可以书面形式提请争议调解组解决。在争议尚未按合同规定获得解决之前,承包人仍应继续按监理人的指示认真施工。

一般情况下,发包人和承包人应在签订协议书后的 84 天内,按合同规定共同协商成立争议调解组,并由双方与争议调解组签订协议。争议调解组由 3(或 5)名有合同管理和工程实践经验的专家组成,专家的聘请方法可由发包人和承包人共同协商确定,亦可请政府主管部门推荐或通过行业合同争议调解机构聘请,并经双方认同。争议调解组成员应与合同双方均无利害关系。争议调解组的各项费用由发包人和承包人平均分担。

争议调解组一般按下列程序进行评审:

(1)合同双方的争议,应首先由主诉方向争议调解组提交一份详细的申诉报告,并附有必要的文件图纸和证明材料,主诉方还应将上述报告的一份副本同时提交给被诉方。

(2)争议的被诉方收到主诉方申诉报告副本后的 28 天内,亦应向争议调解组提交一份申辩报告,并附有必要的文件图纸和证明材料。被诉方亦应将其报告的一份副本同时提交给主诉方。

(3)争议调解组收到双方报告后的 28 天内,邀请双方代表和有关人员举行听证会,向双方调查和质询争议细节;若需要时,争议调解组可要求双方提供进一步的补充材料,并邀请监理人代表参加听证会。

(4)在听证会结束后的 28 天内,争议调解组应在不受任何干扰的情况下,进行独立和公正的评审,提出由全体专家签名的评审意见提交发包人和承包人,并抄送监理人。

(5)若发包人和承包人接受争议调解组的评审意见,则应由监理人按争议调解组的评审意见拟定争议解决议定书,经争议双方签字后作为合同的补充文件,并遵照执行。

(6)若发包人和承包人或其中任一方不接受争议调解组的评审意见,并要求提交仲裁,则任一方均可在收到上述评审意见后的 28 天内将仲裁意向通知另一方,并抄送监理人。若在上述 28 天期限内双方均未提出仲裁意向,则争议调解组的意见为最终决定,双方均应遵照执行。

三、仲裁

(一)仲裁概述

仲裁是指当事人在争议发生前或争议发生后达成仲裁协议,自愿将争议交给仲裁机构作出裁决,双方有义务执行的一种解决争议的方法。

《中华人民共和国仲裁法》(以下简称《仲裁法》)于1994年8月31日通过并于1995年9月1日起施行。

《仲裁法》的立法宗旨是:保证公正、及时地仲裁经济纠纷,保护当事人的合法权益,保障社会主义市场经济健康发展。

根据《仲裁法》的规定,我国《仲裁法》适用范围是"平等主体的公民、法人和其他组织之间发生的合同纠纷和其他财产权益纠纷",但婚姻、收养、监护、扶养、继承纠纷和依法应当由行政机关处理的行政争议不能仲裁;劳动争议和农业集体经济组织内部的农业承包合同纠纷的仲裁,另行规定。这就是说我国《仲裁法》适用范围是经济仲裁。在我国境内履行的建设工程承包合同,双方当事人申请仲裁的,适用《仲裁法》的规定。

仲裁机关不是行政机关,也不是司法机关。因而仲裁机关所作出的仲裁裁决,不是行政调解协议,也不是法院作出的判决或裁定。但仲裁机关系依法成立的专门机构,其仲裁裁决依法具有强制执行的效力,一方当事人不履行的,另一方当事人可以依照民事诉讼法的有关规定向人民法院申请强制执行。

(二)仲裁的原则

根据《仲裁法》的规定,仲裁的原则有以下几个。

1. 协议仲裁原则

《仲裁法》第四条规定:"当事人采用仲裁方式解决纠纷,应当双方自愿,达成仲裁协议。没有仲裁协议,一方申请仲裁的,仲裁委员会不予受理。"

2. 或裁或审原则

《仲裁法》第五条规定:"当事人达成仲裁协议,一方向人民法院起诉的,人民法院不予受理,但仲裁协议无效的除外。"

3. 协议管辖原则

《仲裁法》第六条规定:"仲裁委员会应当由当事人协议选定。仲裁不实行级别管辖和地域管辖。"

4. 独立仲裁原则

《仲裁法》第八条规定:"仲裁依法独立进行,不受行政机关、社会团体和个人的干涉。"

5. 公正、及时原则

《仲裁法》第七条规定:"仲裁应当根据事实,符合法律规定,公平合理地解决纠纷。"在《仲裁法》第一条就提出要"公正、及时地仲裁经济纠纷"。

6. 不公开原则

《仲裁法》第四十条规定:"仲裁不公开进行。"这是因为仲裁多涉及商业信誉,当事人往往不愿公开进行。

7. 一裁终局原则

《仲裁法》第九条规定:"仲裁实行一裁终局的制度。裁决作出后,当事人就同一纠纷再申请仲裁或者向人民法院起诉的,仲裁委员会或者人民法院不予受理。"

8. 法院监督原则

我国《仲裁法》规定,人民法院既对仲裁裁决予以执行,又对仲裁进行必要的监督。

法院监督表现在对不合法的仲裁裁决撤销或强制当事人执行合法的仲裁裁决。

(三)仲裁程序

1.仲裁的申请和受理

当事人申请仲裁,应当向仲裁委员会递交仲裁协议、仲裁申请书及副本。

仲裁委员会收到仲裁申请之日起5日内,认为符合受理条件的,应当受理,并通知当事人;认为不符合受理条件的,应当书面通告当事人不予受理,并说明理由。

仲裁委员会受理仲裁申请后,应当在仲裁规则规定的期限内将仲裁规则和仲裁员名册送达申请人,并将仲裁申请书副本和仲裁规则、仲裁员名册送达被申请人。

被申请人收到仲裁申请书副本后,应当在仲裁规则规定的期限内向仲裁委员会提交答辩书。仲裁委员会收到答辩书后,应当在仲裁规则规定的期限内将答辩书副本送达申请人。

一方当事人因另一方当事人的行为或者其他原因,可能使裁决不能执行或者难以执行的,可以申请财产保全。

2.仲裁庭的组成

合同纠纷由仲裁庭进行仲裁,仲裁庭可以由三名仲裁员或者一名仲裁员组成。当事人约定由三名仲裁员组成仲裁庭的,应当由各自选定或者各自委托仲裁委员会主任指定一名仲裁员,第三名仲裁员由当事人共同选定或者共同委托仲裁委员会主任指定,第三名仲裁员是首席仲裁员。当事人约定由一名仲裁员成立仲裁庭的,仲裁员的选定与上述首席仲裁员的选定方法相同。

3.开庭和裁决

仲裁应当开庭进行。当事人协议不开庭的,仲裁庭要根据仲裁申请书、答辩书以及其他材料作出裁决。

仲裁不公开进行。当事人协议公开的,可以公开进行,但涉及国家秘密的除外。

仲裁委员会应当在仲裁规则规定的期限内将开庭日期通知双方当事人。当事人有正当理由的,可以在仲裁规则规定的期限内请求延期开庭。是否延期,由仲裁庭决定。

申请人经书面通知,无正当理由不到庭或者未经仲裁庭许可中途退庭的,可以视为撤回仲裁申请。被申请人经书面通知,无正当理由不到庭或者未经仲裁庭许可中途退庭的,可以缺席裁决。

当事人申请仲裁后,可以自行和解。达成和解协议的,可以请求仲裁庭根据和解协议作出裁决书,也可以撤回仲裁申请。

当事人达成和解协议,撤回仲裁申请后反悔的,可以根据仲裁协议申请仲裁。

仲裁庭在作出裁决前,可以先行调解。当事人自愿调解的,仲裁庭应当调解。调解不成的,应当及时作出裁决。调解达成协议的,仲裁庭应当制作调解书或者根据协议的结果制作裁决书。调解书与裁决书具有同等法律效力。

调解书经双方当事人签收后,即发生法律效力。在调解书签收前当事人反悔的,仲裁庭应当及时作出裁决。

(四)申请撤销裁决

当事人提出证据证明裁决有下列情形之一的,可以向仲裁委员会所在地的中级人民法院申请撤销裁决：

(1)没有仲裁协议的；

(2)裁决的事项不属于仲裁协议的范围或者仲裁委员会无权仲裁的；

(3)仲裁庭的组成或者仲裁的程序违反法定程序的；

(4)裁决所根据的证据是伪造的；

(5)对方当事人隐瞒了足以影响公正裁决的证据的；

(6)仲裁员在仲裁该案时有索贿受贿、徇私舞弊、枉法裁决行为的。

人民法院经组成合议庭审查核实裁决有前款规定情形之一的，应当裁定撤销。

人民法院认定该裁决违背公共利益的，应当裁定撤销。

当事人申请撤销裁决的，应当自收到裁决书之日起6个月内提出。

(五)执行

当事人应当履行裁决。一方当事人不履行的，另一方当事人可以依照民事诉讼法的有关规定向人民法院申请执行。受申请的人民法院应当执行。一方当事人申请执行裁决，另一方当事人申请撤销裁决的，人民法院应当裁定中止执行。人民法院裁定撤销裁决的，应当裁定终结执行。撤销裁决的申请被裁定驳回的，人民法院应当裁定恢复执行。

四、诉讼

(一)诉讼的概念和特点

诉讼是指当事人对双方之间发生的争议未通过自行协商、调解或仲裁的途径解决，而交由法院作出判决。诉讼所遵循的是司法程序，较之于仲裁有很大的不同。诉讼有如下特点：

(1)人民法院受理案件，任何一方当事人都有权起诉，而无须征得对方当事人同意。

(2)向人民法院提起诉讼，应当遵循地域管辖、级别管辖和专属管辖的原则。

(3)当事人在不违反级别管辖和专属管辖原则的前提下，可以选择管辖法院。当事人协议选择由法院管辖的，仲裁机构不予受理。

(4)人民法院审理案件，实行两审终审制度。当事人对人民法院作出的一审判决、裁定不服的，有权上诉。对生效判决、裁定不服的，尚可向人民法院申请再审。

(二)管辖

人民法院受理民事案件，遵循级别管辖、地域管辖和专属管辖的原则。简言之，级别管辖是人民法院对受理第一审民事案件的分工，即基层人民法院、中级人民法院、高级人民法院和最高人民法院，分别受理自己管辖范围内的第一审民事案件；地域管辖是按行政区域划分的人民法院对第一审案件审判管辖的权限和分工；专属管辖是指根据诉讼标的或案件的其他特殊性质，由法律规定的特定的人民法院管辖。

建设工程合同的履行对象是建设工程，合同的履行地为建设工程项目所在地。因此，因建设工程合同所产生的纠纷，应由建设工程项目所在地有管辖权的人民法院管辖为宜。但如果合同没有实际履行，当事人双方住所地又都不在合同约定的履行地的，应由被告住所地人民法院管辖。

(三)审判程序

1. 第一审普通程序

当事人就建设工程合同纠纷诉至法院,法院受理后,即进入第一审普通程序。根据《民事诉讼法》第108条的规定,起诉必须符合下列条件:

(1)原告是与本案有直接利害关系的公民、法人和其他组织;

(2)有明确的被告;

(3)有具体的诉讼请求和事实、理由;

(4)属于人民法院受理民事诉讼的范围和受诉人民法院管辖。

起诉状应当写明当事人的姓名、住所地等基本情况,并写明诉讼请求和所根据的事实与理由,以及证据和证据来源、证人姓名和住所。起诉状应按被告人数递交副本。

人民法院收到起诉状后,应当进行审查,认为符合起诉条件的,应当在7日内立案,并通知当事人;认为不符合起诉条件的,应当在7日内裁定不予受理。原告对裁定不服的,可以向上一级人民法院提起上诉。

人民法院对于予以受理的起诉,一般应在立案之日起6个月内审结。

2. 第二审程序

当事人不服地方人民法院第一审判决或裁定的,有权在收到判决书之日起15日内或收到裁定书之日起10日内向上一级人民法院提起上诉。上诉人依法办理上诉手续(提交上诉状、预交二审诉讼费)后,诉讼即进入第二审程序。

对于不服判决的上诉案件,法院一般应在第二审立案之日起3个月内审结,对于不服裁定的上诉案件,则应当在第二审立案之日起30日内作出终审裁定。

二审法院所作出的判决、裁定,系发生法律效力的判决、裁定,当事人应当履行。

3. 审判监督程序

审判监督程序也叫再审程序,是指人民法院依法根据本院的管辖范围,对已经发生法律效力的判决、裁定,发现确有错误的,对该案再次进行审理。

有权提起审判监督程序的有:各级人民法院院长及其审判委员会、最高人民法院、上级人民法院以及最高人民检察院和上级人民检察院;当事人在符合法律规定的条件下,也可申请再审。

《民事诉讼法》第179条规定,当事人的申请符合下列情形之一的,人民法院应当再审:

(1)有新的证据,足以推翻原判决、裁定的;

(2)原判决、裁定认定事实的主要证据不足的;

(3)原判决、裁定适用法律确有错误的;

(4)人民法院违反法定程序,可能影响案件公正判决、裁定的;

(5)审判人员在审理该案件时有贪污受贿、徇私舞弊、枉法裁判行为的。

此外,当事人在诉讼期间可以调解结案。对已经发生法律效力的调解书,当事人能提出证据证明调解违反自愿原则或者调解协议的内容违反法律规定的,可以申请再审。人民法院审查属实的,应当再审。

应当注意,当事人申请再审的,应当在判决、裁定发生法律效力后两年内提出。

（四）执行程序

执行程序是指人民法院对已经发生法律效力的判决书、裁定书、调解书，以及依法应由人民法院执行的其他法律文书，按其要求和内容予以实现的规则、方法与步骤。执行程序是民事诉讼的最后阶段，但并不是必经阶段，只有当债务人不履行上述已经发生法律效力的法律文书所确定的义务时，根据申请人（债权人）的申请，人民法院依法受理后，诉讼才历经执行程序。

执行程序是实现债权的重要环节。债权人申请强制执行的，应当注意如下问题：

（1）发生法律效力的民事判决书、裁定书和调解书，由第一审人民法院执行。对生效的仲裁裁决，由被申请执行人住所地或被执行的财产所在地人民法院执行。申请人申请强制执行时，应向上述有管辖权的人民法院提出。

（2）申请执行的期限，双方或一方当事人是公民的为 1 年，双方是法人或者其他组织的为 6 个月。申请执行的期限，从法律文书规定的履行期间的最后一日起计算，法律文书规定分期履行的，从规定的每次履行期间的最后一日起计算。

逾期申请执行的，其债权不受法律保护。

（3）在执行过程中，双方当事人可以自行达成和解协议，但该协议应当以书面形式确立，经双方当事人签名或者盖章后送法院备案。债务人不履行和解协议的，债权人有权申请人民法院恢复对原生效法律文书的执行。

（4）人民法院依法对被申请执行人采取强制措施后，被申请执行人仍不能清偿债务的，应当继续履行债务。申请人发现被执行人有其他财产可供执行的，可随时请求人民法院予以执行，并且该请求不受申请执行期限的限制。

第八章　合同文件和标准合同条件

第一节　合同文件

一、合同的组成

(一)施工合同组成

1. 合同文件的组成

合同文件是指由发包人与承包人签订的为完成合同规定的各项工作所列入合同的全部文件。《水利水电土建工程施工合同条件》规定的施工合同文件主要包括下列内容。

1)合同协议书

合同协议书是指发包人与承包人在协商一致基础上所签订的协议书,协议书也称合同书。《合同法》规定:当事人采用合同书形式订立合同的,自双方当事人签字或者盖章时合同成立。协议书格式如表8-1所示。

2)中标通知书

中标通知书(中标函)是指发包人向承包人授标的通知书。中标通知书应在其正文中包括一个完整的合同文件清单,其中包括被接受的投标书、合同谈判基础上双方达成的协议。如有需要,中标通知书中还应写明合同价格以及有关履约担保和合同协议等问题。中标通知书格式如表8-2所示。

3)投标报价书

投标报价书是指承包人为完成本合同规定的各项工作,向发包人提交并为发包人所接受的报价书,是组成投标书的最重要的文件,常用格式如表8-3所示。在投标报价书中投标人要确认他已阅读了招标文件并理解了招标文件的要求,并申明他为了承担和完成合同规定的全部义务所需的投标金额。这个金额必须与工程量清单中所列的总价相一致。此外,在投标报价书中还应注明投标书保持有效和同意被接受的时间(这一时间应足够用来完成评标、决标和授予合同等工作)。

4)合同条件

合同条件是指由发包人拟定或选定,经发包人和承包人协商一致的确定合同双方权利和义务关系以及风险分配的主要条款,一般均应包括下述主要内容:词语含义、合同文件内容及优先顺序、双方的一般义务和责任、履约担保、监理单位和监理人员、转让和分包、材料和设备、工程进度、工程质量、计量与支付、变更、违约和索赔、争议的解决、风险与保险、完工与保修等。

表 8-1　协议书格式

协议书(格式)

合同名称:________________________

合同编号:________________________

(发包人名称)(以下称发包人)拟修建____________工程,接受了　(承包人名称)　(以下称承包人)的投标,双方达成如下协议,并于____年____月____日签订了本协议书,合同总金额为人民币(大写)______________元。

1. 本协议书中的词语含义与下述第　条所列的专用合同条款和通用合同条款中的词语含义相同。

2. 本合同包括下列文件:(示例)

(1)协议书(包括补充协议);

(2)中标通知书;

(3)投标报价书;

(4)专用合同条款;

(5)通用合同条款;

(6)技术条款;

(7)图纸;

(8)已标价的工程量清单;

(9)经双方确认进入合同的其他文件。

上列文件汇集并代替了本协议书签订前双方为本合同签订的所有协议、会谈记录以及相互承诺的一切文件。

3. 承包人保证按照合同规定全面完成各项承包工作,并承担合同规定的承包人的全部义务和责任。

4. 发包人保证按照合同规定付款并承担合同规定的发包人的全部义务和责任。

5. 本协议书经双方法定代表人或其委托代理人签名并分别盖本单位公章后生效(若需公证或鉴证时尚需办理公证或鉴证手续后生效)。

6. 本合同一式____份。其中正本贰份,双方各执壹份,副本____份,发包人执____份,承包人执____份,其余副本由发包人分送有关单位。

发包人:　(名称)	承包人:　(名称)
(盖单位章)	(盖单位章)
法定代表人:　(名称)	法定代表人:　(名称)
或委托代理人　签名	或委托代理人　签名
地址:	地址:
电话:	电话:
传真:	传真:
邮政编码:	邮政编码:
开户银行:	开户银行:
账号:	账号:

表 8-2　中标通知书格式

中标通知书(格式)

致:__________(中标人全称)__________:

贵单位于_____(投标日期)_____提交了______(招标工程名称)______(合同编号:__________)施工投标文件。经评标委员会评审,我方确定你单位为中标人,中标价为(大写)__________元。

请贵单位收到本通知书后,

1. 在_____个工作日内以书面形式予以确认;

2. 按照招标文件规定办理履约担保事宜;

3. 法定代表人或其授权代表人于____年____月____日前持有效证件及履约担保前来进行合同谈判和签订合同。

招标人(或招标代理人):____(全称)____

(盖章)

法定代表人:__________

(或授权代表人):____(签字)____

通讯地址:__________

邮政编码:__________

电　　话:__________

传　　真:__________

电子信箱:__________

______年____月____日

5)技术条款

技术条款也称技术规范或规范,是指合同中包括的技术条款以及由监理工程师批准的对技术条款的任何修改或补充文件。技术条款应规定:合同的工作范围和技术要求;对承包人提供的材料与工程设备的质量和工艺标准、工程质量标准,必须作出明确的规定;在合同期间由承包人提供的试样和进行试验的细节;计量方法等。

有关技术条款的内容可参见第四章。

6)图纸

图纸是指招标图纸和发包人按合同规定向承包人提供的所有图纸(包括配套说明和有关资料),以及投标图纸和由承包人提交并经监理单位批准的所有图纸(包括配套说明和有关资料)。

列入合同的招标图纸及其补充通知仅作为承包人投标报价和在履行合同过程中衡量变更的依据,不能直接用于施工放样。

列入合同的投标图纸及其补充资料仅作为发包人选择中标人和在履行合同过程中检验承包人是否按其投标内容进行施工的依据,亦不能直接用于施工放样。

表 8-3　投标报价书格式

投标报价书(格式)

合同名称:______________________

合同编号:______________________

(　　　发包人名称　　　):

1. 我方已仔细研究了＿＿＿(招标工程名称)＿＿＿招标文件(包括补充通知)的全部内容并查勘了现场,愿意以人民币(大写)＿＿＿＿＿＿元的投标总报价(分项报价见已标价的工程量清单)按上述招标文件规定的条件和要求承包合同规定的全部工作,并承担相关的责任。

2. 我方提交的投标文件(包括投标报价书、已标价的工程量清单和其他投标文件)在投标截止时间后的＿＿＿＿天内有效,在此期间被你方接受的上述文件对我方一直具有约束力。我方保证在投标文件有效期内不撤回投标文件,除招标文件另有规定外,不修改投标文件。

3. 随同本投标报价书附上投标保函一份,作为我方投标的担保。

4. 若我方中标

(1)我方保证在收到你方的中标通知书后,按招标文件规定的期限及时派代表前去签订合同。

(2)随同本投标报价书提交的投标辅助资料中的任何部分,经你方确认后可作为合同文件的组成部分。

(3)我方保证向你方按时提交招标文件规定的履约担保证件,作为我方的履约担保。

(4)我方保证接到开工通知后尽快调遣人员和调配施工设备、材料进入工地进行施工准备,并保证在合同规定的期限内完成合同规定的全部工作。

5. 我方完全理解你方不保证投标价最低的投标人中标。

投标人:＿＿(名称)＿＿

盖单位章

法定代表人:______________

或委托代理人　签名:

地　址:______________

电　话:______________

传　真:______________

邮政编码:______________

电子信箱:______________

＿＿＿＿年＿＿＿月＿＿＿日

按合同规定由发包人委托监理单位提供给承包人的施工图纸包括建筑物的结构图、体形图和配筋图以及合同规定由发包人负责的细部设计图、浇筑图和加工图等，均应按技术条款中规定的时限和数量提交给承包人。

按合同规定由承包人自行负责的施工图纸，包括部分工程建筑物的结构图、体形图和配筋图，以及承包人按发包人施工图纸绘制的细部设计图、浇筑图和车间加工图等，均应按技术条款中规定的时限提交监理单位审批。由发包人提供或由承包人提交并经监理工程师批准的图纸是直接用于施工放样的图纸。图纸应足够详细，以便投标人在参照了技术条款和工程量清单后，能确定合同所包括的工作性质和范围。

7）工程量清单

工程量清单指已标价的工程量表，它列有按照合同应实施的工作、估算的工程量以及由投标人填写的单价和合价。

有关工程量清单内容可参见第四章。

8）其他文件

其他文件是指双方同意列入合同文件的其他文件。

2. 合同文件的优先顺序

构成合同的各文件，应为一个整体，互为补充，互为说明。但是，由于合同文件内容众多、篇幅庞大，很难避免彼此之间出现解释不清或有异议的情况。因此，合同中应规定合同文件的优先次序，即当不同文件出现模糊或矛盾时，以哪个文件为准。根据《水利水电土建工程施工合同条件》通用条件规定，除合同另有规定外，解释合同文件的优先顺序如下：

（1）协议书（包括协议书备忘录）；

（2）中标通知书；

（3）投标报价书；

（4）专用合同条款；

（5）通用合同条款；

（6）技术条款；

（7）图纸；

（8）已标价的工程量清单；

（9）组成合同的其他文件。

如果发包人的选定不同于上述的优先次序，则可以在专用条款中予以修改说明。

（二）勘察设计合同组成

勘察设计合同是委托方与承包方为完成一定的勘察设计任务，明确相互权利义务关系的协议。为了规范勘察设计合同双方的权利和义务，建设部、国家工商行政管理局在2000年制定了《建设工程勘察合同（示范文本）》和《建设工程设计合同（示范文本）》。《建设工程勘察合同（示范文本）》分为两个版本，一个是为设计提供勘察任务（GF－2000－0203），一个用于岩土工程（GF－2000－0204）。《建设工程设计合同（示范文本）》也分为两个版本，一个适用于民用建筑工程设计（GF－2000－0209），一个适用于专业工程设计（GF－2000－0210）。

1. 勘察合同的主要内容

(1)总述。主要说明建设工程名称、规模、建设地点,委托人和承包人的概况。

(2)委托人的义务。

(3)承包人的义务。勘察单位应按照规定的标准、规范、规程和技术条例进行工程测量、工程地质、水文地质等勘察工作,并按合同规定的进度、质量要求提供勘察成果。

(4)勘察费。勘察工作的取费标准是按照勘察工作的内容决定的。勘察费用一般按实际完成的工作量收取,我国有规定的勘察工作量计算方法。

勘察合同生效后,委托人应向承包人支付为勘察费用总额30%的定金;全部勘察工作结束后,承包人按合同规定向委托人提交勘察报告和图纸;委托人在收取勘察成果资料后规定的期限内,按实际勘察工作量付清勘察费。

属于特殊工程的勘察工作收费办法,原则上按勘察工程总价加收20%~40%的勘察费。特殊工程指自然地质条件复杂、技术要求高,勘察手段超出现行规范,特别重大、紧急,有特殊要求的工程,或特别小的工程等。

(5)违约责任。

①委托人若不履行合同,无权要求返还定金;若承包人不履行合同,应双倍偿还定金。

②如果委托人变更计划,提供不准确的资料,未按合同规定提供勘察设计工作必需的资料或工作条件,或修改设计,造成勘察设计工作的返工、停工、窝工,委托方应按承包人实际消耗的工作量增付费用。因委托人责任而造成重大返工或重新进行勘察设计时,应另增加勘察设计费。

③勘察设计的成果按期、按质、按量交付后,委托方要按期、按量支付勘察设计费。若委托人超过合同规定的日期付费,应偿付逾期违约金。

④因勘察设计质量低劣引起返工,或未按期提出勘察设计文件,拖延工程工期造成委托人损失,应由承包人继续完善勘察,完成设计,并视造成的损失、浪费的大小,减收或免收勘察设计费。

⑤对因勘察设计错误而造成工程重大质量事故,承包人除免收损失部分的勘察设计费外,还应支付与该部分勘察设计费相当的赔偿金。

(6)争议的处理。建设工程勘察设计合同在实施中发生争执,双方应及时协商解决;若协商不成,双方又同属一个部门,可由上级主管部门调解;调解不成或双方不属于同一个部门,可按合同向仲裁委员会申请仲裁,也可直接向人民法院起诉。

(7)其他规定。

①合同的生效和失效日期。通常勘察合同在全部勘察工作验收合格后失效,设计合同在全部设计任务完成后失效。

②勘察设计合同的未尽事宜,需经双方协商,作出补充规定。补充规定与原合同具有同等效力,但不得与原合同内容冲突。

③附件是勘察设计合同的组成部分。

勘察合同的附件包括测量任务和质量要求表、工程地质勘察任务和质量要求表等。

设计合同的附件一般包括委托设计任务书、工程设计取费表、补充协议书等。

2. 设计合同的主要内容

(1)总述。包括建设工程名称、规模、投资额、地点,合同双方的简单介绍等。

(2)委托人的义务。

(3)承包人的义务。

(4)设计的修改和停止。

①设计文件批准后,就具有一定的严肃性,不能任意修改和变更。如果需要修改,必须经有关部门批准,其批准权限视修改的内容所涉及的范围而定。

如果修改的部分属于初步设计的内容(如总平面布置图、工艺流程、设备、面积、建筑标准、定员、概算等),须经设计的原批准单位批准。

如果修改部分属于设计任务书的内容(如建设规模、产品方案、建设地点及主要协作关系等),则须经设计任务书的原批准单位批准。

施工图设计的修改,须经设计单位的同意。

②委托人因故要求修改工程的设计,经承包人同意后,除设计文件的提交时间另定外,委托人还应按承包人实际返工修改的工作量增付设计费。

③原定设计任务书或初步设计如有重大变更而需要重做或修改时,须经设计任务书的批准机关或初步设计批准机关同意,并经双方当事人协商后另订合同。委托人负责支付已经进行了的设计的费用。

④委托人因故要求中途停止设计,应及时书面通知承包人,已付的设计费不退,并按该阶段实际耗用工日,增付和结清设计费,同时结束合同关系。

(5)设计费。设计工作的取费,一般应根据工程种类、建设规模和工程的简繁程度确定,执行我国建设主管部门颁发的工程设计收费标准。

(6)违约责任。违约责任的条款同勘察合同要求。

(7)争议的解决。同勘察合同要求。

(8)其他条款。同勘察合同要求。

2. 合同文件优先次序

构成合同的文件可视为是能互相说明的,如果合同文件存在歧义或不一致,则根据如下优先次序来判断:

(1)合同书;

(2)中标函(文件);

(3)发包人要求及委托书;

(4)投标书。

(三)监理合同组成

1. 概述

工程建设监理合同是项目法人和监理单位双方履行合同的行为准则。因此,监理合同的内容应全面,词语必须严谨,既要符合法律、法规和规章的要求,又要准确表达合同当事人双方协商一致的意思表示,满足工程监理的实际需要。

《水利工程建设监理规定》(水利部令[2007]第28号)文件规定,工程建设监理合同的主要内容应包括:合同当事人的名称和住所;监理工程项目名称;监理的范围与内容;双方的权利、义务和责任；应提供的工作条件(包括交通、办公场所设施、食宿条件等)；保密内容及措施；监理费的计取与支付；违约责任；奖励和赔偿；合同生效、变更和终止；争议的解决方式；双方约定的其他事项。

国际上许多咨询行业的协会或组织，专门制订了标准委托合同格式或指南，这有助于监理服务合同的签订。随着国际咨询监理业务越来越发达，委托合同标准格式的应用已越来越普遍。采用这些通用性很强的标准合同格式，能够简化合同的准备工作，有利于双方讨论、交流和统一认识，也易于通过有关部门的检查和批准，更重要的是标准合同都是由法律、合同方面的专家着手制订的，所以采用标准合同格式，能够准确地在法律概念内反映出双方所要实现的意图。

国际咨询工程师联合会(FIDIC)颁布的《业主/咨询工程师标准服务协议书》(1990年版)，由于受到了世界银行等国际金融机构以及一些国家政府有关部门的认可，已作为一种标准委托合同格式，在世界大多数工程中应用。其主要内容包括：协议书格式和合同通用规则(分为标准条件和特殊应用条件)。第一部分标准条件包括：定义及解释，咨询工程师的义务，业主的义务，责任和保险，协议书的开始、完成、变更与终止，支付，一般规定，争端的解决等部分；第二部分特殊应用条件的内容与第一部分顺序编号相联系，这部分内容须专门拟定，以适应每个具体工程的实际情况和要求。

2000年1月，水利部颁布了《水利工程建设监理合同示范文本》(GF－2000－0211)，对规范水利工程建设监理行为、提高监理招标效率和质量具有重要意义；2007年，水利部组织修订为《水利工程施工监理合同示范文本》(GF－2007－2011)。

2. 水利工程建设监理合同示范文本的组成及其使用

为了加强水利工程建设监理市场的管理，规范建设监理合同双方(即项目法人与监理单位)的行为和监理工作，保障建设监理合同双方的合法权益，确保水利工程建设监理健康有序地发展，水利部与国家工商局于2000年1月联合编制并印发了《水利工程建设监理合同示范文本》(GF－2000－0211)，要求凡列入中央和地方建设计划的大中型水利工程建设项目应使用该合同示范文本，小型水利工程可参照使用。

1)水利工程建设监理合同示范文本的组成

水利工程建设监理合同示范文本由四个部分组成：

(1)监理合同书；

(2)通用合同条款；

(3)专用合同条款；

(4)合同附件。

监理合同书由项目法人与监理单位在平等的基础上经协商一致后签署。

通用合同条款是组成监理合同的文件之一，应全文引用。该示范文本共十三部分五十七条，具体规定了合同双方的权利和义务，合同生效、变更和终止，监理范围和内容，监理报酬，发包人提供的条件，违约责任，合同争议解决途径以及法律、语言等合同一般性规定。

专用合同条款也是组成监理合同的文件之一，由项目法人根据具体情况在编制招标文件(或委托函)时根据工程实际情况编写，作为对通用合同条款的修改和补充，其合同意思解释优先于通用合同条款。同时，为了保证示范文本的严肃性和约束力，规范监理业务，水建管[2000]47号《关于印发〈水利工程建设监理合同示范文本〉的通知》文件规定：除示范文本的专用合同条款中所列条款外，通用合同条款中的条款内容不得变动。若确因示范文本未能覆盖工程的特殊条件需要变更内容时，应报省级水行政主管部门批准。

合同附件用于项目法人在编制专用合同条款中有关监理服务工作内容时参考使用。

2）水利工程建设监理合同文件组成及其解释顺序

在《水利工程施工监理合同示范文本》（GF－2007－11）中，明确规定了建设监理合同文件组成及其解释顺序。其内容如下：

（1）监理合同书（含补充协议）；

（2）中标通知书；

（3）投标报价书；

（4）专用合同条款；

（5）通用合同条款；

（6）监理大纲；

（7）双方确认需进入合同的其他文件。

二、合同文件的解释原则

对合同文件的解释，除应遵循上述合同文件的优先次序、主导语言原则和适用法律原则，还应遵循国际上对工程承包合同文件进行解释的一些公认的原则，主要有如下几点。

（一）诚实信用原则

各国法律都普遍承认诚实信用原则（简称诚信原则），它是解释合同文件的基本原则之一。诚信原则是指合同双方当事人在签订和履行合同中都应是诚实可靠、恪守信用的。根据这一原则，法律推定当事人在签订合同之前都认真阅读和理解了合同文件，都确认合同文件的内容是自己真实意思的表示，双方自愿遵守合同文件的所有规定。因此，按这一原则解释，即“在任何法系和环境下，合同都应按其表述的规定准确而正当地予以履行”。

根据此原则对合同文件进行解释应做到：

（1）按明示意义解释，即按照合同书面文字解释，不能任意推测或附加说明。

（2）公平合理的解释，即对文件的解释不能导致明显不合理甚至荒谬的结果，也不能导致显失公平的结果。

（3）全面完整的解释，即对某一条款的解释要与合同中其他条款相容，不能出现矛盾。

（二）反义居先原则

反义居先原则是指：如果由于合同中有模棱两可、含糊不清之处，因而导致对合同的规定有两种不同的解释时，则按不利于文件起草方或提供方的原则进行解释，也就是以与起草方相反的解释居于优先地位。

对于工程施工承包合同，业主总是合同文件的起草或提供方，所以当出现上述情况时，承包人的理解与解释应处于优先地位。但是在实践中，合同文件的解释权通常属于监理工程师，这时，承包人可以要求监理工程师就其解释作出书面通知，并将其视为“工程变更”来处理经济与工期补偿问题。

(三)明显证据优先原则

明显证据优先原则是指,如果合同文件中出现几处对同一问题有不同规定时,则除遵照合同文件优先次序外,应服从如下原则,即具体规定优先于原则规定,直接规定优先于间接规定,细节的规定优先于笼统的规定。根据此原则形成了一些公认的国际惯例有:细部结构图纸优先于总装图纸,图纸上数字标志的尺寸优先于其他方式(如用比例尺换算),数值的文字表达优先于用阿拉伯数字表达,单价优先于总价,定量的说明优先于其他方式的说明,规范优先于图纸,专用条款优先于通用条款等。

(四)书写文字优先原则

按此原则规定,书写条文优先于打字条文;打字条文优先于印刷条文。

第二节 标准合同条件简介

一、FIDIC 组织及其标准合同条件

(一)FIDIC 组织简介

在国际工程建设广泛、悠久的发展过程中,由于各国的国情不同,建设管理都有其自己的发展过程和特点,即使同一种管理模式也往往呈现出不同的特征。如英国的测量师(Quantity Surveyor)、美国的 CM(Construction Management)等。各国的工程项目管理方法都有自己的产生与发展的具体历程,有成功的经验,也有失败的教训。各国之间相互交流与合作,促进了国际工程建设管理的发展,也是当今世界发展趋势。因此,了解和研究国际上工程建设的成功管理模式及其利弊,有利于我国建设管理体制的发展,有利于对外开放。

在近代,国际咨询工程师联合会(International Federation of Consulting Engineers)组织及该组织编制发行的标准合同条件在国际工程建设管理中占有重要地位和具有广泛的国际影响,在此作简要介绍。

国际咨询工程师联合会是由丹麦等欧洲四国的咨询工程师协会于 1913 年发起组织的,是各国咨询工程师的一种专业性事务组织。该组织在第二次世界大战期间停止活动。1945 年,国际咨询工程师联合会正式恢复,实行团体会员制,由各国咨询工程师协会参加。由于战后重建和世界经济与贸易事务的迅猛发展,跨国咨询项目大大增加,特别是由于战后国际性经济援助组织对发展中国家提供资金开发建设,国际咨询工程师联合会的业务迅速发展。例如,国际货币基金组织和世界银行对发展中国家的贷款项目建设等,大大促进了国际咨询工程师联合会的发展,至今已拥有来自全球各地 50 个国家和地区的成员。国际咨询工程师联合会总部设在瑞士洛桑,下属亚洲及太平洋地区成员协会(ASPAC)、欧洲共同体成员协会(CEDIC)、非洲成员协会集团(CAMA)、北欧成员协会集团(RIHORD)等 4 个地区成员协会。

FIDIC 是国际咨询工程师联合会的法语(Fédération Internationale Des Ingénieurs - Conseils)简称。1945 年 12 月,国际咨询工程师联合会成立后不久,国际咨询工程师联合

会在英国土木工程师学会(Institution of Civil Engineers,ICE)制定的《合同条款》(Condition of Contract)第3版的基础上,进行补充和修订,制订出版了第一个供国际通用的标准条款——《合同的通用条款》(General Conditions of Contract)。

(二)《土木工程施工合同条件》简介

1957年1月,《土木工程施工合同条件》(Conditions of Contract for Works of Civil Engineering Construction)(通称FIDIC合同条款,简称"红皮书")以第1版的形式出版,开始在国际性招标承包工程中使用,成为唯一的国际通用的标准合同条款。

1969年7月,FIDIC合同条款第2版问世。在第1版的基础上,增写了合同条款的第三部分——"用于疏浚和垦务工程的专用条款"。

1977年3月,出版了FIDIC合同条款的第3版,对第2版作了全面修订,并配套出版了《土木工程合同文件注释》一书。

根据第3版在工程承包市场中的使用情况,为更好地适应工程承包的需要,FIDIC对第3版进行了修改和完善。1987年出版第4版,在听取了各方面的批评和建议的基础上,对第3版作了较大的修改,主要有以下几点:

(1)取消第三部分,其内容编入第二部分。

(2)第二部分从备忘录的形式扩展成为一套完整的示范条款。

(3)第二部分单独装订成册,这样使第一部分通用条款可不作任何改动形式附在招标文件中。要求的任何改动可通过第二部分的条款来体现。

(4)努力使合同双方的权利义务达到总体平衡,更为公平合理。对承包商的权益作了适当补充,如补充了索赔程序的条款等。

(5)业主的作用规定得更加明显,在保留工程师作用的前提下,对增加工程成本和延长工期等重大决定,工程师事先应取得业主的批准。

(6)规定的程序更详尽,做法更具体,可操作性加强。

(7)条款中有关时间的要求,均改为"7"的倍数。

1989年,FIDIC又编写出版了一本《土木工程施工合同条款应用指南》,FIDIC强调指出,指南中解释不构成合同条款的一部分,也不意味着对合同条款作出权威性的法定解释。指南的作用主要是帮助读者更好地理解合同条款的用意以及起草第二部分专用条款,从而进一步提高了FIDIC合同条款在国际工程承包界的信誉和权威。

FIDIC于1992年出版了第4版的修订版。

此外,FIDIC还相继出版了《电气与机械工程合同条件》(Conditions of Contract for Electrical and Mechanical Works)(黄皮书)、《业主/咨询工程师标准服务协议书》(Conditions of the Client/Consultant Model Services Agreement)(白皮书)等。

在FIDIC合同条件中,业主授予了"工程师"(Engineer,类似于我国的监理机构)相当大的权力。在合同管理中,工程师的一般地位和作用如下:

(1)在技术方面。工程师负责图纸和资料的签发与管理,不管施工图纸是由业主委托的设计部门设计的,还是由承包商设计的,工程师有权进行技术方案的审核与监督。

(2)在进度控制方面。工程师负责下达开工通知;批准进度计划和监督实际进度;批准进度延误后的赶工措施计划;下达施工暂停、复工的指示;核定工程完工时间和签发工程移交证书等。

(3)在投资控制方面。工程师负责签认完成工程量凭证和支付凭证,审认工程结算;主持商定业主风险引起的费用赔偿;主持商定工程变更、索赔等引起的费用补偿问题,在业主和承包商意见不能一致的情况下,有权单独决定费率,这一决定在双方均放弃提请争议解决的情况下,为合同的最终决定;管理暂定金额(包括计日工支出、不可预见支出和指定分包费用)。

(4)在质量控制方面。工程师有权在任何时候对原材料、半成品、成品、工程设备,以及施工工艺、工程质量进行任何检查,并指示承包商对不合格的材料、设备、工程进行处理;在工程验收时,有权指示承包商修补、返工、补做不能满足合同规定要求的任何工程。上述检查结果应达到"工程师满意"的程度,且工程师的检查不免除承包商应负的责任。

(5)在现场管理方面。工程师有权协调为业主项目建设的各承包商之间的工作冲突;批准分包项目和分包商。

(6)合同争议的协调。由于工程变更和法律法规变更、索赔、风险、违约等引起的合同争议,工程师应站在独立的地位,公正、合理协调矛盾,处理纠纷。FIDIC《土木工程施工合同条件》(1987 年版)规定,工程师凡按照合同规定要求自行表明他的决定、意见或同意,表示他的满意或批准,确定价值,采取可能影响业主或承包商的权利和义务的行动时,应在合同条款规定内,并兼顾所有条件的情况下,作出公正的处理。

世界银行在 FIDIC 合同条款第 1 版刚一出版时就作出规定:凡是利用该行贷款兴建的工程项目,都必须采用国际性公开招标方式,并采用 FIDIC 合同条款的第一部分通用条款。

使用标准合同条款的合同文件有明显的优点,这样能合理平衡合同有关各方之间的权利和义务,尤其能公平地在合同各方之间分配风险和责任。合同各方遵守明确规定的义务,就会在很大程度上避免履约不佳,成本增加,以及由于施工合同各方彼此之间缺乏所需的信任而引起的争端。使用标准合同条款,因为投标者熟悉合同规定的适用条件,他们不必为由于不熟悉合同条件可能引起的估价困难而将预备费用提高,导致高的标价。使用标准合同条款,也有利于培养和提高监理公司合同管理人员的工作水平。同时,也使国际间的工程承包合作变得更为方便直接,并有据可依。

FIDIC 的出版问世,一方面逐步成为国际工程承包合同的通用条款,另一方面也促进了世界各国国内施工承包中标准合同条款的出现。许多国家在土建工程的招标承包业中,参考 FIDIC 合同条款标准格式,结合本国、本行业的具体条件,制定出各种工程承包标准合同条款。我国在改革开放以来,建设施工逐渐走向市场,实行公开竞争性招标投标,相继颁发了一系列逐步完善的标准合同条款,如:国家工商行政管理局、建设部颁发的《建设工程施工合同》,水利部、电力工业部、国家工商行政管理局颁发的《水利水电土建工程施工合同条件》等。

FIDIC 合同条款经过国际施工承包业近 50 年的实践,不断地修订,逐步发展完善。它对于采取国际竞争性公开招标、采用单价合同形式、由工程师进行合同管理的工程项目的施工具有普遍适用性和指导性。熟悉 FIDIC 合同条件,无论是与国际惯例接轨,进入国际公开竞争性施工承包市场,还是参考国际上的施工合同的经验,提高国内工程管理水平，都具有重要意义。

（三）1999 年版 FIDIC 合同条件简介

1999 年 9 月，为了适应国际上项目管理模式的多样性和发展趋势，FIDIC 正式出版了四本新的合同条件：

（1）施工合同条件（Conditions of Contract for Construction）（新红皮书）。

推荐用于由雇主设计的或由其代表——工程师设计的房屋建筑或工程（building or engineering works）。在这种合同形式下，承包商一般都按照雇主提供的设计施工。但工程中的某些土木、机械、电力和/或建造工程也可能由承包商设计。

（2）永久设备和设计——建造合同条件（Conditions of Contract for Plant and Design-Build）（新黄皮书）。

推荐用于电力和/或机械设备的提供，以及房屋建筑或工程的设计和实施。在这种合同形式下，FIDIC 一般都是由承包商按照雇主的要求设计和提供设备和/或其他工程（可能包括由土木、机械、电力和/或建造工程的任何组合形式）。

（3）EPC/交钥匙项目合同条件（Conditions of Contract for EPC/Turnkey Projects）（银皮书）。

适用于在交钥匙的基础上进行的工厂或其他类似设施的加工或能源设备的提供，或基础设施项目和其他类型的开发项目的实施，这种合同条件所适用的项目对最终价格和施工时间的确定性要求较高，承包商完全负责项目的设计和施工，雇主基本不参与工作。在交钥匙项目中，一般情况下由承包商实施所有的设计、采购和建造工作，即在“交钥匙”时，提供一个配备完整、可以运行的设施。

（4）合同的简短格式（Short Form of Contract）（绿皮书）。

推荐用于价值相对较低的建筑或工程。根据工程的类型和具体条件的不同，此格式也适用于价值较高的工程，特别是较简单的或重复性的或工期短的工程，在这种合同形式下，一般都是由承包商按照雇主或其代表——工程师提供的设计实施工程，但对于部分或完全由承包商设计的土木、机械、电力和/或建造工程的合同也同样适用。

这四本新的合同条件是 FIDIC 经过多年的调查研究与准备才出台的。随着国际上工程建设规模的逐步扩大以及业主方对项目管理模式的要求不断多样化，FIDIC 感到其原有的几本合同条件已经不能适应形势，于是委托英国里丁大学对《土木工程施工合同条件》（1987 第 4 版，1992 年修正版）（红皮书）在全球各地的使用情况进行了调查研究，调查对象包括业主、承包人、咨询公司、金融机构等相关各方，而后以调查结果和里丁大学提出的建议为依据，经过多位专家研究，制定了上述四本新版的 FIDIC 合同条件。

二、我国常用的工程标准合同条件

（一）水利水电土建工程施工合同条件概述

水利水电系统是我国最早引进工程招标投标和合同管理机制的行业，自 1982 年开始，全国已有 10 余座大中型水利水电工程使用国外金融机构贷款，进行国际招标，推行以应用 FIDIC 合同条款为核心的工程管理模式。至 20 世纪 80 年代中期，水利水电系统在国内投资的工程中亦全面推行招标承包制。为适应当时招标投标工作的需要，原水电部水利水电建设总局于 1986 年编制出版了《水电站土建工程国内招标及合同文件样本》(以下简称《样本》)。

随着我国社会主义市场经济的深入发展,国家在全国各建设行业中建立了以项目法人责任制、招标承包制和建设监理制等三项制度为中心的建设管理体制,水利部和原电力工业部在贯彻执行上述三项制度中逐步建立了一系列规章制度,但由于我国当前的法律、法规和各项规章尚不够完善,在工程建设的招标投标和合同实施过程中出现了不合理的压价竞争和偏离合同的不公正倾向,阻碍了建设市场健康有序地发展。经实践检验,1986 年在计划经济模式下出版的《样本》已不能适应当前水利水电工程建设管理的需要。为此,水利部和原电力工业部为加强水利水电建设市场的管理,进一步完善招标投标和合同管理机制,提高建设工程招标投标和合同管理的规范化水平,切实保障发、承包双方的合法权益,决定联合起草《水利水电工程施工合同和招标文件示范文本》(以下简称《范本》)。

《范本》包括以下三项文件:

(1)《水利水电土建工程施工合同条件》(以下简称《合同条件》)。

(2)《水利水电工程施工招标文件》(以下简称《招标文件》)。

(3)《水利水电工程施工合同技术条款》(以下简称《技术条款》)。

《合同条件》第 1 版(1997 年版)作为水利水电建设行业的部门规章,已于 1997 年 10 月 1 日由水利部、原电力工业部和国家工商行政管理局联合颁布施行,并根据国家新颁布的《中华人民共和国合同法》,在第 1 版实践使用的基础上,于 2000 年 2 月修订出版第 2 版。并由水利部、国家电力公司、国家工商行政管理局联合发出通知,颁发使用。在通知中规定:

(1)凡列入国家或地方建设计划的大中型水利水电工程使用本《范本》,小型水利水电工程可参照使用。

(2)《合同条件》分为“通用合同条款”和“专用合同条款”两部分。

①“通用合同条款”应全文引用,不得删改。

②“专用合同条款”则应按其条款编号和内容,根据工程实际情况进行修改和补充。

③除《合同条件》的“专用合同条款”中所列编号的条款外,“通用合同条款”其他条款的内容不得更动。若确因工程的特殊条件需要变更“通用合同条款”的内容时,应按工程建设项目管理的隶属关系报送水利部、国家电力公司及国家工商行政管理局的业务主管部门批准。

(3)水利水电工程的建设管理应按水利部和国家电力公司的有关规定全面推行建设监理制,发包人应委托具有水利水电工程监理资质的单位承担监理工作。监理人应在发包人授权范围内公正地履行其职责。

(4)根据我国当前水利水电施工企业普遍存在的流动资金不足的现状,为确保工程按合同计划顺利开工建设,发包人应按《合同条件》的规定及时拨付工程预付款,不得要求或变相要求承包单位带资承建。

工程预付款的额度应由发包人在工程招标时通过编制工程的施工规划和资金流予以科学测定。其预付款总金额应不低于合同总价的 10%,第一次预付款金额应不小于预付款总金额的40%。

(5)除某些小型工程设备(如观测仪器)可由承包人负责采购外,永久工程设备应由发包人负责提供。工程所需的材料和施工设备原则上应由承包人负责采购、验收、运输和保管。今后为避免材料供应方面的责任交叉而增加合同管理的复杂性,不宜由发包人自行采购材料后向承包人供应。若确因工程的特殊需要,发包人可指定材料的供应来源。而由承包人直接与供货厂家签订合同但发包人应承担由于指定材料供应来源的相关责任。

(6)发包人应妥善解决好工程建设过程中的价格调整问题,原则上应采用《合同条件》规定的公式法调价,应按合理分担价格风险的原则确定可调因子定值权重系数和变值权重系数。

若确因工程的具体情况难以采用《合同条件》规定的公式法调价时,应在"专用合同条款"中详细规定双方可接受的科学操作的调价办法。

(7)由于水利水电工程的复杂性,在工程建设过程中发生变更和索赔等均属合同有序管理的正常范畴,应认真按《合同条件》规定的程序公正、公平地及时予以处理,以避免问题积累而增加后处理的难度。对于索赔事项还应及时作好当时记录以利于监理单位作出公正的决定。

(8)《合同条件》吸取了国际和国内一些工程解决合同争议的经验,规定水利水电工程建设应建立合同争议调解机制,当监理单位的决定无法使合同双方或其中任一方接受而形成争议时,可通过由双方在合同开始执行时聘请的争议调解组或行业争议调解机构进行调解,以寻求争议的合理解决。

(9)鉴于水利水电工程建设具有风险大的特征,发包人和承包人均应按《合同条件》的规定进行保险以增加抗风险能力。

(二)建设工程施工合同条件概述

为了贯彻《中华人民共和国建筑法》、《中华人民共和国合同法》等法律,1991年建设部和国家工商行政管理局颁布了《建设工程施工合同》(GF-91-0201),1999年在总结近几年施工合同示范文本的基础上对其进行了修订,修订后的《建设工程施工合同(示范文本)》(GF-1999-0201),基本适用于各类公用建筑、民用住宅、工业厂房、交通设施及线路管道的施工和设备安装。《建设工程施工合同(示范文本)》由协议书、通用条款、专用条款三部分组成。

《建设工程施工合同条件》和《建设工程施工合同协议条款》(简称《协议条款》)组成了《建设工程施工合同示范文本》。

《建设工程施工合同条件》是根据《中华人民共和国经济合同法》、《建筑安装工程承包合同条例》对承发包双方权利义务作出的规定,除双方协商一致对其中的某些条款作出修改、补充或取消外,都必须严格履行。

由于合同标的——建设工程的内容各不相同,工期造价也就随之变动,承发包双方的自身条件、能力、施工现场的环境和条件也都各异,双方的权利、义务也就各有特性。因此,《建设工程施工合同条件》也就不可能完全适用于每个具体工程,需要进行必要的修改、补充,即配之以《协议条款》。《协议条款》是按《建设工程施工合同条件》的顺序拟定的,主要是为《建设工程施工合同条件》的修改补充提供一个协议的格式,承发包双方针对工程的实际情况，把对《建设工程施工合同条件》的修改补充和不予采用的一致意见按《协议条款》的格式形成协议，《建设工程施工合同条件》和《协议条款》就是双方统一意愿的体现，成为合同文件的组成部分。

采用招标发包的工程，《建设工程施工合同条件》应是招标书的组成部分，发包人对其修改、补充或不予采用的意见，要在招标书中说明。承包人对招标书的说明是否同意及本身对《建设工程施工合同条件》的修改、补充和不予采用的意见，也要在投标书中一一列出。

中标后，双方将协商一致的意见写入《协议条款》。不采用招标发包的工程，在要约和承诺时，都要把对《建设工程施工合同条件》的修改、补充和不予采用的意见一一提出，将取得一致的意见写入《协议条款》。

（三）《中华人民共和国标准施工招标文件》(2007 年版)

为了规范水利水电工程施工，水利部、国家电力公司、国家工商行政管理局曾联合编制了适合我国大中型水利水电工程施工的《水利水电工程施工合同和招标文件示范文本》(2000 年版)，并于 2000 年 2 月 23 日发出《关于印发〈水利水电工程施工合同和招标文件示范文件〉的通知》(水建管[2000]62 号)，要求实施。

为了进一步加强水利水电工程施工招标管理，规范资格预审文件和招标文件编制工作，水利部在国家发展和改革委员会等九部委联合编制的《标准施工招标资格预审文件》和《标准施工招标文件》(本书中简称《标准文件》)(2007 年版)的基础上，结合水利水电工程特点和行业管理需要，组织编制了《水利水电工程标准施工招标资格预审文件》(2009 年版)和《水利水电工程标准施工招标文件》(2009 年版)(本书中简称《水利水电工程标准文件》)，并于 2009 年 12 月 29 日发出《关于印发〈水利水电工程标准施工招标资格预审文件〉和〈水利水电工程标准施工招标文件〉的通知》(水建管[2009]629 号)，要求："凡列入国家或地方投资计划的大中型水利水电工程使用《水利水电工程标准文件》，小型水利水电工程可参照使用"。"《水利水电工程标准文件》是《标准文件》在水利水电工程应用上的补充和细化，上述文件应结合使用，二者条款号若内容不一致时，采用《水利水电工程标准文件》"，"通用合同条款应不加修改地引用"，"专用合同条款可根据招标项目的具体特点和实际需要，按其条款编号和内容对通用合同条款进行补充、细化，但除通用合同条款明确专用合同条款可作出不同约定外，补充和细化的内容不得与通用合同条款规定相抵触，不得违反法律、法规和行业规章的有关规定和平等、自愿、公平和诚实信用原则"。"技术标准和要求(合同技术条款)是参考性的文本，招标人可根据工程项目的具体需要进行修改，但应注意与通用合同条款、专用合同条款以及工程量清单的衔接"。"《水利水电工程标准文件》中须不加修改引用的内容，若确因工程的特殊条件需要修改时，应按项目的隶属关系报项目主管部门批准"。"《水利水电工程标准文件》自 2010 年 2 月 1 日起施行"。对《水利水电工程标准文件》的使用范围、使用方法和使用时间作出了明确的规定。

《水利水电工程标准文件》由第一部分通用合同条款(24 方面、60 条、211 款)、第二部分专用合同条款(26 条、37 款，并增加"保密"和"联合体各成员承担连带责任"两条)和通用合同条款使用说明组成。

第九章　工程施工质量

第一节　合同当事人的工程质量权利与义务

一、承包人的质量管理

承包人应认真建立和健全施工合同工程质量保证体系，在工地设置专门的质量检查机构，配备专职的质量检查人员，建立完善的质量检查制度。承包人应在合同规定的时间内（一般为接到开工通知后的84天），向监理人提交一份内容包括质量检查机构、岗位责任、质检人员的组成、质量检查程序和实施细则等工程质量检查计划与措施的报告，报送监理人审批。

二、承包人的质量检查职责

承包人应严格按合同技术条款的规定和监理人的指示，对工程使用的材料和工程设备以及工程的所有部位及其施工工艺，进行全过程的质量检查，并详细作好质量检查记录，编制工程质量报表，定期提交监理人审查。

三、监理人的质量检查权力

监理人有权对全部工程的所有部位及其任何一项工艺、材料和工程设备进行检查与检验，并应有质量否决权。承包人应为监理人的质量检查和检验提供一切方便，包括监理人赴施工现场、制造地点、加工地点、合同规定的其他地方进行察看和查阅施工记录。承包人还应按监理人指示，进行现场取样试验、工程复核测量和设备性能检测、提供试验样品、试验报告和测量成果以及监理人要求进行的其他工作。但是，监理人的检查和检验不免除承包人按合同规定应负的责任。

第二节　材料与工程设备质量控制

对工程质量进行严格的控制，应从使用的材料质量控制开始。建设工程项目使用的材料和设备，可以由承包人负责采购和供应，也可以由发包人负责采购和供应全部或部分材料与设备。为完成合同内容各项工作所需的材料，原则上由承包人负责采购，以免一旦发生工程质量事故或施工进度延误时因材料供应问题分不清责任。

一、材料和工程设备的提供

（一）承包人提供的材料和工程设备

（1）承包人负责采购材料设备的，应按照合同约定和设计要求及有关标准采购，并对材料的质量负责。

(2)承包人与供货厂家的供货协议一经签订,应将一份副本提交监理人,以便于监理人及时了解承包人订货情况是否满足工程需要,供货协议还可作为价格调整的参考。对于次要的材料和零星小设备,可不提交供货协议,但承包人应留存备查。

(二)发包人提供的工程设备

发包人应按合同专用条款中材料设备供应一览表,按时、按量、按质将采购的材料和设备运至施工现场,与承包人共同验点后移交给承包人。

(1)发包人提供的工程设备不能按期交货时,应事先通知承包人,监理人可按承包人要求延长工期有关的规定办理,由此增加的费用和工期延误责任,由发包人承担。

(2)若发包人提供的工程设备的规格、数量或质量不符合合同要求或交货日期拖后,由此增加的费用和工期延误责任,由发包人承担。

(3)发包人要求按专用合同条款中规定的提前交货期限内提前(一般可取 56 天)交货时,承包人不应拒绝,并不得要求增加任何费用。

(4)承包人应根据合同进度计划的进度安排,提交一份满足工程设备安装要求的交货日期计划报送监理人审批,并抄送发包人。监理人收到上述交货日期计划后,应与发包人和承包人共同协商确定交货日期。

(5)承包人要求更改交货日期时,应事先报监理人批准,否则由于承包人要求提前交货或不按时提货所增加的费用和工期延误责任,由承包人承担。

二、承包人材料和设备的管理

(一)承包人设备应及时进入工地

承包人投标时提交了"拟投入本合同工作的主要施工设备一览表",表内列出了设备的型号、规格和现状,并承诺了进场的时间,在签订协议书时经发包人确认可列入合同文件。在施工总进度计划尚未批准前,承保人应按签署协议书时承诺的施工设备进点计划及时安排进场;施工总进度计划批准后,承包人应按合同进度计划进入工地并需经监理人核查后投入使用,若承包人需变更合同规定的承包人设备时,须经监理人批准。

(二)承包人的材料和设备专用于本合同工程

(1)承包人运入工地的所有材料和设备应专用于本合同工程。

(2)承包人除在工地内转移这些材料和设备外,未经监理人同意,不得将上述材料和设备中的任何部分运出工地。但承包人从事运送人员和外出接运货物的车辆不要求办理同意手续。

(3)承包人在征得监理人同意后,可以按不同施工阶段的计划撤走其属于自己的闲置设备。

(三)承包人旧施工设备的管理

承包人的旧施工设备应有使用档案卡和检修记录。旧施工设备进入工地前必须按有关规定进行年检和定期检修,并应由具有设备鉴定资格的机构出具检修合格证或经监理人检查后才准许进入工地。

(四)承包人租用的施工设备

发包人拟向承包人出租施工设备时,应在合同专用合同条款中写明各种租赁设备的型号、规格、完好程度和租赁价格。承包人可以根据自身的条件选租发包人的施工设备,但发包人不应强制承包人租用其设备。若承包人计划租赁发包人提供的施工设备,则应在投标时提出选用的租赁设备清单和租用时间,并在报价中计入相应的租赁费用,中标后另行签订协议。

承包人从其他人处租赁施工设备时,则应在签订的租赁协议中明确规定若在协议有效期内发生承包人违约而解除合同时,发包人或发包人邀请承包本合同的其他承包人,可以相同的条件取得该施工设备的使用权。

(五)监理人有权要求承包人增加和更换施工设备

若承包人配备的施工设备数量不足或不适用时,将会影响工程的进度或工程质量,此时,监理人有权要求承包人增加和更换施工设备,以赶上进度和保证工程质量,承包人应及时增加和更换,由此增加的费用和工期延误责任应由承包人承担。

三、材料和工程设备的检查与检验

(一)材料和工程设备的检验与交货验收

(1)承包人负责采购的材料和工程设备,由承包人会同监理人进行检验与交货验收,验收时应同时查验材质证明和产品合格证书。承包人还应按合同技术条款的规定进行材料的抽样检验和工程设备的检验测试,并将检验结果提交监理人,其所需费用由承包人承担。

监理人应按合同规定参加交货验收,承包人应为监理人进行交货验收的监督检查提供一切方便。监理人参加交货验收不免除承包人在检验与交货验收中应负的责任。就合同而言,由承包人提供的材料和设备的产品质量应由承包人对发包人负责。

(2)发包人提供的工程设备,应由发包人和承包人在合同规定的交货地点共同进行交货验收,并由发包人正式移交给承包人,其目的是将发包人采购的工程设备由厂家直接移交给承包人。承包人应按监理人的指示进行工程设备的检验测试,但承包人的检验结果必须提交监理人复核确认,其所需费用由发包人承担。工程设备安装后,若发现工程设备存在缺陷,应由监理人与承包人共同查找原因,如属设备制造不良引起的缺陷应由发包人负责;如属承包人运输和保管不慎或安装不良引起的损坏应由承包人负责。

(二)检查与检验的时间、地点和费用

对合同规定的各种材料和工程设备,应由监理人与承包人按商定时间和地点进行检查与检验,监理人应到场参加检查与检验。若监理人因特殊情况无法按时到场时且无其他指示时,承包人可自行检查或检验,并立即将检查或检验结果提交监理人。除合同另有规定外,监理人应在事后确认承包人提交的检查或检验结果,若监理人对承包人自行检查与检验的结果有疑问时,监理人有权进行抽样检验。检验结果证明该材料或工程设备质量不符合合同要求,则应由承包人承担抽样检验的费用;检验结果证明该材料或工程设备质量符合合同要求,则应由发包人承担抽样检验的费用。

(三)未按规定进行检查与检验

承包人未按合同规定对材料和工程设备进行检查与检验,监理人可以指示承包人按合同规定补作检查与检验,承包人应遵照执行,并应承担所需的检查与检验费用和工期延误责任。

(四)不合格的材料和工程设备

承包人未经监理人同意使用了不合格的材料或工程设备,监理人有权按合同规定指示承包人立即采取措施进行补救,直至彻底消除不合格的工程材料和工程设备。承包人使用了不合格的材料和工程设备,其造成的后果应由承包人承担责任,承包人应无条件地按监理人指示补救。

监理人的检查或检验结果表明该材料或工程设备不符合合同要求时,监理人可以拒绝验收,并立即通知承包人,承包人除应立即停止使用外,还应与监理人共同研究补救措施,由此增加的费用和工期延误责任由承包人承担。

(五)额外检验和重新检验

1. 额外检验

在工程实施过程中,若发现某项材料与工程设备的检查与检验在合同中未作规定,监理人可以指示承包人增加额外检验,承包人应遵照执行,但应由发包人承担额外检验的费用和工期延误责任。

2. 重新检验

不论何种情况和原因,若监理人对以往的检验结果有疑问时,可以指示承包人重新检验,承包人不得拒绝。由此造成的费用增加和工期延误责任按其检验结果确定,即若重新检验结果证明这些材料和工程设备不符合合同要求,则应由承包人承担重新检验的费用和工期延误责任;若重新检验结果证明这些材料和工程设备符合合同要求,则应由发包人承担其重新检验的费用和工期延误责任。

(六)承包人未进行检查与检验的处理

承包人未按合同的规定完成监理人指示的检查与检验工作,监理人可以指派自己的人员或委托其他有资质的检验机构或人员进行检查与检验,承包人不得拒绝,并应提供一切方便。由此增加的费用和工期延误责任由承包人承担。

四、现场试验

现场试验是指为检验与抽验工程用的水泥、钢材、土料和石料以及混凝土材料的常规试验。

(一)现场材料试验

承包人应在工地建立自己的试验室,配备足够的人员和设备,按合同规定和监理人的指示进行各项材料试验,并为监理人进行质量检查与检验提供必要的试验资料和原始记录。监理人在质量检查与检验过程中若需抽样试验,所需试件应由承包人提供,监理人还应有权使用承包人的试验设备,承包人应予协助。上述试验所需提供的试件和监理人使用试验设备所需的费用由承包人承担。承包人建立试验室以及监理人使用试验室所需费用,一般应在投标时计入报价。

（二）现场工艺试验

常规的现场工艺试验是指国家或行业的规程、规范中规定的常规工艺试验或为进行某项成熟的工艺所必须进行的试验，其费用通常可计入所属的工程项目内，不需要在合同的工程量清单中单独列项。承包人应按合同规定和监理人的指示进行现场工艺试验，除合同另有规定外，其所需费用由承包人承担。在施工过程中，若监理人要求承包人进行额外的现场工艺试验时，承包人应遵照执行，但所需费用由发包人承担。

五、不合格的工程、材料和工程设备的处理

（一）禁止使用不合格的材料和工程设备

工程使用的一切材料和工程设备，均应满足合同《技术条款》和施工图纸规定的品级、质量标准和技术特征。监理人在工程质量的检查与检验中发现承包人使用了不合格的材料和工程设备时，可以随时向承包人发出指示，要求承包人立即改用合格的材料和工程设备，并禁止在工程中继续使用这些不合格的材料和工程设备。

（二）不合格的工程、材料和工程设备的处理

（1）在施工过程中，如果监理人发现承包人使用了不合格材料和工程设备并造成了工程损害，监理人可以随时向承包人发出指示，要求承包人立即采取措施进行补救，直至彻底清除工程的不合格部位以及不合格的材料和工程设备，由此增加的费用和工期延误责任由承包人承担。

（2）如果承包人无故拖延或拒绝执行监理人的上述指示，则发包人有权委托其他承包人执行该项指示，由此增加的费用和利润及工期延误责任，由承包人承担。

六、隐蔽工程和工程的隐蔽部位

隐蔽工程和工程的隐蔽部位是指已完工的工作面经覆盖后将无法查看的任何工程部位和基础。这些将被覆盖的部位和基础在进行下一道工序前承包人应进行自检，确认已符合合同要求后，再通知监理人进行检查。经监理人检查合格并签证后，才允许进行下一道工序。

（一）覆盖前的验收

隐蔽工程和工程的隐蔽部位经承包人的自检确认具备覆盖条件后的24小时内，承包人应通知监理人进行验收，通知应按规定的格式说明验收地点、内容和验收时间，并附有承包人自检记录和必要的验收资料。监理人应按通知约定时间到场进行验收，在监理人确认质量符合技术条款要求，并在验收记录上签字后，承包人才能进行覆盖。

（二）监理人未到场验收的处理

监理人应在约定的时限内到场进行隐蔽工程和工程隐蔽部位的验收，不得无故缺席或拖延。若监理人未及时派员或因特殊原因无法到场验收时，应通知承包人延期验收，由此造成的工期延误，承包人有权要求延长工期和赔偿其停工、窝工损失。

（三）验收后重新检验

监理人按承包人通知约定的时间进行验收后或监理人未到场验收而承包人按监理人指示由承包人认真作好现场记录自行覆盖后，若监理人事后对质量有怀疑，可要求承包人

对已覆盖的部位进行钻孔探测以至揭开重新检验，承包人应遵照执行。其重新检验所需增加的费用和工期延误责任，视其重新检验结果确定。若重新检验结果不符合合同要求，则由承包人承担，若重新检验结果符合合同要求，则由发包人承担。

（四）承包人私自覆盖的处理

承包人未及时通知监理人到场验收，私自将隐蔽部位覆盖，监理人有权指示承包人采用钻孔探测以至揭开进行检验，无论检查的结果是否合格，由此增加的费用和工期延误责任均应由承包人自己承担。

七、测量放线

（一）施工控制网

监理人应在合同专用条款规定的时限内，向承包人提交测量基准点、基准线和水准点及其书面资料。承包人应根据监理人提交的基准点（线）以及国家测绘标准和本工程精度要求，测设自己的施工控制网，并应在专用合同条款规定的时限内，将施工控制网资料提交监理人审批。承包人应负责管理好施工控制网点，若有丢失或损坏，应及时修复，其所需的管理和修复费用由承包人承担。工程完工后应完好地移交给发包人。

（二）施工测量

承包人应负责施工过程中的全部施工测量放线工作，并应自行配置所需合格的人员、仪器、设备和其他物品。

监理人可以指示承包人在监理人员监督下进行抽样复测，当复测中发现有错误时，承包人必须按监理人指示进行修正或补测，发包人将不为上述指示所增加的复测工作另行支付费用。

（三）监理人使用施工控制网

监理人可以使用本合同的施工控制网，承包人应及时提供必要的协助，发包人亦不再为此另行支付费用。其他承包人需要使用上述施工控制网时，应按监理人指示为其他人在本工地或附近实施与本工程有关的其他各项工作提供必要的条件。

第三节　工程质量检验与控制

施工过程的质量控制，就是对影响工程质量的主要因素：人、设备、材料、工艺、环境，严格地做好事前审批、事中监督、事后把关工作，严格工作程序和工作制度的管理。

一、施工过程中监理人质量控制的程序

在施工过程中，监理人对单位（或分部）工程的质量控制按下述程序进行。

（一）审核承包人的《单位（或分部）工程开工申请单》

在每个单位（或分部）工程施工开始前，施工承包人均需填写《单位（或分部）工程开工申请单》，并附上施工组织计划及施工技术措施设计、机具设备与技术工人数量、材料及施工机具设备到场情况，各项施工用的建筑材料试验报告，以及分包人的资格证明等，报送监理人进行审核。

监理人在收到《单位(或分部)工程开工申请单》后在规定的时间内,会同有关部门检查核实承包人的施工准备工作情况。如果认为满足合同要求和具备施工条件时,可签发《单位(或分部)工程开工申请单》,承包人在接到签发的《单位(或分部)工程开工申请单》后即可开工。如果审核不合格,监理人应指出承包人施工准备工作中存在的问题,并要求限期解决。此时,承包人应按照监理人指出的问题,继续做好施工准备,届时再次填报《单位(或分部)工程开工申请单》供审核。

分部工程开工申请格式如表9-1所示。

表9-1　分部工程开工申请单

(承包[　　]分开工　　号)

合同名称:　　　　　　　　　　　　合同编号:

承包人:

申请开工分部工程名称、编码			
申请开工日期		计划工期	年　月　日至 年　月　日
承包人施工准备工作自检记录	序号	检查内容	检查结果
	1	施工图纸、技术标准、施工技术交底情况	
	2	主要施工设备到位情况	
	3	施工安全和质量保证措施落实情况	
	4	建筑材料、成品、构配件质量及检验情况	
	5	现场管理、劳动组织及人员组合安排情况	
	6	风、水、电等必需的辅助生产设施准备情况	
	7	场地平整、交通、临时设施准备情况	
	8	测量及试验情况	

附件:□分部工程施工工法

□分部工程进度计划

本分部工程已具备开工条件,施工准备已就绪,请审批。

承包人:(全称及盖章)

项目经理:(签名)

日期:　　年　　月　　日

开工申请通过审核后另行签发开工通知。

监理机构(全称及盖章):

签收人:(签名)

日期:　　年　　月　　日

说明:本表一式________份,由承包人填写,监理机构审签后,随同《分部工程开工通知》送承包人、监理机构、发包人、设计代表各1份。

（二）现场检查和监理试验室试验或联合检查

在单位（或分部）工程过程中，监理人除应检查、帮助、督促承包人的全面质量管理保证体系正常运作外，还应要求承包人严格执行工程质量的“三检制”。当承包人在按规范、合同规定的工艺和技术要求完成每一道工序后，首先应由班组兼职质检员填写初检记录，班组长复核签字。一道工序可由几个班组填写初检记录，然后由质检科的专职质检员或施工队的兼职质检员，与施工技术人员一起搞好复检工作，并填写复检意见。搞好施工质量复检是考核、评定施工班组工作质量的依据，要努力提高一次检查合格率。然后，必须由质检（管）处或施工单位的专职质检员进行终检，并签署终检意见。在终检合格后签发《合格证》。由承包人填写《工程质量报验单》并附上自检资料，报请监理人进行检查认证。监理人应在商定的时间到现场对每一道工序用目视检测包括目测、手测、机械检测等方法逐项进行检查，必要时利用承包人的试验室进行现场抽检。所有的检查结果均应作详细的记录。对于关键部位或重要的工序还要进行旁站检查、中间检查和技术复核，以防止质量隐患。对重要部位的施工状况或发现的质量问题，除作详细记录外，还应采用拍照、录像等手段存档。

隐蔽工程和工程的隐蔽部位经承包人的自检确认具备覆盖条件后的24小时内，承包人应通知监理人进行验收，通知应按规定的格式说明验收地点、内容和验收时间，并附有承包人自检记录和必要的验收资料。监理人应按通知约定时间指派监理人员到场进行验收，在监理人员确认质量符合技术条款要求，并在验收记录上签字后，承包人才能进行覆盖。

监理人应在约定的时限内到场进行隐蔽工程和工程隐蔽部位的验收，不得无故缺席或拖延。若监理人因特殊情况无法按时派出监理人员到场验收时，应延期验收，工期延误和费用增加由发包人承担。

承包人未及时通知监理人到场验收，私自将隐蔽部位覆盖，监理人有权指示承包人采用钻孔探测以至揭开进行检验，由此增加的费用和工期延误责任由承包人承担。

（三）签发《工程质量合格证》

在现场检查和试验室检验的或联合检查的所有项目均合格之后，监理人就该道工序可签发《工程质量合格证》。承包人可进行下一道工序施工。上一道工序未经监理人检查或检查不合格，不得进行下一道工序的施工。如果监理人检查不合格，则应令承包商返工。经返工后再经监理人检查，合格后签发《工程质量合格证》，才能进行下一道工序施工。如果监理人认为必要时，也可对承包人已覆盖了的工程质量进行抽检，承包商不得阻碍，必须提供抽查条件。如抽检不合格时，应按工程质量事故处理，返工合格后方可继续施工。对于违反合同规定，未经监理人检查，强行覆盖的，将作为违规违约论处。

（四）填写《中间交工证书》

在单位（或分部）工程每一道工序都经过工程师检查认证后，直到全部单位（或分部）工程完成，承包人可填写《中间交工证书》，上报监理人。监理人应汇总检查该单位（或分部）工程中每道工序的《工程质量合格证》，并将其编号填入《中间交工证书》。

（五）组织现场检查

监理人在收到承包人的《中间交工证书》并汇总检查该单位（或分部）工程中每道工

序的《工程质量合格证》后，应组织发包人、质量监督站和各有关专业监理人以及承包人，再次对该单位（或分部）工程进行全面的检查，以确定是否具备中间交工的条件。必要时，可进行试验室检查。

（六）签发《中间交工证书》

经过上述检查如果发现工程质量不合格，监理人可签发"不合格工程通知"，要求承包人对不合格的工程予以拆除、更换、修补或返工。如果检查合格，则对该单位（或分部）工程予以中间验收，并签发《中间交工证书》。这是单位（或分部）工程最后计量支付的基本条件。

二、施工过程中的工序质量控制

工序是指人、机械、材料、方法、环境等因素对工程综合起作用的过程，它是组成工程施工过程的单元。工序质量控制就是生产活动效果的质量控制，根据工序质量检验及对反馈来的工程产品性能特征各方面的质量数据的分析，针对存在的差异问题采取措施，尽可能消除这些差异，使质量达到要求，并保持稳定的调节管理过程。工序质量控制就是对施工过程的每一道工序质量进行控制，使每一道工序质量符合要求，它是一种质量预防。工序质量控制是以工序分析为基础的，工序分析为工序的质量控制提供了信息和方法。

（一）工序施工前的控制

每一道工序施工前，要检查上一道工序有无《工程质量合格证》。只有上一道工序经监理人检查认证，并签发了《工程质量合格证》，而且本工序所使用的材料、施工机械设备、环境等因素以及操作人员符合了规定的条件，并得到工程师的批准，才能进行本工序的施工。

（二）工序施工过程中的质量控制

工序施工过程中，要求施工承包人加强工序质量管理，通过工序能力及工序条件的分析研究，充分管理施工工序，使之处于严格的控制之中，以保证工序的质量。同时，在工序施工过程中，监理人也应加强工序质量控制，在工序施工过程中及时检查和抽查，对重要的工序实行旁站检查。对承包人设置的控制点（见证点和待检点），应重点检查和控制。

在工序控制过程中，以工序分析为基础，工序分析一般有下述三个步骤。

第一步，应用因果分析图法进行分析，通过分析，在书面上找出支配性要素。该步骤包括五项活动：

（1）选定工序分析的对象。对关键的、重要的工序或根据过去资料认定经常发生问题的工序，可选定为工序分析的对象。

（2）确定参加分析的人员，明确任务，落实责任。

（3）对经常发生质量问题的工序，应掌握现状和问题点，确定改善工序质量的目标。

（4）组织会议，应用因果分析图进行工序分析，找出工序支配性要素。

（5）针对支配性要素拟订对策计划，决定试验方案。

第二步，实施对策计划：

（6）按试验方案进行试验，找出质量特性和工序支配性要素之间的关系，经过审查，确定试验结果。

第三步，制订标准，控制支配性要素：

(7)将试验核实的支配性要素编入工序质量表，纳入标准或规范，落实责任部门或人员，并经批准。

(8)各部门或有关人员对属于自己负责的支配性要素，按标准规定实行重点管理。

(三)工序完成后的质量控制

工序完成后，首先要求承包人自检。自检要求实行“三检制”，即每道工序完成后必须进行施工班组的施工质量初检，质检科专职质检员或施工队兼职质检员与施工技术人员的复检，以及承包人质检处或专职质检员的终检。自检合格后，由承包人填写《工程质量报验单》。

监理人接到《工程质量报验单》后，要组织对工序进行检查认证，对于分工序施工的单元工程，未经工程师的检查认证或检查不合格的，不得进行下一道工序的施工。

监理人在对每道施工工序进行检查时，应根据施工承包人填写的“单元工程质量等级评定表”逐项进行全检或抽检，并作详细记录。在检查检测之后，可进行工程质量评定。

三、质量控制点的设置

质量控制点是指为了保证作业过程质量而确定的重点控制对象、关键部位或薄弱环节。

设置质量控制点是保证达到施工质量要求的必要前提，监理人在拟定质量控制工作计划时，应予以详细地考虑，并以制度来保证落实；对于质量控制点，要事先分析可能造成质量问题的原因，再针对原因制定对策和措施进行预控。

(一)质量控制点控制措施设计步骤

承包人应在提交的施工措施计划中，根据自身特点拟定的质量控制点，通过监理人审核后，就要针对每个控制点进行控制措施的设计，主要步骤和内容如下：

(1)列出质量控制点明细表。

(2)设计质量控制点施工流程图。

(3)进行工序分析，找出影响质量的主要因素。

(4)制定工序质量表，对上述主要因素规定出明确的控制范围和控制要求。

(5)编制保证质量的作业指导书。

(二)质量控制点的实施

(1)进行质量控制点的设置及控制措施交底，树立以预防为主的思想。

(2)监理人员要在施工现场进行重点指导、检查、验收，对关键的质量控制点要进行旁站监理。

(3)严格要求操作人员按作业指导书进行认真操作，保证各环节的施工质量。

(4)按规定做好检查，认真记录检查结果，取得准确客观的第一手数据。

(5)运用数理统计方法对检查结果进行分析，不断地进行改进，直至质量控制点验收合格。

(三)质量控制点的设置对象

设置质量控制点的对象,主要有以下几方面:

(1)关键的分项工程。如大体积混凝土工程、土石坝工程的坝体填筑、隧洞开挖工程等。

(2)关键的工程部位。如混凝土面板堆石坝面板趾板及周边缝的接缝、土基上水闸的地基基础、预制框架结构的梁板节点、关键设备的设备基础等。

(3)薄弱环节。指经常发生或容易发生质量问题的环节,或施工承包人施工无把握的环节,或采用新工艺(材料)的施工环节等。

(4)关键工序。如钢筋混凝土工程的混凝土振捣,灌注桩的钻孔,隧洞开挖的钻孔布置、方向、深度、用药量和填塞等。

(5)关键工序的关键质量特性。如混凝土的强度、土石坝的干容重等。

(6)关键质量特性的关键因素。如冬季混凝土强度的关键因素是环境(养护温度),支模的稳定性的关键是支撑方法,泵送混凝土输送质量的关键是机械等。

某土建工程设置的质量控制点如表 9-2 所示。

表 9-2　质量控制点设置

序号	工程项目	质量控制要点	控制手段与方法
1	土石方工程	开挖范围(尺寸及边坡比)	测量、巡视
		高程	测量
2	一般基础工程	位置(轴线及高度)	测量
		高程	测量
		地基承载能力	试验测定
		地基密实度	检测、巡视
3	碎石桩基础	桩底土承载力	测试、旁站
		孔位孔斜成桩垂直度	量测、巡视
		投石量	量测、旁站
		桩身及桩间土	试验、旁站
		复合地基承载力	试验、旁站
4	换填基础	原状土地基承载力	测试、旁站
		混合料配比、均匀性	审核配合比,取样检查、巡视
		碾压遍数、厚度	旁站
		碾压密实度	仪器、测量

续表 9-2

<table>
<tr><th>序号</th><th>工程项目</th><th>质量控制要点</th><th colspan="2">控制手段与方法</th></tr>
<tr><td rowspan="6">5</td><td rowspan="6">水泥搅拌桩</td><td>桩位(轴线、坐标、高程)</td><td colspan="2">测量</td></tr>
<tr><td>桩身垂直度</td><td colspan="2">量测</td></tr>
<tr><td>桩顶、桩端地层高程</td><td colspan="2">测量</td></tr>
<tr><td>外掺剂掺量及搅拌头叶片外径</td><td colspan="2">量测</td></tr>
<tr><td>水泥掺量、水泥浆液、搅拌喷浆速度</td><td colspan="2">量测</td></tr>
<tr><td>成桩质量</td><td colspan="2">N10 轻便触探器检验、抽芯检测</td></tr>
<tr><td rowspan="5">6</td><td rowspan="5">灌注桩</td><td>孔位(轴线、坐标、高程)</td><td colspan="2">测量</td></tr>
<tr><td>造孔、孔径、垂直度</td><td colspan="2">量测</td></tr>
<tr><td>终孔、桩端地层、高程</td><td colspan="2">检测、终孔岩样做超前钻探</td></tr>
<tr><td>钢筋混凝土浇筑</td><td colspan="2">审核混凝土配合比、坍落度、施工工艺、规程、旁站</td></tr>
<tr><td>混凝土密实度</td><td colspan="2">用大小应变超声波等检测,巡视</td></tr>
<tr><td rowspan="7">7</td><td rowspan="7">混凝土浇筑</td><td>位置轴线、高程</td><td>测量</td><td rowspan="7">1. 原材料要合格,碎石冲洗,外加剂检查试验。
2. 混凝土拌和:拌和时间不少于 120 秒。
3. 混凝土运输方式。
4. 混凝土入仓方式。
5. 浇筑程序、方式、方法。
6. 平仓、控制下料厚度、分层。
7. 捣振间距,不超过振动棒长度的 1.25 倍,不漏振,振捣时间。
8. 浇筑时间要快,不能停顿,但要控制层面时间。
9. 加强养护。</td></tr>
<tr><td>断面尺寸</td><td>量测</td></tr>
<tr><td>钢筋:数量、直径、位置、接头、绑扎、焊接</td><td>量测、现场检查</td></tr>
<tr><td>施工缝处理和结构缝措施</td><td>现场检查</td></tr>
<tr><td>止水材料的搭接、焊接</td><td>现场检查</td></tr>
<tr><td>混凝土强度、配合比、坍落度</td><td>现场制作试块,审核试验报告,旁站</td></tr>
<tr><td>混凝土外观</td><td>量测</td></tr>
</table>

第四节　工程验收与保修

一、完工验收

完工验收是指承包人完成合同中规定的工程项目后,移交给发包人接收前的交工验收,不是国家或项目法人对整个建设项目的竣工验收。为了尽早发挥工程效益,虽然合同中的工程项目未全部完成,但有些不影响工程使用的尾工项目可待保修期内完成,经监理工程师确认具备完工验收条件后,承包人可正式提交完工验收申请报告。

（一）完工验收申请报告

当工程具备以下条件时，承包人即可向发包人和监理人提交完工验收申请报告，并附上完工资料：

（1）除经监理人同意列入保修期内完成其他尾工项目外，承包人已完成了合同范围内的全部单位工程以及有关的工作项目。

（2）已按合同规定备齐了完工资料（一式6份），包括：①工程实施概况和大事记；②已完工程移交清单（包括工程设备）；③永久工程竣工图；④列入保修期完成的尾工工程项目清单；⑤未完成的缺陷修复清单；⑥施工期观测资料；⑦监理人指示应列入完工报告的各类施工文件、施工原始记录（含图片和录像资料）以及其他应补充的完工资料等。

（3）已按监理人的要求编制了在保修期内实施的尾工工程项目清单和未修补的缺陷项目清单以及相应的施工措施计划。

（二）监理人对完工申请报告的审核处理

监理人在接到承包人完工验收申请报告后的28天内应审核其报告的各项内容，并按以下不同情况进行处理：

（1）监理人审核后发现工程尚有重大缺陷时，可拒绝或推迟进行完工验收，并通知承包人，指出完工验收前应完成的工程缺陷修复和其他的工作内容与要求，并将完工验收申请报告同时退还给承包人。承包人应在具备完工验收条件后重新申报。

（2）监理人审核后对上述报告及报告中所列的工作项目和工作内容持有异议时，应将意见通知承包人，承包人应在收到上述通知后的28天内重新提交修改后的完工验收申请报告，直至监理人同意为止。

（3）监理人审核后认为工程已具备完工验收条件，应提请发包人进行工程验收。

（三）完工验收和移交证书

发包人在接到监理人提请进行工程验收的通知后，应在监理人收到完工验收申请报告后56天内组织工程完工验收，并在验收通过后签署工程移交证书，颁发给承包人。在签署移交证书前，应由监理人与发包人和承包人协商核定工程项目的实际完工日期，并在移交证书中写明。此日期是计算承包人完工工期的依据，也是工程保修期的开始。从颁发移交证书之日起，照管工程的责任即应由发包人承担。

（四）分阶段验收和施工期运行

1. 单位工程验收

在全部工程完工验收前，若合同中的某些单位工程（如船闸、交通道路等）已完工且可以提前发挥效益时，经发包人同意，承包人可申请对这些单位工程项目中某些需要进行验收的项目进行验收，并颁发单位工程移交证书，由发包人先接管该单位工程。单位工程验收的程序、内容与完工验收相同，单位工程的验收成果和结论可作为本合同工程完工验收申请报告的附件。

2. 部分工程验收

工程尚未完工前，若发包人根据合同进度计划的安排，需提前使用尚未全部完成的工程时，可以对已完成的部分工程进行验收，并应由发包人或授权监理人颁发临时移交证书。其完工验收申请报告应说明已验收的该部分工程的项目或部位，还需列出应由承包人负责修复的未完成缺陷修复项目清单。同样,验收成果及其验收记录和证件应作为全部工程完工验收资料的组成部分。如大坝工程达到某一特定高程可以满足初期发电时,可对该部分工程进行验收,以满足初期发电要求。

3. 施工期运行

对于上述的单位工程或部分工程,发包人需要在施工期投入运行时,应对其局部建筑物承受施工运行荷载的安全性进行复核,在证明其能确保安全时才能投入施工期运行。另外,由于工程在施工期投入运行,可能会增加承包人修复缺陷和损坏工作的困难而导致费用增加时,即使该缺陷和损坏原属承包人的责任,但应由监理人与承包人和发包人协商确定需由发包人合理分担的费用。

(五)发包人不及时验收

若监理人确认承包人已完成或基本完成合同规定的工程,并具备了完工验收条件,如发包人在收到承包人完工验收申请报告后,不及时进行验收,或在验收通过后无故不及时颁发移交证书,则发包人应从承包人发出完工验收申请报告56天后的次日起承担工程照管费用。

二、工程保修

(一)保修期

工程移交前,虽然已通过验收,但是还未经过运行的考验,而且还可能有一些尾工项目和修补缺陷项目未完成,所以还必须有一段期间用来检验工程的正常运行,这就是保修期。在保修期内,承包人应按合同规定完成全部尾工项目和修补好可能出现的缺陷。水利水电土建工程保修期一般为一年,有些项目可能更长,从移交证书中注明的全部工程完工日期开始起算。在全部工程完工验收前,发包人已提前验收的单位工程或部分工程验收后投入正常运行,其保修期应从该单位工程或部分工程移交证书上注明的完工日期起算。

若同一合同中的不同工程项目有多个不同的保修期时,应在合同中约定保修期的计算方法。

(二)保修责任

(1)保修期内,承包人应负责未移交的工程和工程设备的全部日常维护及缺陷修复工作,对已移交发包人使用的工程和工程设备,则应由发包人负责日常维护工作,但承包人应按移交证书中所列的缺陷修复清单进行修复,直至经监理人检验合格为止。

(2)发包人在保修期内使用工程和工程设备过程中,发现新的缺陷和损坏或原修复的缺陷部位或部件又遭损坏,则承包人应按监理人的指示负责修复,直至经监理人检验合格为止。监理人应会同发包人和承包人共同进行查验,若经查验确属由于承包人施工中隐存的或其他由于承包人责任造成的缺陷或损坏,应由承包人承担修复费用;若经查验确属发包人使用不当或其他由于发包人责任造成的缺陷或损坏,则应由发包人承担修复费用。

(三)保修责任终止证书

在整个工程保修期满后的28天内,由发包人或授权监理人签署和颁发保修责任终止证书给承包人。若保修期满后还有缺陷未修补，则需待承包人按监理人的要求完成缺陷修复工作后，再发保修责任终止证书。

保修责任终止证书的颁发，表明承包人已履行了保修期的义务，监理人对其满意，也表明了承包人已按合同规定完成了全部工程的施工任务，发包人接受了整个工程项目。但此时合同双方的财务账目尚未结清或存在不同意见，可能有些争议或索赔事项还未清理完毕，故并不意味合同已履行结束，尽管颁发了保修责任终止证书，发包人和承包人均仍应对保修责任终止证书颁发前尚未履行的义务和责任负责。

第十章 工程施工进度

第一节 开工与完工

一、开工

(一)开工通知

开工通知是指监理人经发包人同意通知承包人开工的函件,开工通知中写明的开工日即为合同工程的开工日期。自开工日期至合同规定的完工日期,即承包人在投标函中承诺的完成合同工程所需的期限,包括依据合同所作的工期变化。《水利水电工程标准文件》第11.1条规定:“监理人应在开工日期7天前向承包人发出开工通知。监理人在发出开工通知前应获得发包人同意。工期自监理人发出的开工通知中载明的开工日期起计算。承包人应在开工日期后尽快施工。”开工日期是承包人安排施工进度的重要依据,由于水利水电工程施工受季节影响很大,推迟开工日期将增加承包人施工组织的难度和费用,不应轻易推迟已规定的开工日期。因此,监理人应在施工合同规定的期限内,向承包人发出开工通知。承包人应接到开工通知后及时调遣人员和调配施工设备、材料进入工地。并从开工通知中写明的开工日起按签署协议书时商定的进度计划进行施工准备。

承包人应按合同进度计划,向监理人提交工程开工报审表,经监理人审批后执行。开工报审表应详细说明按合同进度计划正常施工所需的施工道路、临时设施、材料设备、施工人员等施工组织措施的落实情况以及工程的进度安排。

(二)开工延误

发包人未能按合同约定向承包人提供开工的必要条件(如施工用地、部分施工准备工程和测量基准等),属于发包人的原因延误开工,承包人有权提出延长工期的要求。监理人应在收到承包人的书面要求后,按合同约定与合同双方商定或确定由此增加的费用和延长的工期。

承包人在接到开工通知后14天内,不按进度计划要求及时进场组织施工,监理人可通知承包人在接到通知后7天内提交一份说明其进场延误的书面报告,报送监理人,书面报告应说明不能及时进场的原因和补救措施,由此增加的费用和工程延误责任由承包人承担。

二、竣工(完工)

完工日期是指合同约定的工期届满时的日期,是发包人要求承包人实施工程的合同依据,发包人和承包人均不得随意更改,需要作出更改时应严格按合同规定办理。承包人应在合同约定的期限内完成合同工程。合同工程实际完工日期在合同工程完工证书中明确。

三、工期提前

发包人要求承包人提前竣工,或承包人提出提前竣工的建议能够给发包人带来效益的,应由监理人与承包人共同协商采取加快工程进度的措施和修订合同进度计划。发包人应承担承包人由此增加的费用,并向承包人支付专用合同条款约定的相应奖金。

发包人要求提前完工的,双方协商一致后应签订提前完工协议,协议内容包括:

(1)提前的时间和修订后的进度计划;

(2)承包人的赶工措施;

(3)发包人为赶工提供的条件;

(4)赶工费用(包括利润和奖金)。

四、承包人的工期延误

由于承包人原因,未能按合同进度计划完成工作,或监理人认为承包人施工进度不能满足合同工期要求的,承包人应采取措施加快进度,并承担加快进度所增加的费用。由于承包人原因造成工期延误,承包人应支付逾期竣工违约金。逾期竣工违约金的计算方法在专用合同条款中约定。承包人支付逾期竣工违约金,不免除承包人完成工程及修补缺陷的义务。

五、发包人的工期延误

在履行合同过程中,由于发包人的下列原因造成工期延误的,承包人有权要求发包人延长工期和(或)增加费用,并支付合理利润。需要修订合同进度计划的,按照合同约定办理:

(1)增加合同工作内容;

(2)改变合同中任何一项工作的质量要求或其他特性;

(3)发包人迟延提供材料、工程设备或变更交货地点的;

(4)因发包人原因导致的暂停施工;

(5)提供图纸延误;

(6)未按合同约定及时支付预付款、进度款;

(7)发包人造成工期延误的其他原因。

六、异常恶劣的气候条件

合同对于异常恶劣气候必须明确界定,以明确合同责任。合同工程界定异常恶劣气候条件的范围在专用合同条款中约定。

当工程所在地发生危及施工安全的异常恶劣气候时,发包人和承包人应按合同通用条款关于暂停施工的约定,及时采取暂停施工或部分停工措施。异常恶劣气候条件解除后,承包人应及时安排复工。异常恶劣气候条件造成的工期延误和工程损坏,应由发包人和承包人参照通用合同条款关于不可抗力的约定协商处理。

第二节　合同当事人进度控制的权利与义务

施工进度的合理安排,对保证工程项目的工期、质量和成本有直接的影响,是全面实现工程预期目标的关键环节。科学而符合合同要求的施工进度,有利于控制工程成本和工程质量;仓促赶工,往往伴随着工程成本的失控,既给承包人造成重大亏损,又将影响工程质量。因此,承包人在中标以后,应在投标书施工进度计划的基础上,核实施工组织计划,编制详细的施工进度计划,使工程项目关键部位的施工进度符合标书的要求。

按照国际工程招标承包程序,承包人在接到发包人的中标通知书以后,应向发包人和监理人报送详细的施工进度计划,取得监理人的审核同意,作为以后施工进度的依据。事实上,在投标书中已列出了承包人制定的施工进度计划,已成为投标文件的组成部分。这两个施工进度计划的区别在于:投标书中的进度计划已被发包人所接受,已成为发包人作出授标决定的根据之一;中标后又报送的进度计划,是为了进一步地核实施工进度,取得监理人的批准,作为施工过程中合同双方共同遵守的合同文件。监理人应按这个进度计划及时地提供设计施工图纸,承包人应按它组织施工,以达到按合同规定日期完成工程建设的目的。假如监理人未按进度计划的要求及时提供图纸,影响了承包人的施工进度时,他应承担相应的工期及工程成本的损失责任。如果承包人耽误施工进度,他就应自费加速施工,以挽回延误了的工期,否则就应承担拖期损失赔偿费。

根据国际工程承包施工的实践经验,承包人如果在工期上造成延误,往往导致一系列的问题,如施工成本增加,质量难以保证,甚至引起合同争端,造成严重的后果。因此,从工程项目开工之始,合同双方都应充分重视施工进度问题,不断地解决影响施工进度的难题,为工程的按期建成打下坚实的基础。

一、发包人进度控制权利与义务

为了使工程顺利进行,保证工期的实现,发包人应做好进度控制,起到总控作用。

(1)确定建设工期目标。

(2)分解、确定进度里程碑目标。

(3)分解、确定各施工标的开工、完工、中间完工等时间,分析、确定各施工标间共用施工通道、场地、专业施工设备等的时间分配方案,分析、确定各施工标中涉及的施工图供应、施工场地提供、项目法人采购工程设备提供等时间,了解、协调由于工程建设可能引起当地停水、停电、交通中断等外部建设条件问题,研究相应的实施方案。

(4)按照上述(1)、(2)、(3)项时间要求,编制项目招标计划,并组织设计、监理、施工、物资采购等各项招标。

(5)按照上述(1)、(2)、(3)项时间要求,编制征地拆迁与移民安置总体进度计划,与地方移民机构签订征地拆迁和移民安置包干责任书。

(6)按照资金使用计划,编制并落实建设资金筹措计划。

(7)按照各施工标的时间计划要求,就合同项目开工、场地提供、图纸提供、物资供应、工程验收与移交等,履行发包人的义务;按照物资采购合同要求,及时组织或委托组织设计联络会、产品出厂交验等有关发包人的义务。

(8)协调工程外部环境,协调设计、施工、设备制造和征地拆迁等之间的关系,决定或认可合同工期、里程碑节点工期的调整事宜。

(9)监控工程总体形象进度,监督监理人认真履行进度控制义务,受理工期索赔。

二、监理人进度控制权利与义务

(1)签发开工通知。

(2)审批承包人提供的施工进度计划。

(3)监督、检查施工进度,发现进度拖后时指示承包人采取有效措施赶上进度。

(4)按合同规定办理或组织办理向承包人提供施工图纸、提供发包人采购的设备、提供施工道路与场地。

(5)按合同规定权限处理施工暂停事宜。

(6)主持监理例会,研究、协调、批准、指示、认可有关进度事宜。

(7)分析进度状况,对存在问题提出建议与意见,编写进度报告。

(8)组织或参与合同项目完工验收,协商核定实际完工日期。

(9)处理工期延误或提前有关事宜。

第三节　施工进度计划与控制

一、合同进度计划

《水利水电工程标准施工招标文件》规定:承包人应按专用合同条款约定的内容和期限,编制详细的施工进度计划和施工方案说明报送监理人。监理人应在专用合同条款约定的期限内批复或提出修改意见,否则该进度计划视为已得到批准。经监理人批准的施工进度计划称合同进度计划,是控制合同工程进度的依据。承包人还应根据合同进度计划,编制更为详细的分阶段或分项进度计划,报监理人审批。

在承包人按合同约定提交了总进度计划后,监理人应在合同约定时间内,组织力量对承包人提交的进度计划进行全面、深入的审核,并提出审批意见。对进度计划的审核,不能只局限于对进度计划本身的审核,还应十分重视进度计划与施工技术方案、施工总体布置、资源供应计划等有关方面的关系;应考虑不利自然条件可能对计划实施的影响。

(一)审批程序

(1)承包人应在施工合同约定的时间内向监理人提交施工进度计划。

(2)监理人应在收到施工进度计划后及时进行审查,提出明确审批意见。必要时召集由发包人、设计单位参加的施工进度计划审查专题会议,听取承包人的汇报,分析研究有关问题。

(3)如施工进度计划中存在问题,监理人应提出审查意见,要求承包人进行修改或调整。

(4)审批施工总进度计划。

(二)监理人审核进度计划的主要内容

1. 响应性与符合性

施工进度计划应满足合同工期和阶段性目标(或称进度里程碑)的要求:

(1)合同规定的工程完工日期(包括中间完工日期)是承包人编制进度计划的基本要求和约束条件,不得有任何拖延,否则,会对工程按期投产运行产生影响。

(2)为了有效控制施工进度,在工程工期较长的情况下,应将总工期目标分解为若干个里程碑目标。这样,便于在进度控制中明确当前具体目标与任务,及时采取有效措施实施主动控制,分解工期延误风险。因此,在计划审查过程中,不仅要分析各项工作任务对总工期的影响,还要分析它对进度里程碑实现的影响。

(3)进度里程碑的设置应考虑其目标重要性和影响力。如应选择主要单位工程的开工、完工或在工程建设过程中的重要阶段(如截流、度汛、水库蓄水、引水工程通水及分期投产等),这些里程碑目标既是进度控制的重点,对工程总体进展和效益影响大,又有利于对有关参建单位和人员产生巨大的影响力,从思想上、组织上和工作上给以足够的重视。

2. 正确性与可行性

施工进度计划中应无项目内容漏项或重复的情况,工作项目的持续时间、资源需求等基本数据准确,各项目之间逻辑关系正确,施工方案具有可行性。这样的计划才切合实际,才能指导工作。

一个合同项目包括的工作数目很多,漏项、逻辑关系错误或数据错误是经常发生的,这就要求监理人在审查进度计划时,既要有严肃认真的工作作风,又要有科学严谨的工作方法。同时,工作人员还应具有一定的工程经验和发现问题的直观判断能力。

施工方案是施工进度顺利进行的技术保证。因此,在进度计划审查时,应重视施工方案的分析、论证。虽然施工成本控制是承包人的义务,但是不合理的施工方案,会影响承包人资金的有效使用,激化资金供需矛盾。不可行的施工方案,将直接影响工程按计划完成,关键施工方案的不可行甚至会导致承包人无能力补救的局面而影响到工程投资效益(如大量资金浪费造成承包人没有资金再投入能力、工期大幅度延误等)。在进度计划审批中,常见的施工方案不可行情形有:承包人采用的施工方案不能保证进度要求、实际施工强度达不到计划强度、作业交叉与工艺间歇要求而影响施工工效、现场干扰较大而影响施工工效、自然条件不利而影响施工工效、存在安全或质量隐患而可能影响工程进度、实际成本过高导致承包人在正常情况下不可能按计划投入、施工方案不适用于本工程的作业条件(如工程地质条件、水文地质条件、气候条件等)或不能满足本工程的技术标准要求等。诸如上述问题,监理人应明确要求承包人调整施工方案或进度计划。

3. 关键路线选择的正确性

关键路线的进度决定了整个计划的工期。关键路线进度的任何延误,都可能引起工程工期的延误。因此,关键路线的确定,决定了管理工作的重点以及有限资源的配置。关键路线的错误选择经常会影响工程总体进度。在以往的工程实践中,关键路线选择不正确的情况时有发生。造成这种错误选择的原因除工程本身复杂外,在进度计划编制和审批中的主要原因有:只关注工程量的大小与施工工效计算,而未对干扰因素进行全面深入的分析;只重视现场施工任务量的大小,而忽视了外部工作的必要时间(这些工作所需时间经常又是项目管理者无法直接控制的,如设计进度、设计重大变更时间、征地与外部环境协调时间和设备制造时间等)。因此,在确定关键路线时,监理人应深入了解当地作业条件和发包人的工作计划;应在发包人主持下与为发包人提供服务的设计、材料和设备供应单位以及与工程建设有关的相关政府行业管理部门(如交通、防汛、供水、供电)充分沟通与协商;应与承包人就作业条件、地质条件、气候条件、施工方案、资源投入、作业效率、不可抗力及其他影响因素等进行仔细分析,在全面、系统地分析论证的基础上确定关键路线。当影响因素复杂且不确定性较大时,应在充分听取、综合有经验专家意见的基础上,通过计划评审技术(PERT)、图示评审技术(GERT)、风险评审技术(VERT)或系统仿真技术等数学手段,进行更为深入、科学的分析。

4. 进度计划与资源计划的协调性

人力、材料和施工设备等资源配置计划与施工进度计划相协调,工程设备供应计划与施工进度计划相协调,进度计划与发包人提供施工条件相协调。

资源供应是施工进度实施的基本保证。要使进度计划顺利实施,必须有与之相匹配的资源供应计划,如施工设备计划、工程设备计划、材料计划、劳动力计划、场地使用计划、道路使用计划、图纸供应计划和资金计划等。因此,在施工进度计划审批中,应仔细分析进度计划与资源计划的协调性,并应分析影响资源供应的因素,尤其是对于工程线路长、施工场地分散、施工强度高、资金需求大、图纸提供与场地提供要求集中的项目。

对于合同规定应由发包人提供的、对工程施工进度影响大且供应中干扰因素多的资源,监理人应提请发包人加以重视并落实到工作计划中(如资金、图纸、场地、工程设备等)。当这些资源计划需要与为发包人提供服务的其他单位(如设计单位、地方移民局)进行协商时,应在发包人主持下或在发包人授权委托下召开有关方面的协调会,在充分听取各方意见和沟通、协商的基础上,确定满足合同规定的、有关各方能够接受的、相互协调的进度计划和资源供应计划。

对于合同规定应由承包人提供的、对工程施工进度影响大且供应中干扰因素多的资源,监理人应在审批意见中要求承包人采取相应措施(如施工设备、劳动力、材料与中间产品)。对于工程施工中需要委托加工的特殊大型施工设备或需要自行生产的主要中间产品,监理人应要求承包人随同进度计划提交相应的实施方案与计划,并进行深入、细致的分析、考察和论证,以保证其满足施工进度的要求。

5. 各标段施工进度计划之间的协调性

当工程项目规模大、涉及专业技术跨度大时,经常进行分标发包。多个承包人在一个工程上施工,经常会因为场地交叉、交通通道交叉、作业交叉或干扰发生冲突。因此,监理人在审批进度计划时,应仔细分析各标承包人提交的进度计划中相关作业的工作条件及其关系,通过沟通、协商,使进度计划在时间上、空间上衔接有序。

6. 施工强度的合理性和施工环境的适应性

施工进度计划中的施工强度应尽量均衡,既有利于施工质量与安全,又有利于资源调配与降低成本。

水利水电工程施工受到的社会、自然因素影响大,如施工期的供水要求、施工度汛、冬季施工等。因此,一方面,监理人应仔细分析进度计划与自然影响因素的关系,要求承包人合理调整施工进度计划,尽量避开不利的施工时段;另一方面,应要求承包人随同进度计划提交特殊施工期的施工方案与措施,并在进度计划审批中仔细分析、深入考察,系统论证方案的可行性。

二、施工进度控制措施

(一)施工进度的监督、检查、记录

进度控制是一个动态过程,在施工过程中影响进度的因素很多。因此,监理人应对施工进度实施全过程的跟踪监督、检查。

1. 施工进度监督、检查的日常监理工作

(1)现场监理人员每天应对承包人的施工活动安排,人员、材料、施工设备等进行监督、检查,促使承包人按照批准的施工方案、作业安排组织施工,检查实际完成进度情况,并填写施工进度现场记录。

(2)对比分析实际进度与计划进度的偏差,分析工作效率现状及其潜力,预测后期施工进展。特别是对关键路线,应重点做好进度的监督、检查、分析和预控。

(3)要求承包人做好现场施工记录,并按周、月提交相应的进度报告,特别是对于工期延误或可能的工期延误,应分析原因,提出解决对策。

(4)督促承包人按照合同规定的总工期目标和进度计划,合理安排施工强度,加强施工资源供应管理,做到按章作业、均衡施工、文明施工,尽量避免出现突击抢工、赶工局面。

(5)督促承包人建立施工进度管理体系,做好生产调度、施工进度安排与调整等各项工作,并加强质量、安全管理,切实做到"以质量促进度、以安全促进度"。

(6)通过对施工进度的跟踪检查,及早预见、发现并协调解决影响施工进度的干扰因素,尽量避免因承包人之间作业干扰、图纸供应延误、施工场地提供延误和设备供应延误等对施工进度的干扰与影响。

2. 施工进度的例会监督检查

结合现场监理例会(如周例会、月例会),要求承包人对上次例会以来的施工进度计划完成情况进行汇报,对进度延误说明原因。依据承包人的汇报和监理人掌握的现场情况,对存在的问题进行分析,并要求承包人提出合理、可行的赶工措施方案,经监理人同意后落实到后续阶段的进度计划中。

(二)关键路线的控制

在进度计划实施过程中,控制关键路线的进度,是保证工程按期完成的关键。因此,监理人应从施工方案、作业程序、资源投入、外部条件、工作效率等方面,全方位地督促承包人加强关键路线的进度控制。

1. 加强监督、检查与预控管理

对每一标段的关键路线作业,监理人应逐日、逐周、逐月检查施工准备、施工条件和工程进度计划的实施情况,及时发现问题,研究赶工措施,抓住有利赶工时机,及时纠正进度偏差。例如,在某工程隧洞施工中,施工支洞至出口段为本标段的关键路线,按照当时的进展情况,工期延误可能性较大。监理人根据现场情况和经验,认为先浇筑隧洞底板,改

善洞内交通条件，有利于加快进度。承包人依据监理人的建议及时调整了作业计划，使工程按期完工。又如，在某工程隧洞衬砌施工中，经过监理人的测算，认为承包人投入的模板数量不足，采用散模的作业时间较长，不能满足工期要求。监理人及时提出建议，承包人采取了增加模板数量以增加工作面、使用混凝土外加剂缩短工艺间歇时间、散模改为整体钢模台车等措施，保证了工程按期完工。

2. 研究、建议采用新技术

当工程工期延误较严重时，采用新技术、新工艺，是加快施工进度的有效措施。对这一问题，监理人应抓住时机，深入开展调查研究，仔细分析问题的严重性与对策。对于承包人原因造成的延误，应督促承包人及时提出相应措施方案；对于发包人原因造成的进度延误，监理人应协助发包人研究、比较相应的措施方案；对由于采用新技术引起的承包人的成本增加，应尽快与发包人、承包人协商解决，避免这一问题长期悬而未决，影响承包人的工作积极性，造成工程进度的进一步延误。

（三）逐月、逐季施工进度计划的审批及其资源核查

根据合同规定，承包人应按照监理人要求的格式、详细程度、方式和时间，向监理人逐月、逐季递交施工进度计划，以得到监理人的同意。监理人审批月、季施工进度计划的目的，是看其是否满足合同工期和总进度计划的要求。如果承包人计划完成的工程量或工程面貌满足不了合同工期和总进度计划的要求（包括防洪度汛、向后续承包人移交工作面、河床截流、下闸蓄水、工程完工和机组试运行等），则应要求承包人采取措施，如增加计划完成工程量、加大施工强度、加强管理、改变施工工艺和增加设备等。同时，监理人还应审批施工进度计划对施工质量和施工安全的保证程度。

一般来说，监理人在审批月、季进度计划中应注意以下几点：

（1）首先应了解承包人上个计划期完成的工程量和形象面貌情况。

（2）分析承包人所提供的施工进度计划（包括季、月）是否能满足合同工期和施工总进度计划的要求。

（3）为完成计划所采取的措施是否得当，施工设备、人力能否满足要求，施工管理上有无问题。

（4）核实承包人的材料供应计划与库存材料数量，分析是否满足施工进度计划的要求。

（5）施工进度计划中所需的施工场地、通道是否能够保证。

（6）施工图供应计划是否与进度计划协调。

（7）工程设备供应计划是否与进度计划协调。

（8）该承包人的施工进度计划与其他承包人的施工进度计划有无相互干扰。

（9）为完成施工进度计划所采取的方案对施工质量、施工安全和环保有无影响。

（10）计划内容、计划中采用的数据有无错漏之处。

（四）防范重大自然灾害对工期的影响

在水利工程施工中，经常遇到超标准洪水、异常暴雨、台风等恶劣自然灾害的影响。因此，监理人应根据当地的自然灾害情况，指示承包人提前做好防范预案，尽量做到早预测、早准备、有措施。一方面，应抓住有利时机加快施工进度；另一方面，为防范和规避自然灾害可能对工期的重大影响做好充分准备。

(五)施工进度计划的动态调整

施工进度是动态的,原计划的关键路线可能转化为非关键路线,而原来的某些非关键路线又有可能上升为关键路线。因此,必须随时进行实际进度与计划进度的对比、分析,及时发现新情况,适时调整进度计划。经过施工实际进度与计划进度的对比和分析,若进度的拖延对后续工作或工程工期影响较大时,监理人不容忽视,应及时采取相应措施。如果进度拖延不是由于承包人的原因或风险造成的,应在剩余网络计划分析的基础上,着手研究相应措施(如发布加速施工指令、批准工程工期延期或加速施工与部分工程工期延期的组合方案等),并征得发包人同意后实施,同时应主动与发包人、承包人协调,决定由此应给予承包商相应的费用补偿,随着月支付一并办理;如果工程施工进度拖延是由于承包人的原因或风险造成的,监理人可发出赶工指令,要求承包人采取措施,修正进度计划,以使监理人满意。监理人在审批承包人的修正进度计划时,可根据剩余网络的分析结果作以下考虑。

1. 在原计划范围内采取赶工措施

工程进度延误后,进度计划调整的原则是:

(1)计划调整应从工程建设全局出发,对后续工程的施工影响小,即日进度的延误尽量在周计划内调整,周进度的延误尽量在下周计划内调整,月计划的延误尽量在下月计划内调整;一个项目(或标段)的进度延误尽量在本项目(或标段)计划时间内或其时差内赶工完成,尽量减少对后续项目尤其是其他标段项目的影响。

(2)进度里程碑目标不得随意突破。

(3)合同规定的总工期和中间完工日期不得随意调整。

(4)计划的调整应首先保证关键工作的按期完成。

(5)计划调整应首先保证受洪水、降雨等自然条件影响和公路交叉、穿越市镇、影响市政供水供电等项目按期完成。

(6)计划调整应选择合理的施工方案和适度增加资源的投入,使费用增加较少。

2. 超过合同工期的进度调整

当进度拖延造成的影响在合同规定的控制工期内调整计划已无法补救时,只有调整控制工期。这种情况只有在万不得已时才允许。调整时应注意:

(1)先调整投产日期外的其他控制日期。例如,截流日期拖延可考虑以加快基坑施工进度来弥补,厂房土建工期拖延可考虑以加快机电安装进度来弥补,开挖时间拖延可考虑以加快浇筑进度来弥补,以不影响第一台机组发电时间为原则。

(2)经过各方认真研究讨论,采取各种有效措施仍无法保证合同规定的总工期时,可考虑将工期后延,但应在充分论证的基础上报上级主管部门审批。进度调整应使完工日期推迟最短。

3. 工期提前的调整

在工程建设实践中,经常由于技术方案合理、管理得当、工程建设环境有利,使工程施工进度总体提前,只有个别项目的进度制约工程提前投产,而这些制约工程提前投产的项目其提前完工的赶工费用又不大,这是调整计划提前完工投产的极好时机。例如水电站项目蓄水、引水系统和电站土建部分基本具备发电条件，加快机组安装，提前发电，往往效益巨大；再如，供水工程全线施工进度总体提前，提前通水只是受个别标段或单位工程施工进度的制约情况。此时，监理人应协助发包人全面分析工程提前完工的可能性、费用增加以及提前投产的效益。若通过赶工作业，提前完工有利，应协助发包人拟订合理方案，并就赶工引起的合同问题与承包人沟通、协商，通过补充协议落实承包人按照要求提前完工的措施计划、发包人应提供的条件以及应补偿承包人的费用与激励办法。

一般情况下，只要能达到预期目标，调整应越少越好。在进行项目进度调整时，应充分考虑如下各方面因素的制约：

(1)后续施工项目合同工期的限制。

(2)进度调整后，给后续施工项目会不会造成赶工或窝工而导致其工期和经济上遭受损失。

(3)材料物资供应需求上的制约。

(4)劳动力供应需求上的制约。

(5)工程投资分配计划的制约。

(6)外界自然条件的制约。

(7)施工项目之间逻辑关系的制约。

(8)进度调整引起的支付费率调整。

(六)进度协调管理

1.承包人之间的进度协调

当一个建设项目分为几个标进行招标施工时，各标同在一个工地上施工，相互之间难免会发生相互干扰，出现这样或那样的分歧和矛盾，需要有人从中进行协调。为了便于协调工作的进行，通常合同文件都有规定：承包人应为发包人及其聘用的第三方实施工程项目的施工、安装或其他工作，提供必要的工作条件和生活条件，如施工工序的衔接，施工场地的使用，风、水、电的提供。由于承包人与承包人之间无合同关系，他们之间的协调工作应由监理人进行。因此，合同文件中一般也规定，承包人应按照监理人的指示改变作业顺序和作业时间。协调工作是非常复杂的，往往涉及经济问题。因此，在工程分标时就应尽量避免分标过小，导致标与标之间的干扰加大。如何组织各标之间的衔接，使工程施工能顺利交接并协调有序地进行，是监理人的一项重要任务。协调工作可大致分为以下几方面。

1)工程总进度协调

工程总进度协调的主要任务是把每个承包人的施工组织设计、单位工程施工措施和年、季、月等施工进度计划纳入总进度计划协调中，以保证总目标的实现。

2)施工干扰的协调

承包人之间产生施工干扰，往往表现在下列几个方面：

(1)几家承包人共用一条交通道路的协调。

(2)几家承包人共同交叉使用一个场地的协调。

(3)承包人之间交叉使用对方的施工设备和临时设施的协调。

(4)某一承包人损坏了另一承包人的临时设施协调。

(5)两标紧邻部位的施工干扰的协调。

(6)两标施工场地和工作面移交的协调。

2. 承包人与发包人之间的协调

合同文件在规定承包人应完成的任务的同时,也规定了发包人应该提供的施工条件。如承包人进场条件、水、电、路、通信、场地、工程设备、图纸及资金等。有时发包人与承包人之间在上述方面由于某种原因发生冲突,监理人应做好协调工作。

第四节　施工暂停管理

一、暂停施工的原因

引起暂停施工的原因很多,可分为发包人原因、承包人原因和其他事件原因。

(一)发包人原因暂停施工

发包人原因引起的暂停施工主要有:

(1)发包人要求暂停施工时;

(2)整个工程或部分工程的设计有重大改变,近期内提不出施工图;

(3)发包人在工程款支付方面遇到严重困难,或者按合同规定由发包人承担的工程设备供应、材料供应及场地提供等遇到严重困难。

(二)承包人原因暂停施工

承包人原因引起的暂停施工主要有:

(1)承包人自身原因的暂停施工;

(2)承包人未经许可即进行主体工程施工时;

(3)承包人未按照批准的施工组织设计或工法施工,并且可能会出现工程质量问题或造成安全事故隐患时;

(4)承包人拒绝服从监理机构的管理,不执行监理机构的指示,从而将对工程质量、进度和投资控制产生严重影响时。

(三)其他事件原因暂停施工

除上述发包人或承包人原因可能引起暂停施工外,引起暂停施工的其他原因还很多,如:

(1)工程继续施工将会对第三者或社会公共利益造成损害时。

(2)为了保证工程质量、安全所必要时。

(3)发生了须暂时停止施工的紧急事件,如出现恶性现场施工条件、事故等(如隧洞塌方、地基沉陷等)。

(4)施工现场气候条件的限制,如严寒季节要停止浇筑混凝土,连绵多雨时不宜修筑土坝黏土心墙。这里说的施工现场气候条件的限制不同于恶劣的气候条件,属于承包人的施工承包风险,发生的额外费用由承包人自己承担。

(5)不可抗力事件的发生,如:出现特殊风险,如战争、内战、放射性污染、动乱等;特大自然灾害,如强烈地震、毁灭性水灾等;严重流行性传染病蔓延,威胁现场工人的生命安全。

二、暂停施工的责任

(一)承包人的责任

发生下列暂停施工事件,属于承包人的责任:

(1)由于承包人违约引起的暂停施工。

(2)由于现场非异常恶劣气候条件引起的正常停工。

(3)为工程的合理施工和保证安全所必需的暂停施工。

(4)未得到监理人许可的承包人擅自停工。

(5)其他由于承包人原因引起的暂停施工。

上述事件引起的暂停施工,承包人不能提出增加费用和延长工期的要求。

(二)发包人的责任

发生下列暂停施工事件,属于发包人的责任:

(1)由于发包人违约引起的暂停施工。

(2)由于不可抗力的自然或社会因素引起的暂停施工。

(3)其他由于发包人原因引起的暂停施工。

上述事件引起的暂停施工造成的工期延误,承包人有权提出工期索赔要求。

三、暂停施工的处理程序

(一)暂停施工指示

(1)监理人认为有必要并征得发包人同意后(紧急事件可在签发指示后及时通知发包人),可向承包人发布暂停工程或部分工程施工的指示,承包人应按指示的要求立即暂停施工。不论由于何种原因引起的暂停施工,承包人应在暂停施工期间负责妥善保护工程和提供安全保障。

(2)由于发包人的责任发生暂停施工的情况时,若监理人未及时下达暂停施工指示,承包人可向其提出暂停施工的书面请求,监理人应在接到请求后的 48 小时内予以答复,若不按期答复,可视为承包人请求已获同意。

(二)复工通知

工程暂停施工后,监理人应与发包人和承包人协商采取有效措施积极消除停工因素的影响。当工程具备复工条件时,监理人应立即向承包人发出复工通知,承包人收到复工通知后,应在监理人指定的期限内复工。若承包人无故拖延和拒绝复工,由此增加的费用和工期延误责任由承包人承担。

(三)暂停施工持续 56 天以上

(1)若监理人在下达暂停施工指示后 56 天内仍未给予承包人复工通知,除该项停工属于承包人责任的情况外,承包人可向监理人提交书面通知,要求监理人在收到书面通知后 28 天内准许已暂停施工的工程或其中一部分工程继续施工。若监理人逾期不予批准,则承包人有权作出以下选择:当暂时停工仅影响合同中部分工程时,按合同有关变更条款规定将此项停工工程视为可取消的工程,并通知监理人;当暂时停工影响整个工程时，可视为发包人违约，应按合同有关发包人违约的规定办理。

（2）若发生由承包人责任引起的暂停施工时，承包人在收到监理人暂停施工指示后56天内不积极采取措施复工造成工期延误，则应视为承包人违约，可按合同有关承包人违约的规定办理。

第十一章　工程计量与支付

第一节　工程计量与计价

施工阶段投资控制是监理人主要控制目标之一，其核心任务是做好计量和支付工作。计量是指监理人根据合同规定，对承包人已完成工程及进场材料等所进行的核查和测量，并对工程记录和图纸等作检查；支付是指发包人根据监理人签字认可的付款证书向承包人给付应支的款项。合同条款中有关计量与支付的条款是发包人赋予监理人的重要权力，也是发包人对承包人应交付质量合格工程的制约。

一、工程量清单

工程量清单是施工承包合同的重要组成部分。它将承包合同所规定的工程按部位、性质等进行分解，采用表格形式详细列出包括具体的施工项目（一般指分部、分项工程）及其计量单位、数量、单价、合价等项内容的一份清单，由发包人填写项目及数量栏，承包人填入单价和合价。工程量清单可用做投标报价和中标后计算工程价款的依据，因此填制此表的各方都应认真对待。发包人在编制招标文件时，应特别注意防止清单中各项内容出现重复或漏项，以免引起双重支付和索赔；承包人在编制投标文件时，对工程量清单中的每一项目的单价应加以仔细分析，确定一个既合理又具有竞争性的定价，以期达到中标并增加盈利的目的。

工程量清单中的单价，是进行工程计量支付的依据，它由投标人经过对清单中所列项目的逐一分析，通过计算确定的。有的招标文件，还明确要求投标人提供全部或主要项目的单价分析表。

工程量清单中每一项的单价，一般应包括以下内容。

（一）直接工程费用

直接工程费用一般是指直接发生在工程现场的费用，包括直接费、施工增加费、其他直接费等，其中直接费主要包括：

（1）人工费：指直接从事施工的及附属性生产的工人的工资性费用。

（2）材料及永久设备费：材料费是指完成工程所消耗的材料、构件、零件、半成品以及类似脚手架等的费用摊销。上述材料等应符合技术规范和施工要求。永久设备费是指符合技术规范的设备的采购原价、装运费、保管费、安装调试费等。

（3）施工机械设备费：指用于施工的各类机械设备的折旧费、大修费、中小修理费、拆装费、保管费、动力燃料费以及操作人员的工资费用等。国内项目各种费用可按有关定额确定。

(二)间接费用

间接费用一般是指组织施工和管理工程所需的费用。如临时设施费用、保险费、管理人员工资性费用、上级管理费、施工机械迁移费以及各种税费等。一般国内工程采用直接费为基数的一定百分率计算,且有定额为依据;国外工程则需要根据充分的调研来加以确定。

(三)企业利润及风险

依据本企业的管理水平和投标时进行的风险分析,以直接费与间接费的总和为基数乘以适当的百分数确定。

(四)税金

根据税收政策确定的税率计算。

可以看出,此处工程量清单中的单价是产品单价,或称综合单价,而不是成本单价。

二、工程计量

水利水电工程施工承包合同大多采用单价合同,其支付款额的基本模式就是工程量乘以单价。每个项目的单价在工程量清单中已经确定,但工程数量的确定涉及计量单位(这已在工程量清单中作了规定)、计量原则、计量方法、计量的组织等问题。

(一)计量原则

由于发包人和承包人所签订施工合同工程量清单中开列的工程量是招标时的估算工程量,不是承包人为履行合同应当完成的和用于结算的实际工程量,也就是说,实际施工可能与其有差异,因此发包人支付工程款前应对承包人完成的实际工程量予以确认或核实,按照承包人实际完成的工程量进行支付。因此,结算的工程量应是承包人实际完成的并按本合同有关计量规定计量的工程量。

在确认承包人完成的工程量时,计量必须坚持以下原则:

(1)必须是合同中规定的项目即工程量清单中所开列的项目工程量;

(2)必须是已经通过检验,质量合格的项目的工程量;

(3)必须是按合同规定的计量原则和方法所确定的工程量;

(4)必须是经监理人批准变更项目的工程量。

支付工程量并不是工程量清单中所标明的工程量(称估计工程量)。估计工程量是招标时根据图纸估算的,它只是提供给投标人做标价所用,不能表示完成工程的实际的、确切的工程量。

支付工程量也不是承包人实际所完成的工程量(实际工程量)。一般情况下,这二者应该是相等的,即应按承包人实际完成的工程量予以支付。然而,在某些情况下,由于计量方法或承包人工作的失误,二者有可能不相等。例如隧洞开挖,由于承包人炮孔布置不当而过多地爆落了石方,相应地也增加了混凝土回填量,这种实际上完成的工程量是不应予以支付的,因为这是承包人工作不当造成的,理应由承包人承担。再例如辗压土坝,为了能压实到规定的密度,施工中必须在边坡线外加填部分土方,称为超填,以后再行削坡处理。如果合同规定土坝工程量按设计图纸计量,则这部分实际完成的工程量也不能计入支付工程量。然而,这种情况又是施工所必需的,如果由承包人来承担损失,显然也是不合理的。通常对该情况采用两种方法进行处理:一是在工程量清单中增加这部分合理超填,另立项目或在原工程量中加上一个百分比;二是将这部分工程量(指超填部分)费用分摊到可以计量的支付工程量的单价中去。国内项目采用定额计算单价,其单价中也包括超填部分费用,即按第二种方法进行处理。

(二)完成工程量的计量

工程计量一般由监理人负责,也可以由承包人在监理人的监督管理下进行,采用什么方式,应在合同中明确规定。

1.承包人自己进行计量

承包人可以按合同规定的计量办法,按月对已完成的质量合格的工程进行准确计量,并在每月月末随同月付款申清单,按工程量清单的项目分项向监理人提交完成工程量月报表和有关计量资料。其计量周期可视具体工程和财务报表制度由监理人与承包人商定,一般可定在上月26日至本月25日,若工程项目较多,监理人与承包人协商后亦可先由承包人向监理人提交完成工程量月报表,经监理人核实同意后,返回承包人,再由承包人据此提交月付款申请单。

2.监理人审核

监理人对承包人提交的工程量月报表审核,若监理人对承包人提交的工程量月报表有疑问,监理人可以要求承包人派员与监理人共同复核,并可要求承包人在监理人员监督下进行抽样复测,此时,承包人应积极配合和指派代表协助监理人进行复核并按监理人的要求提供补充的计量资料。如果承包人未按监理人的要求派代表参加复核,则监理人复核修正的工程量应被视为该部分工程的准确工程量。监理人认为有必要时,还可要求与承包人联合进行测量计量,承包人应遵照执行。

3.最终核实工程量

承包人完成了工程量清单中每个项目的全部工程量后,在确定该项目最后一次付款时,应由监理人要求承包人派员共同对每个项目的历次计量报表进行汇总和通过测量进行核实,并可要求承包人提供补充计量资料,以确定该项目最后一次进度付款的准确工程量,防止或避免工程量的重算或漏算。如果承包人未按监理人的要求派员参加,则监理人最终核实的工程量应被视为该项目完成的准确工程量。

计量的时间应视工程的复杂程度和进度而定。例如隐蔽工程,应在覆盖之前进行计量;所有合格工程,一般每月计量一次。

(三)计量方法、计量单位和计量周期

1.计量方法

工程项目计量方法即工程量清单中的工程量计算规则,应按工程量清单中约定的方法计量。因此,实际计量方法必须与合同中所规定的计量方法相一致。一般情况下,有以下几种方法:

(1)现场测量。现场测量就是根据现场实际完成的工程情况,按规定的方法进行丈量、测算,最终确定支付工程量。

(2)按设计图纸测算。按设计图纸测算是指根据施工图对完成的工程进行计算,以确定支付的工程量。

(3)仪表测量。仪表测量是指通过使用仪表对所完成的工程进行计量。

(4)按单据计算。按单据计算是指根据工程实际发生的发票、收据等,对所完成工程进行的计算。

(5)按监理人批准计量。按监理人批准计量是指在工程实施中,监理人批准确认的工程量直接作为支付工程量,承包人据此进行支付申请工作。

2. 计量单位

计量单位均应采用国家法定的计量单位。

3. 计量周期

除专用合同条款另有约定外,单价子目已完成工程量按月计量,总价子目的计量周期按批准的支付分解报告确定。

(四)单价和总价项目的计量

1. 单价子目的计量

已标价工程量清单中的单价子目工程量为估算工程量。结算工程量是承包人实际完成的,并按合同约定的计量方法进行计量的工程量。

承包人对已完成的工程进行计量,向监理人提交进度付款申请单、已完成工程量报表和有关计量资料。监理人对承包人提交的工程量报表进行复核,以确定实际完成的工程量。对数量有异议的,可要求承包人按合同关于测量的约定进行共同复核和抽样复测。承包人应协助监理人进行复核并按监理人要求提供补充计量资料。承包人未按监理人要求参加复核,监理人复核或修正的工程量视为承包人实际完成的工程量。监理人认为有必要时,可通知承包人共同进行联合测量、计量,承包人应遵照执行。

承包人完成工程量清单中每个子目的工程量后,监理人应要求承包人派员共同对每个子目的历次计量报表进行汇总,以核实最终结算工程量。监理人可要求承包人提供补充计量资料,以确定最后一次进度付款的准确工程量。承包人未按监理人要求派员参加的,监理人最终核实的工程量视为承包人完成该子目的准确工程量。

监理人应在收到承包人提交的工程量报表后的7天内进行复核,监理人未在约定时间内复核的,承包人提交的工程量报表中的工程量视为承包人实际完成的工程量,据此计算工程价款。

2. 总价子目的计量

《水利水电工程标准文件》规定,总价子目的分解和计量按照下述约定进行:

(1)总价子目的计量和支付应以总价为基础,不因物价波动的因素而进行调整。承包人实际完成的工程量,是进行工程目标管理和控制进度支付的依据。

(2)承包人应按工程量清单的要求对总价子目进行分解,并在签订协议书后的28天内将各子目的总价支付分解表提交监理人审批。分解表应标明其所属子目和分阶段需支付的金额。承包人应按批准的各总价子目支付周期,对已完成的总价子目进行计量,确定分项的应付金额,列入进度付款申请单中。

(3)监理人对承包人提交的上述资料进行复核,以确定分阶段实际完成的工程量和工程形象目标。对其有异议的,可要求承包人按合同关于测量的约定进行共同复核和抽样复测。

(4)除按照合同约定的变更外,总价子目的工程量是承包人用于结算的最终工程量。

第二节 工程进度款支付管理

一、工程款支付

工程款的支付,是发包人应当履行合同的主要义务,是承包人应当享有的合同主要权利。因此,工程款的支付对发包人和承包人来说,都是一件十分重要的事情,涉及双方的根本合法权益。由于一般的水利工程建设周期长、占用资金量大,一次性支付工程款是难以做到的。合同工程款的支付类型主要有预付款支付、工程进度款支付、完工结算和最终结清等四种。

(一)预付款支付

预付款用于承包人为合同工程施工购置材料、工程设备、施工设备、修建临时设施以及组织施工队伍进场等,依据《水利水电工程标准文件》分为工程预付款和工程材料预付款。工程预付款是发包人为了帮助承包人解决资金周转困难的一种无息贷款,主要供承包人为添置合同工程施工设备以及承包人需要预先垫支的部分费用。按合同规定,工程预付款需在以后的进度付款中扣还。材料预付款主要是为了解决承包人采购的用于合同工程的主要材料(如水泥、钢筋、钢板和其他钢材)的资金问题。

1. 工程预付款

1)工程预付款的总金额

工程预付款的总金额在专用合同条款中约定,一般不低于合同价格的10%,应根据工程规模、工期长短、工程类别、支付项目内容,由发包人通过编制合同资金流予以科学测定。具体额度应在合同专用条款中规定,应以专用条款的规定比例为准。工程预付款专用于本合同工程。

2)工程预付款的支付和担保

工程预付款支付方式和付款时间在专用合同条款中约定,一般分两次支付给承包人,主要考虑承包人提交预付款保函的困难。一般情况下,要求承包人提交第一次工程预付款担保,第二次工程预付款不需要担保,而是用承包人进入工地的设备作为抵押,代替担保。如在《水利水电工程标准文件》中规定,承包人应在收到第一次工程预付款的同时向发包人提交预付款担保,担保金额应与第一次工程预付款金额相同,工程预付款担保在第一次工程预付款被发包人扣回前一直有效,但担保金额可根据预付款扣回的金额相应递减。第一次预付款金额在专用合同条款中约定,付款时间应在合同协议书签订后,由承包人向发包人提交了发包人认可的工程预付款担保,并经监理人出具付款证书报发包人批准后14天内予以支付。第二次预付款金额在专用合同条款中约定,付款时间需待承包人主要设备进入工地后,其估算价值已达到本次预付款金额时,由承包人提出书面申请,经监理人核实后出具付款证书报送发包人,发包人收到监理人出具的付款证书后的14天内支付给承包人。预付款担保通常采用银行保函的形式。

3）工程预付款的扣回与还清

工程预付款在进度付款中扣回，扣回与还清办法在专用合同条款中约定。在颁发合同工程完工证书前，由于不可抗力或其他原因解除合同时，工程预付款尚未扣清的，尚未扣清的工程预付款余额应作为承包人的到期应付款。

工程预付款的扣回办法一般是：在合同累计完成金额达到专用合同条款规定的数额（一般为20%～30%）时开始扣款，直至合同累计完成金额达到专用合同条款规定的数额（一般为70%～90%）时全部扣清。在每次进度付款时，累计扣回的金额按下列公式计算：

$$R = \frac{A}{(F_2 - F_1)S}(C - F_1 S) \tag{11-1}$$

式中　R——每次进度付款中累计扣回的金额；

A——工程预付款总金额；

S——签约合同价，指签订合同时合同协议书中写明的，包括了暂列金额、暂估价的合同总金额；

C——合同累计完成金额；

F_1——按专用合同条款规定开始扣款时合同累计完成金额达到签约合同价的比例；

F_2——按专用合同条款规定全部扣清时合同累计完成金额达到签约合同价的比例。

上述合同累计完成金额均指价格调整前且未扣质量保证金的金额。

2. 工程材料预付款

1）工程材料预付款的支付、担保

材料预付款支付应达到合同规定的条件，经监理人审核并签发付款证书后，由发包人予以支付。工程材料预付款的支付方式、支付时间、支付金额或比例以及承包人应提交的担保应在专用合同条款中约定。比如工程材料预付款金额可为经监理工程师审核后的实际材料价的90%，在月进度付款中支付。

2）工程材料预付款的扣回与还清

工程材料预付款在进度付款中扣回，扣回与还清办法在专用合同条款中约定。比如：工程材料预付款从付款月后的6个月内在月进度付款中每月按该预付款金额的1/6平均扣还。在颁发合同工程完工证书前，由于不可抗力或其他原因解除合同时，工程材料预付款尚未扣清的，尚未扣清的工程材料预付款余额应作为承包人的到期应付款。

（二）工程进度付款

1. 付款周期

工程进度付款周期同计量周期。

大中型水利水电工程的主体工程施工工期较长，为了使承包人能及时得到工程价款，解决其资金周转的困难，应阶段性支付工程款，一般均采用按月结算支付工程价款的办法，结算月进度付款对工程进度和质量进行定期检查与控制是监理工程实施的一项有效措施。月进度支付是指承包人根据一个月时间内实际完成的支付工程量与投标时的单价进行计算并提出支付申请,经监理人审核后签发月支付证书,最后由发包人向承包人进行支付。月进度款支付也可包括当月发生的工程变更、材料预付款、索赔等费用支付。

2. 进度付款申请单

承包人应在每个付款周期末,按监理人批准的格式和专用合同条款约定的份数,向监理人提交进度付款申请单,并附相应的支持性证明文件。除专用合同条款另有约定外,进度付款申请单应包括下列内容:

(1)截至本次付款周期末已实施工程的价款;

(2)根据合同关于变更的约定应增加和扣减的变更金额;

(3)根据合同关于索赔的约定应增加和扣减的索赔金额;

(4)根据合同关于预付款的约定应支付的预付款和扣减的返还预付款;

(5)根据合同关于质量保证金的约定应扣减的质量保证金;

(6)根据合同应增加和扣减的其他金额。

3. 进度付款证书和支付时间

(1)监理人在收到承包人进度付款申请单以及相应的支持性证明文件后的 14 天内完成核查,提出发包人到期应支付给承包人的金额以及相应的支持性材料,经发包人审查同意后,由监理人向承包人出具经发包人签认的进度付款证书。监理人有权扣发承包人未能按照合同要求履行任何工作或义务的相应金额。

(2)发包人应在监理人收到进度付款申请单后的 28 天内,将进度应付款支付给承包人。发包人不按期支付的,按专用合同条款的约定支付逾期付款违约金。

(3)监理人出具进度付款证书,不应视为监理人已同意、批准或接受了承包人完成的该部分工作。

(4)进度付款涉及政府投资资金的,按照国库集中支付等国家相关规定和专用合同条款的约定办理。

4. 工程进度付款的修正

在对以往历次已签发的进度付款证书进行汇总和复核中发现错、漏或重复的,监理人有权予以修正,承包人也有权提出修正申请。经双方复核同意的修正,应在本次进度付款中支付或扣除。

(三)完工结算(竣工结算)

完工结算是在发包人向承包人颁发了合同工程完工证书后进行的工程款支付。工程完工后应清理支付账目,包括已完工程尚未支付的价款、质量保证金的清退以及其他按合同需结算的账目。完工支付的一般程序如下。

1. 完工付款申请单

承包人应在合同工程完工证书颁发后的 28 天内,按专用合同条款约定的份数向监理人提交完工付款申请单,并提供相关证明材料。完工付款申请单应包括下列内容:完工结算合同总价、发包人已支付承包人的工程价款、应扣留的质量保证金、应支付的完工付款金额。

监理人对完工付款申请单有异议的,有权要求承包人进行修正和提供补充资料。经监理人和承包人协商后,由承包人向监理人提交修正后的完工付款申请单。

2. 完工付款证书及支付时间

监理人在收到承包人提交的完工付款申请单后的14天内完成核查，提出发包人到期应支付给承包人的价款送发包人审核并抄送承包人。发包人应在收到后14天内审核完毕，由监理人向承包人出具经发包人签认的完工付款证书。监理人未在约定时间内核查，又未提出具体意见的，视为承包人提交的完工付款申请单已经监理人核查同意；发包人未在约定时间内审核又未提出具体意见的，监理人提出发包人到期应支付给承包人的价款视为已经发包人同意。

发包人应在监理人出具完工付款证书后的14天内，将应支付款支付给承包人。发包人不按期支付的，按合同约定将逾期付款违约金支付给承包人。承包人对发包人签认的完工付款证书有异议的，发包人可出具完工付款申请单中承包人已同意部分的临时付款证书。存在争议的部分，按合同关于争议的约定办理。

完工付款涉及政府投资资金的，按照国库集中支付等国家相关规定和专用合同条款的约定办理。

（四）最终结清

工程质量保修期期满，工程质量保修责任终止证书后，承包人就按合同已完成所有工作的价值及发包人尚应支付的款额，提出申请。经监理人审核同意，签发最终结清证书，由发包人向承包人支付。最终结清的一般程序如下。

1. 最终结清申请单

工程质量保修责任期终止证书签发后，承包人可按监理人批准的格式提交最终结清申请单。提交最终结清单的份数在专用合同条款中约定。

发包人对最终结清申请单内容有异议的，有权要求承包人进行修正和提供补充资料，由承包人向监理人提交修正后的最终结清申请单。

2. 最终结清证书和支付时间

监理人在收到承包人提交的最终付款申请后应进行仔细核查，如对最终付款申请单中的某些内容有异议，有权要求承包人进行修改和提供补充资料，直至监理人同意为止。

监理人收到承包人提交的最终结清申请单后的14天内，提出发包人应支付给承包人的价款送发包人审核并抄送承包人。发包人应在收到后14天内审核完毕，由监理人向承包人出具经发包人签认的最终结清证书。监理人未在约定时间内核查，又未提出具体意见的，视为承包人提交的最终结清申请已经监理人核查同意；发包人未在约定时间内审核又未提出具体意见的，监理人提出应支付给承包人的价款视为已经发包人同意。

发包人应在监理人出具最终结清证书后的14天内，将应支付款支付给承包人。发包人不按期支付的，按合同约定将逾期付款违约金支付给承包人。

承包人对发包人签认的最终结清证书有异议的，按合同关于争议解决的约定办理。

最终结清付款涉及政府投资资金的，按照国库集中支付等国家相关规定和专用合同条款的约定办理。

二、竣工财务决算和竣工审计

发包人负责编制本工程项目竣工财务决算，承包人应按专用和条款的约定提供竣工财务决算编制所需的相关材料。

发包人负责完成本工程竣工审计手续，承包人应完成相关配合工作。

三、质量保证金(保留金)支付

(一)质量保证金的扣留

监理人应从第一个工程进度付款周期开始，在发包人的进度付款中，按专用合同条款的约定(一般为8%～10%)扣留质量保证金，直至扣留的质量保证金总额达到专用合同条款约定的金额或比例(质量保证金总额一般可为合同价格的5%～10%)为止。质量保证金的计算额度不包括预付款的支付与扣回金额。

(二)质量保证金的支付

在合同工程完工证书后14天内，发包人将质量保证金总额的一半支付给承包人。在本合同全部工程的缺陷责任期(工程质量保修期)满时，发包人将在30个工作日内会同承包人按照合同约定的内容核实承包人是否完成保修责任。如无异议，发包人应在核实后将剩余的质量保证金支付给承包人。

若缺陷责任期满时尚需承包人完成剩余工作，则监理人有权在付款证书中扣留与剩余工作所需金额相应的保留金余额。若在合同约定的缺陷责任期满时，承包人没有完成缺陷责任的，发包人有权扣留与未履行责任剩余工作所需金额相应的质量保证金余额，并有权根据合同约定要求延长缺陷责任期，直至完成剩余工作为止。

第三节　价格调整

在施工承包中，合同价的调整是合同管理的重要课题。它涉及合同双方的经济利益，处理不好，就会引起合同争端，如不正确处理，会给项目实施带来严重的困难。

一、引起合同价调整的原因

合同价的变化是工程变更、工期调整等一系列变化的反映，因此是一个比较复杂的问题。引起合同价变化的主要原因，有以下几个方面。

(一)工程变更

工程变更引起的合同价调整可分两个方面。

1. 工程量变化

在土建工程承包施工中，工程量的变化引起合同价的调整，是最为普遍的现象。每一项大中型土建工程，在长达数年的施工中，难免发生工程量的增减，当这一数额超过规定限额时，必然引起合同价的调整。

工程量的变化一般是由工程变更引起的。此外，由于招标文件中工程量清单所列的工程量是依据设计的深度按图纸计算的，相对于实际工程量来说是一个近似值，在施工过程中经过实测，实际工程量会发生相当大的变化，即使按照工程量清单所列的单价结算，实际合同价与投标合同价之间也会有相当大的变化。

2. 新增项目

水利水电工程施工条件复杂、项目繁多,加之工期长,自然条件复杂,随着施工的进展,做切合实际的工程变更是经常发生的。这样就出现了招标文件规定的工作范围以外的工作项目,这类项目叫新增项目。这些新增项目的实施经常会引起合同价的调整。这类调整首先是按工程变更项目的单价确定原则处理,在总价有大的改变时按上述方式调整。

(二)不利的自然条件(现场条件的变化)

施工过程中发现不利的自然条件或外界障碍时,使现场施工条件较招标文件中所描述的更为困难和恶劣,往往引起工期调整和工程量变化,在多数情况下引起施工单价调整,都会使原合同价发生变化。

(三)工期调整

工期调整改变了原定的施工进度计划,无论是工期延长或加速施工,都会带来施工费用的变化。

根据土建工程承包施工的经验,工期调整往往是施工期的延长,而工期延长不仅导致施工费用的增加,而且经常需调整单价或总价。

在非承包人原因引起工期延长且发包人又要求按期完工时,承包人只有加速施工,加速施工势必造成费用增加,承包人就会提出加速施工的费用补偿报告。监理人要依据合同规定、原定的施工方案、加速施工的实际施工方案,按修正总费用法,分析增加的费用,确定价格调整的方案,在合同授权范围内,与合同双方协商解决。

(四)物价波动

工程所在国的物价波动是经济社会发展的一种普遍的现象。物价上涨引起物资、建筑材料及人工劳务价格的增长,往往使工程成本大量增加。

(五)后续立法变更

《水利水电土建工程施工合同条件》规定,在投标截止日以前的28天后,如果国家的法律、法规或国务院有关部门的规章和工程所在地的省、自治区、直辖市的地方法规和规章发生变更,导致承包人在实施合同期间所需的工程费用增加时,承包人有权得到补偿。

这条规定使承包人免除了由于法律、法规频繁变更带来的经济损失。即从招标文件规定的投递标书截止日期以前的第28天开始,直至工程项目建成的这一时段以内,凡是后续立法变化带给承包人的计划外开支,都应得到补偿。

(六)业主风险及特殊风险

在发生业主风险或特殊风险时,由此给承包人造成的经济损失应予补偿,监理人应按合同规定的风险分配原则,对非承包人的风险造成的施工成本的增加,应与合同双方协商,对合同外的额外成本通过追加合同价格来给承包人一合理补偿。

二、物价变化引起的合同价的调整

建设项目的建设周期一般都比较长,在此期间,根据市场经济的特点,在项目招标时应该认真考虑物价上涨风险的承担问题,并且将物价上涨的风险写入合同文件中。

要公正合理地处理好物价上涨的风险问题,必须认真掌握影响价格变化的主要因素,以便在工程招标时,能够正确评价承包人的投标报价,以及在工程结算时,能够严格、合理地控制费用的结算。通常引起价格变化的主要因素有以下几方面:

(1)由于人工劳务费用和材料设备费用的上涨,引起价格的变化。

(2)由于动力、燃料费用等的价格上涨,引起价格的变化。

(3)由于国家或省、直辖市、自治区政策和法令的改变,引起工程费用的上涨。

(4)由于外币汇率的变化引起价格的变化。

(5)由于运输费的价格变化引起施工费用的变化。

一般情况下,施工期限在一年左右的建设项目,以及实行总价合同的建设项目,通常都不考虑价格调整的问题,也就是说,劳务、设备及材料等的价格以签订合同时的单价和总价为准,物价上涨的风险全部由承包人来承担。因此,承包人在投标报价时,应根据现实情况和自己的经验,把物价上涨因素考虑进去。施工期限超过一年的建设项目,在合同中要明确物价波动后合同价格调整的方式和方法,使投标人知道因物价波动不会使其承担大的风险,从而合理地规避物价波动的风险,降低投标报价。

物价波动对合同价格调整常采用两种方法,即调价公式法和文件凭据法。调价公式法适用于社会经济信息健全,物价波动时有专业的机构发布物价波动的信息记录,包括材料、劳务、设备等。对没有物价信息记录或一些突发事件造成的物价波动,诸如立法的变更,只有采用文件凭据法进行调整了。

(一)调价公式法

1.调价公式的基本形式

调价公式法的基础是采用物价指数来调整合同价格,其最简单的原理就是使合同价的增加比例与施工成本指数增加的比例相同。通常在调价公式中选用一些主要变化因素来代替合同价的各个部分,用完成工作时的指数值除以编标时候的指数值而得的比例,代表合同价超过投标价的比例。

世界银行推荐的调价基本公式为:

$$P = P_0 \frac{I}{I_0} \tag{11-2}$$

式中 P——调整的价格;

P_0——按接受投标时的价格标准要付给承包人的标价(即合同支付价格);

I——成本或价格的现行物价指数;

I_0——编标(或投标)时的物价指数。

为了反映出建设项目的合同价中,有些费用是相对比较稳定、变化不大的,也就是说不存在太大的风险,如合同价中的利润和总部管理费等,这些费用不应参加调价。为此,世界银行项目在调价公式中,引入非调整因子,以保持这一部分合同价不变,通常这部分比例为10%~20%。具体方法是在调价公式中增加一个只有加权系数而没有调价指数的子项来表示。

另外,为了反映出建设项目中,各项费用分别占合同价的比例,需要确定各项相应工程内容的权重系数,以及这些工程内容各自的物价指数,世界银行项目给出非调整因子——多指数调价公式。公式中以 MLE 分别代表所使用的材料、劳动力和设备的物价指数，其公式为：

$$P = P_0 \times (a + \sum_{i=1}^{n} b_i \frac{MLE_i}{MLE_{i0}}) \qquad (11\text{-}3)$$

式中 P——调整后的价格；

P_0——按接受投标时的价格标准要付给承包人的标价（即合同支付价格）；

MLE_i——建设项目的材料或劳动力或设备现行物价指数；

MLE_{i0}——建设项目编标（或投标）时的材料或劳动力或设备物价指数；

n——合同中需要进行调整的材料、劳动力、设备的个数，也称可变因子的个数；

b_i——合同中第 i 个调整因子（可变因子）的权重系数；

a——合同中不需要调整的（非调整因子）权重系数，为 10% ~20%。

公式（11-3）中各项因素的加权系数常常在招标文件中固定下来，不论谁中标均不再变化，且 $a + \sum_{i=1}^{n} b_i = 1.00$ 恒成立。

我国水利水电工程施工合同条件规定的调价公式为：

$$\Delta P = P_0 (A + \sum B_n \frac{F_{tn}}{F_{0n}} - 1) \qquad (11\text{-}4)$$

式中 ΔP——需调整的价格差额；

P_0——应支付的原合同价格；

A——定值权重（固定系数）；

B_n——各可调因子的变值权重；

F_{tn}——各可调因子的现行价格指数；

F_{0n}——各可调因子的基本价格指数。

【例 11-1】 某工程项目合同规定，因人工、材料等价格波动影响合同价时，采用公式 $\Delta P = P_0 (A + \sum B_n \frac{F_{tn}}{F_{0n}} - 1)$ 计算差额，调整合同价格。规定定值权重 $A = 0.2$。可调值因子有人工费、钢材和水泥，其变值权重分别为 0.4、0.3 和 0.1。各可调值因子的基本价格指数是：人工费 100，钢材 150，水泥 120。工程进展到某月结算时，该月完成合同金额 100 万元，无其他应扣或应支付款额，各可调值因子的现行价格指数是：人工费 120，钢材 165，水泥 150，则按合同规定该月应调整的价格差额是：

$$\Delta P = 100 \times (0.2 + 0.40 \times \frac{120}{100} + 0.30 \times \frac{165}{150} + 0.10 \times \frac{150}{120} - 1) = 13.5(\text{万元})$$

2. 调价公式法调价的基本工作程序

调价公式法价格调整的计算工作比较复杂，其程序是：

（1）确定计算物价指数的品种。一般地说，品种不宜太多，只确立那些对项目投资影响较大的因素，如设备、水泥、钢材、木材和工资等，这样便于计算。

（2）要明确以下两个问题：一是合同价格条款中，应写明经双方商定的调整因素，在签订合同时要写明考核几种物价波动到何种程度才进行调整。一般都在 ±10% 左右。也有的合同规定，在应调金额不超过合同原始价 5% 时，由承包人自己承担；在 5% ~20% 时承包人负担 10%，发包人（业主）负担 90%；超过 20% 时，则必须另签附加条款。二是考核的地点和时点。地点一般指工程所在地，或指定的某地市场价格；时点指的是某月某日的市场价格。这里要确定两个时点价格，即签订合同时某个时点的市场价格（基础价格）和每次支付前的一定时间（通常是支付前十天或若干天）的时点价格。

（3）确定每个可调品种的系数和固定系数，可调品种的系数要根据该品种价格对总造价的影响程度而定。各品种系数之和加上固定系数必须等于1。

在实行国际性招标的大型合同中，监理人应负责按下述步骤编制调价公式：

（1）分析施工中必需的投入，并决定选用一个公式，还是选用几个公式。

（2）估计各项投入占工程总成本的相对比重，以及国内投入和国外投入的分配，并决定对国内成本与国外成本是否分别采用单独的公式。

（3）选择能代表主要投入的物价指数。

（4）确定合同价中固定部分和不同投入因素的物价指数的变化范围。

（5）规定公式的应用范围和用法。

（6）如有必要，规定外汇汇率的调整。

3. 调价公式法举例

为参考起见，下面介绍几个工程中使用过的调价公式。

1）鲁布革水电站工程 C1 合同外币部分的调价公式

$$PVRF = FC_1C \times \left(0.17 + 0.15\frac{EP_1}{EP_0} + 0.12\frac{C_1}{C_0} + 0.10\frac{S_1}{S_0} + 0.4\frac{P_1}{P_0} + 0.06\frac{M_1}{M_0} - 1\right)$$

式中　$PVRF$——该工程月进度付款中外币部分的价格浮动；

FC_1C——月进度付款的（合同项目）外币部分（即扣滞留金、预付款之前，当月实际按合同完成的总投资额）；

EP_1——外籍人员工资的现行（当月的）的价格指数；

EP_0——外籍人员工资的基本价格指数，采用投标结束前45天时的价格指数；

C_1——水泥的现行（当月的）价格指数；

C_0——水泥的基本价格指数，采用投标结束前45天时的价格指数；

S_1——钢材的现行（当月的）价格指数；

S_0——钢材的基本价格指数，采用投标结束前45天时的价格指数；

P_1——施工设备的现行（当月的）价格指数；

P_0——施工设备的基本价格指数，采用投标结束前45天时的价格指数；

M_1——海上运输费的现行（当月的）价格指数；

M_0——海上运输费的基本价格指数，采用投标结束前45天时的价格指数。

公式中各分数式前边的系数，即为各项的加权系数，在签订合同时即已在合同中规定好了，各项加权系数之和等于1。公式中各项的价格指数（物价指数），应采用各项主要货源国官方公布的物价指数。

2）黄河某大型水利工程调价公式

（1）主坝合同的调价公式：

$$P = x + a\frac{EL}{EL_0} + b\frac{EQ}{EQ_0} + c\frac{MT}{MT_0} + d\frac{MI}{MI_0}$$

式中 P——该工程合同当月进度付款的价格调整系数；

x——不调整部分的固定权重系数，采用0.15；

a、b、c、d——外籍人员的劳务、设备、海运费及其他杂项费用等费用元素，在总投资费用中所占的权重系数；

EL——外籍人员的现行（当月的）劳务的价格指数；

EL_0——外籍人员劳务的基本价格指数；

EQ——承包人设备、各种配件及永久工程设备的现行（当月的）价格指数；

EQ_0——承包人设备、各种配件及永久工程设备的基本价格指数；

MT——海上运输费的现行（当月的）价格指数；

MT_0——海上运输费的基本价格指数；

MI——其他杂项费用的现行（当月的）价格指数；

MI_0——其他杂项费用的基本价格指数。

公式中各项费用因素的基本价格指数，是采用投标截止日期之前某个月官方某机构公布的物价指数。权重系数 a、b、c、d 的取值范围如下：a，0.15～0.35；b，0.25～0.45；c，0.02～0.05；d，0.10～0.30。

上式中 a、b、c、d 由投标人依据招标文件的规定自行测定选择，且保证 $x+a+b+c+d=1.0$。

（2）进出口、洞群和溢洪道合同的调价公式：

$$P' = x' + a'\frac{EL'}{EL'_0} + b'\frac{EQ'}{EQ'_0} + c'\frac{MT'}{MT'_0} + d'\frac{ST'}{ST'_0} + e'\frac{MI'}{MI'_0}$$

式中 P'——该工程合同当月进度付款的价格调整系数；

x'——不调整部分的固定权重系数，采用0.15；

a'、b'、c'、d'、e'——外籍人员的劳务、设备、海运费、钢材和其他杂项费用等费用元素，在总投资费用中所占的权重系数；

EL'——外籍人员的现行（当月的）劳务价格指数；

EL'_0——外籍人员劳务的基本价格指数；

EQ'——承包人设备、各种配件及永久工程设备的现行（当月的）价格指数；

EQ'_0——承包人设备、各种配件及永久工程设备的基本价格指数；

MT'——海上运输费的现行（当月的）价格指数；

MT'_0——海上运输费的基本价格指数；

ST'——钢材的现行（当月的）价格指数；

ST'_0——钢材的基本价格指数；

MI'——其他杂项费用的现行（当月的）价格指数；

MI'_0——其他杂项费用的基本价格指数。

公式中各项费用因素的基本价格指数是采用投标截止日期之前那个月的官方某机构公布的物价指数。

权重系数 a'、b'、c'、d'、e' 的取值范围如下：a'，0.20～0.35；b'，0.25～0.45；c'，0.02～0.06；d'，0.02～0.04；e'，0.10～0.30。

上式中的 a'、b'、c'、d'、e' 由投标人根据招标文件给定的范围自行选取，且保证 $x'+a'+b'+c'+d'+e'=1.0$。

（二）文件凭据法

在一些发展中国家，有时难以得到官方的确实可靠的物价指数，则无法利用调价公式；有时这些国家劳务工资和材料价格均由政府明令规定。在这种情况下，合同价格可以根据实际的证明文件来调价。例如根据材料、设备等的发票收据来调价等。

在使用文件凭据法调价时要注意以下问题。

1. 价格调整的范围和基准

采用文件凭据法调价首先要仔细研究和明确合同文件中规定的价格调整的范围，哪些项要调，哪些项不调，采用何种方法调。在水电工程实施中，价格调整涉及的范围很广，包括下列各方面：

（1）材料。水电工程建设中使用的材料除钢材、木材、水泥、油料、水工材料、粉煤灰等大宗材料外，还有更多种类的建筑材料、电工器材。每种材料又有不同的品种和规格，其种类可多逾千种。

（2）劳务。包括不同工种、不同等级的劳务费用。

（3）税及费。需要缴纳的税款包括关税、营业税、地方附加税、企业所得税、个人所得税、个人收入调节税、车辆牌照税、印花税等。

费用有海关检验费、进口手续费、口岸管理费、车辆购置附加费、注册登记费、养路费等。

（4）运输费。包括海运、空运、公路、铁路、内河航运的运费及各种附加费用。

（5）通信和邮政费。包括国内外邮政及电信费用，如电话、电报、传真、函件、包裹、网络通信等。

（6）施工用电。

其他还有医疗费、零配件、杂项开支等。

以上涉及的各方面费用在施工期间价格都可能发生变化，在市场经济的条件下，对合同价格采用固定价格，涨价风险都由承包人承担显然是不合理的，也是不可行的。但是如果采用文件凭据法，对施工中所有发生的费用都允许调价，也是不合理的，并且也是不可行的。因为价格涉及范围太广，仅上千种不同品种和规格的材料要一笔一笔核实价差和数量，其管理的工作量已是非常繁重，往往使管理单位不堪重负，直接影响对现场施工的管理和监督。所以，一般在招标文件中都限定调价的范围，医疗费、零配件、杂项开支等都明确不予调价，对材料价格的调整也明确限定一定的种类，其他材料涨价的风险由投标人承担，或打入投标报价中。

对于可调的项目，必须明确调价的基准点，即补差的基本价格或原始价格，以及用以计算税费的文件公布日期，材料价格一般均在招标文件或投标文件中开列基本价格，同时招标文件还规定以开标前28天的立法状况或价格水平作为投标报价的依据，以此作为进行价格调整的基准。

2. 价差和补差数量的审核与计算方法

文件凭据法调价的基本公式表示：

$$\Delta M = (M - M_0)Q \tag{11-5}$$

式中　ΔM——应补偿差价；

M——现行价格；

M_0——合同文件中规定的投标基本价格；

Q——合同文件中规定允许补差的数量。

M_0 可以在招标文件中规定，投标人以此为基本价格报价，投标人也可以在投标文件中列出，经业主认可作为调价的基本价格。M 为现行价格，由于市场条件复杂，采购的地点和厂家不一，所以同一种产品可能现行价格差别很大，因此对承包人提交的发票应认真地审核，通常只对经物价部门认可的发票才予承认。为了对承包人的采购进行有效的监督，防止承包人串通供货商抬高采购价格，从业主处多得到补偿，有的业主设立了物资和材料价格中心，承包人在进行采购时，其采购价格事先要得到价格中心的认可才可予以补偿。

对于应补价差的最终计算结果来说，对补差材料、物资数量的审核同样极为重要。不能认为承包人采购的所有材料或物资都要补差。因为用于工程不同部位的材料和物资数量的精确计算是很困难的，同时承包人采购数量中还包含着损耗和浪费。另外，由于市场现行价格和合同基本价格之间的差价有时很大，这个差价是由发包人来承担的，这就必须防止有的承包人或者雇员见有利可图，增加采购数额，转手倒卖，从中牟利，从而损害发包人和国家的利益。因此，通常要在合同文件中规定只对用于主体工程，并以图纸或其他容易核实的方法计量的材料或物资才予以价格补差。

第四节　解除合同后的结算

解除合同是指在履行合同过程中，由于一些特殊原因而使继续履行合同成为不合适或不可能，从而终止合同双方权利、义务关系。对施工承包合同，解除合同有如下几种情况。

一、承包人违约引起合同解除的估价、付款和结清

当出现承包人私自将合同的全部或部分权利转让给其他人，或私自将合同的全部或部分义务转移给其他人；或未经监理人批准，私自将已按合同约定进入施工场地的施工设备、临时设施或材料撤离施工场地；或承包人违反合同约定使用了不合格材料或工程设备，工程质量达不到标准要求，又拒绝清除不合格工程；或承包人未能按合同进度计划及时完成合同约定的工作，已造成或预期造成工期延误；或承包人在缺陷责任期内，未能对工程接收证书所列的缺陷清单的内容或缺陷责任期内发生的缺陷进行修复，而又拒绝按监理人指示再进行修补；或承包人无法继续履行或明确表示不履行或实质上已停止履行合同等情况时，就构成了承包人违约，如果由于承包人违约致使合同解除，解除合同后的估价和付款如下。

(一)解除合同后的估价

因承包人违约解除合同后,监理人应尽快依据合同与发包人和承包人协商后确定并证明:

(1)解除合同时,承包人根据合同实际完成工作的价值,已经得到或应得到的金额。

(2)承包人已提供的材料、施工设备、工程设备和临时工程等的价值。

(二)解除合同后的付款

合同解除后,发包人应暂停对承包人的一切付款,查清各项付款和已扣款金额,包括承包人应支付的违约金。合同解除后,发包人应按合同关于索赔的约定向承包人索赔由于解除合同给发包人造成的损失。

合同双方确认上述往来款项后,出具最终结清付款证书,结清全部合同款项。发包人和承包人未能就解除合同后的结清达成一致而形成争议的,按合同关于争议解决的约定办理。

二、发包人违约引起合同解除的付款

当出现发包人未能按合同约定支付预付款或合同价款,或拖延、拒绝批准付款申请和支付凭证,导致付款延误的;或发包人原因造成停工的;或监理人无正当理由没有在约定期限内发出复工指示,导致承包人无法复工的;或发包人无法继续履行或明确表示不履行或实质上已停止履行合同的等合同规定的属于发包人违约的情形时,属于发包人违约,如果由于发包人违约致使合同解除,此时解除合同后的付款为:因发包人违约解除合同时,发包人应在解除合同后28天内向承包人支付下列金额,承包人应在此期限内及时向发包人提交要求支付下列金额的有关资料和凭证:

(1)合同解除日以前所完成工作的价款;

(2)承包人为该工程施工订购并已付款的材料、工程设备和其他物品的金额,发包人付款后,该材料、工程设备和其他物品归发包人所有;

(3)承包人为完成工程所发生的,而发包人未支付的金额;

(4)承包人撤离施工场地以及遣散承包人人员的金额;

(5)由于解除合同应赔偿的承包人损失;

(6)按合同约定在合同解除日前应支付给承包人的其他金额。

发包人应按本项约定支付上述金额并退还质量保证金和履约担保,但有权要求承包人支付应偿还给发包人的各项金额,包括承包人偿还未扣完的全部预付款余额以及按合同规定应由发包人向承包人收回的其他金额。

第十二章　施工合同变更

第一节　变更的概念

一、变更的概念

变更是指对施工合同所作的修改、改变等,从理论上来说,变更就是施工合同状态的改变,施工合同状态包括合同内容、合同结构、合同表现形式等,合同状态的任何改变均是变更。从另一个方面来说,既然变更是对合同状态的改变,就说明变更不能超出合同范围。当然,对于具体的工程施工合同来说,为了便于约定合同双方的权利义务关系,便于处理合同状态的变化,对于变更的范围和内容一般均要作出具体的规定。水利水电土建工程受自然条件等外界的影响较大,工程情况比较复杂,且在招标阶段未完成施工图纸,因此在施工合同签订后的实施过程中不可避免地会发生变更。

二、变更的组织管理和变更权

变更涉及的工程参建方很多,但主要是发包人、监理人和承包人三方,或者说均通过该三方来处理,比如涉及设计单位的设计变更时,由发包人提出变更;涉及分包方的分包工程变更时,由承包人提出。但其中,监理人是变更管理的中枢和纽带,无论是何方要求的变更,所有的变更均需通过监理人发布变更指示来实施。

《水利水电工程标准文件》明确规定:在履行合同过程中,经发包人同意,监理人可按合同约定的变更程序向承包人作出变更指示,承包人应遵照执行。没有监理人的变更指示,承包人不得擅自变更。本规定包括以下几层含义:

(1)所有的变更,包括发包人要求的变更,都必须通过监理人来实施;

(2)监理人实施变更的手段是发布变更指示(可以是变更通知或变更令等);

(3)监理人发布变更指示前,应征得发包人同意;

(4)没有监理人的指示,承包人不得擅自变更;

(5)监理人发布的合同范围内的变更,承包人必须实施。

其实,这些程序性的规定是基于一个基本的管理理念:既然工程现场的管理工作由监理人来承担,所有变更就必须通过监理人,因为所有的现场工作都是履行合同义务、行使合同权利的行为,如果监理人不知道指导工程实施的合同发生的改变,就无法合理有效地进行工程管理工作。

三、变更的范围和内容

在履行合同过程中,监理人可根据工程的需要并按发包人的授权指示承包人进行各

种类型的变更。除合同条款另有约定外,在履行合同中发生以下情形之一,都属于变更:

(1)取消合同中任何一项工作,但被取消的工作不能转由发包人或其他人实施。

如果发包人要取消合同中任何一项工作,应由监理人发布变更指示,按变更处理,但被取消的工作不能转由发包人实施,也不能由发包人雇用其他承包人实施。此规定主要为了防止发包人在签订合同后擅自取消合同价格偏高的项目,转由发包人自己或其他承包人实施而使本合同承包人蒙受损失。

(2)改变合同中任何一项工作的质量或其他特性。

对于合同中任何一项工作的质量或其他特性,合同技术条款都有明确的规定,在施工合同实施中,如果根据工程的实际情况,需要改变其质量(比如提高质量标准)或其他特性,同样需监理人按变更处理。

(3)改变合同工程的基线、标高、位置或尺寸。

合同工程的基线、标高、位置以及尺寸等发生任何变化,均属于变更,应按变更处理。比如建筑物的施工图纸与招标图纸中的位置或尺寸不一致等。

(4)改变合同中任何一项工作的施工时间或改变已批准的施工工艺或顺序。

合同中任何一项工程都规定了其施工时间,包括开始时间和完成时间,而且施工总进度计划、施工组织设计、施工顺序和施工工艺已经监理人批准,要改变就应由监理人批准,按变更处理。

(5)为完成工程需要追加的额外工作。

额外工作是指合同中未包括而为了完成合同工程所需增加的新内容,如临时增加的防汛工程或施工场地内发生边坡塌滑时的治理工程等额外工作。这些额外的工作均应按变更处理。

(6)增加或减少专用合同条款中约定的关键项目工程量超过其工程总量的一定数量百分比。

在此所指的超过专用合同条款约定的工程总量的一定数量百分比可在15%~25%,一般视具体工程酌定,其本意是为合同中任何关键项目的工程量增加或减少在约定的百分比以下时不属于变更项目,不作变更处理,超过约定的百分比时,一般应视为变更,应按变更处理。

需要说明的是,监理人发布的变更指令内容,必须是属于合同范围内的变更。即要求变更不能引起工程性质有很大的变动,否则应重新订立合同,因为若合同性质发生很大的变动而仍要求承包人继续施工是不恰当的,除非合同双方都同意将其作为原合同的变更。所以,监理人无权发布不属于本合同范围内的工程变更指令,否则承包人可以拒绝。

第二节　变更管理程序

一、变更的提出

(一)发包人或监理人提出变更

(1)在合同履行过程中,可能发生上述属于变更的情形时,监理人可向承包人发出变更意向书。变更意向书应说明变更的具体内容和发包人对变更的时间要求,并附必要的图纸和相关资料。变更意向书应要求承包人提交包括拟实施变更工作的计划、措施和竣工时间等内容的实施方案。发包人同意承包人根据变更意向书要求提交变更实施方案的,由监理人按合同约定发出变更指示。

(2)在合同履行过程中,发生合同约定的变更情形的,监理人应按照合同约定向承包人发出变更指示,并抄送发包人。

(3)若承包人收到监理人的变更意向书后认为难以实施此项变更,应立即通知监理人,说明原因并附详细依据。监理人与承包人和发包人协商后确定撤销、改变或不改变原变更意向书。

(二)承包人提出变更

承包人收到监理人按合同约定发出的图纸和文件,经检查认为其中存在合同约定的变更情形的,可向监理人提出书面变更建议。变更建议应阐明要求变更的依据,并附必要的图纸和说明。监理人收到承包人书面建议后,应与发包人共同研究,确认存在变更的,应在收到承包人书面建议后的14天内作出变更指示。经研究后不同意作为变更的,应由监理人书面答复承包人。

二、变更估价

(1)除合同条款对期限另有约定外,承包人应在收到变更指示或变更意向书后的14天内,向监理人提交变更报价书,报价内容应根据合同约定的估价原则,详细开列变更工作的价格组成及其依据,并附必要的施工方法说明和有关图纸。

(2)变更工作影响工期的,承包人应提出调整工期的具体细节。监理人认为有必要时,可要求承包人提交要求提前或延长工期的施工进度计划及相应施工措施等详细资料。

三、变更指示

变更指示只能由监理人发出,即不论是由何方提出的变更要求或建议,均需经监理人与有关方面协商,并得到发包人批准或授权后,再由监理人按合同规定及时向承包人发出变更指示。

变更指示应说明变更的目的、范围、变更内容以及变更的工程量及其进度和技术要求,并附有关图纸和文件。承包人收到变更指示后,应按变更指示进行变更工作。

另外需要说明的是,对于涉及工程结构、重要标准等影响较大的重大变更,有时需要发包人向上级主管部门报批。此时,发包人应在申报上级主管部门批准后再按照合同规定的程序办理。

四、变更处理决定

除合同条款对期限另有约定外,监理人收到承包人变更报价书后的14天内,根据合同约定的估价原则,按照合同约定商定或确定变更价格。

监理人应在发包人授权范围内按合同规定处理变更事宜。对在发包人规定限额以下的变更,监理人可以独立作出变更决定,如果监理人作出的变更决定超出发包人授权的限额范围,应报发包人批准或者得到发包人进一步授权。

一般变更处理程序为:监理人应在收到承包人变更报价书后,在合同规定的时限内对变更报价书进行审核,并作出变更处理决定,而后将变更处理决定通知承包人,抄送发包人。若发包人和承包人未能就监理人的决定取得一致意见,则监理人有权暂定他认为合适的价格和需要调整的工期,并将其暂定的变更处理意见通知承包人,抄送发包人,为了不影响工程进度,双方应暂按总监理工程师的决定执行,按照合同有关约定对总监理工程师的决定作出修改的,按修改后的结果执行。对已实施的变更,监理人可将其暂定的变更费用列入合同规定的月进度付款中予以支付。但发包人和承包人均有权在收到监理人变更决定后,对监理人的决定有异议的,构成争议,按照合同有关争议的约定处理。

五、变更程序异常的处理

(一)越权变更

虽然所有的变更均需通过监理人来实施,但我们必须有一个明确的概念,变更的权力是发包人通过合同赋予工程师的,所以监理人在实施变更时,必须了解自己的变更权限,没有特殊情况,不能越权变更。一般在发包人与监理人签订的监理合同中,会明确赋予监理人的变更权限。

但当监理人认为出现了危及生命、工程或毗邻财产等安全的紧急事件时,需要发布变更指示,但该变更项目又超出了发包人的授权范围,监理人为了工程安全、避免发包人更大损失等考虑,可以先向承包人发出变更指示,要求其立即进行变更工作,并在发出变更指示后,尽快将变更情况报告发包人。此后,监理人还应同时对承包人的变更估价进行充分评估,并在得到发包人的批准或扩大授权后再补发变更决定。

(二)临时书面或口头变更

监理人的变更指示一般均应以书面的变更通知或变更令的形式发布。但在有些情况下,监理人需要立即发布变更指示而现实条件不具备以正式书面形式发布时,可以临时书面或口头形式发布变更指示,承包人同样应遵照执行。但是,监理人应随后补发书面的变更指示,若监理人没有补发,承包人应在收到上述临时指示后24 小时内,向监理人发出书面确认函。监理人在收到书面确认函后24 小时内未予答复的,该书面确认函应被视为监理人的正式指示。

六、其他变更的处理

(一)变更影响本项目和其他项目的单价或合价的处理

按合同规定的变更范围进行任何一项变更可能引起合同工程或部分工程原定的施工组织和进度计划发生实质性变动,不仅会影响变更项目的单价或合价,而且可能影响其他有关项目的单价或合价。例如:工程量清单中一般包括多个混凝土工程项目,而这些项目的混凝土常由一座或几座混凝土工厂统一供应,若一个混凝土工程项目的变更引起原定的混凝土工厂的变动,不仅会改变该项目单价中机械使用费,还可能影响其他由该工厂供应的所有混凝土工程项目的单价。若发生此类变更,发包人和承包人均有权要求调整变更项目和其他项目的单价或合价,监理人应在进行评估后与发包人和承包人协商确定其单价或合价。

（二）承包人原因引起的变更的处理

由承包人原因引起的变更，一般有以下几种情况：

（1）承包人的合理化建议引起的变更。

在履行合同过程中，承包人对发包人提供的图纸、技术要求以及其他方面提出的合理化建议，均应以书面形式提交监理人。合理化建议书的内容应包括建议工作的详细说明、进度计划和效益以及与其他工作的协调等，并附必要的设计文件。监理人应与发包人协商是否采纳建议。建议被采纳并构成变更的，应按合同约定向承包人发出变更指示。这种变更应由承包人向监理人提交一份变更申请报告，监理人批准后，才能变更，未经监理人批准，承包人不得擅自变更。

承包人提出的合理化建议降低了合同价格、缩短了工期或者提高了工程经济效益的，发包人可按国家有关规定在专用合同条款中约定给予奖励。

（2）承包人受其自身施工设备和施工能力的限制，要求对于原设计进行变更或要求延长工期，这类变更纯属承包人原因引起，即使得到监理人的批准，还应由承包人承担变更增加的费用和工期延误的责任。

（3）由于承包人违约而必须作出的变更，不论是由承包人提出变更，还是由监理人指示变更，这类变更均应由承包人承担变更增加的费用和工期延误的责任。

（三）计日工

计日工是指对零星工作采取的一种计价方式，按合同中的计日工子目及其单价计价付款。发包人认为有必要时，由监理人通知承包人以计日工方式实施变更的零星工作。其价款按列入已标价工程量清单中的计日工计价子目及其单价进行计算，由承包人汇总后，按合同关于进度付款的约定列入进度付款申请单，由监理人复核并经发包人同意后列入进度付款，直至该工作全部完工为止。

采用计日工计价的任何一项变更工作，应从暂列金额中支付，承包人应在该项变更的实施过程中，每天提交以下报表和有关凭证报送监理人审批：

（1）工作名称、工作内容和工作数量；

（2）投入该工作的所有人员姓名、工种、级别和耗用工时；

（3）投入该工作的材料数量和种类；

（4）投入该项目的施工设备型号、台数和耗用台时；

（5）监理人要求提交的其他资料和凭证。

（四）暂列金额

暂列金额是指已标价在工程量清单中所列的暂列金额，用于在签订协议书时尚未确定或不可预见变更的施工及其所需材料、工程设备、服务等的金额，包括以计日工方式支付的金额。

暂列金额只能按照监理人的指示使用，并对合同价格进行相应调整。承包人仅有权得到由监理人决定列入暂列金额有关工作所需的费用和利润。监理人可以指示承包人进行上述暂列金额专项项目下的变更工作，承包人应按监理人的要求提供有关凭证，以供监理人审核后按计日工支付。

(五)暂估价

暂估价是指发包人在工程量清单中给定的用于支付必然发生但暂时不能确定价格的材料、设备以及专业工程的金额。《水利水电工程标准文件》规定:

(1)发包人在工程量清单中给定暂估价的材料、工程设备和专业工程属于依法必须招标的范围并达到规定的规模标准的,若承包人不具备承担暂估价项目的能力或具备承担暂估价项目的能力但明确不参与投标的,由发包人和承包人组织招标;若承包人具备承担暂估价项目的能力且明确参与投标的,由发包人组织招标。暂估价项目中标金额与工程量清单中所列金额差以及相应的税金等其他费用列入合同价格。必须招标的暂估价项目招标组织形式、发包人和监理人组织招标时双方的权利义务关系在专用合同条款中约定。

(2)发包人在工程量清单中给定暂估价的材料和工程设备不属于依法必须招标的范围或未达到规定的规模标准的,应由承包人按合同关于承包人提供的材料和工程设备的约定提供。经监理人确认的材料、工程设备的价格与工程量清单中所列的暂估价的金额差以及相应的税金等其他费用列入合同价格。

(3)发包人在工程量清单中给定暂估价的专业工程不属于依法必须招标的范围或未达到规定的规模标准的,由监理人按合同关于变更估价的约定进行估价,但专用合同条款另有约定的除外。经估价的专业工程与工程量清单中所列的暂估价的金额差以及相应的税金等其他费用列入合同价格。

七、变更的处理原则

在建设工程施工合同中,一般应规定变更处理的原则,由于工程变更有可能影响工期和合同价格,一旦发生此类情况,应遵循以下原则进行处理。

(一)变更需要延长工期

变更需要延长工期时,应按合同有关规定办理;若变更使合同工作量减少,监理人认为应予提前变更项目的工期时,由监理人和承包人协商决定。

(二)变更需要调整合同价格

当工程变更需要调整合同价格时,除专用合同条款另有约定外,一般可按以下三种不同情况确定其单价或合价。承包人在投标时提供的投标辅助资料,如单价分析表、总价合同项目分解表等,经双方协商同意,可作为计算变更项目价格的重要参考资料。

(1)已标价工程量清单中有适用于变更工作的子项目的,采用该子项目的单价;

(2)已标价工程量清单中无适用于变更工作的子项目,但有类似子项目的,可在合理范围内参照类似子项目的单价,由监理人按合同约定商定或确定变更工作的单价;

(3)已标价工程量清单中无适用或类似子项目的单价,可按照成本加利润的原则,由监理人按合同约定商定或确定变更工作的单价。

需要说明的是,在上述讨论的变更内容引起工程施工组织和进度计划发生实质性变动和影响其原定的价格时,才予调整该项目单价,否则不调整其单价。例如:若工程建筑物的局部尺寸稍有修改,虽将引起工程量的相应增减,但对施工组织设计和进度计划无实质性影响时,不须调整其单价。

八、监理人管理变更工作程序以及应注意的问题

(一)监理人管理变更工作程序

监理人进行变更的工作程序如图12-1所示。

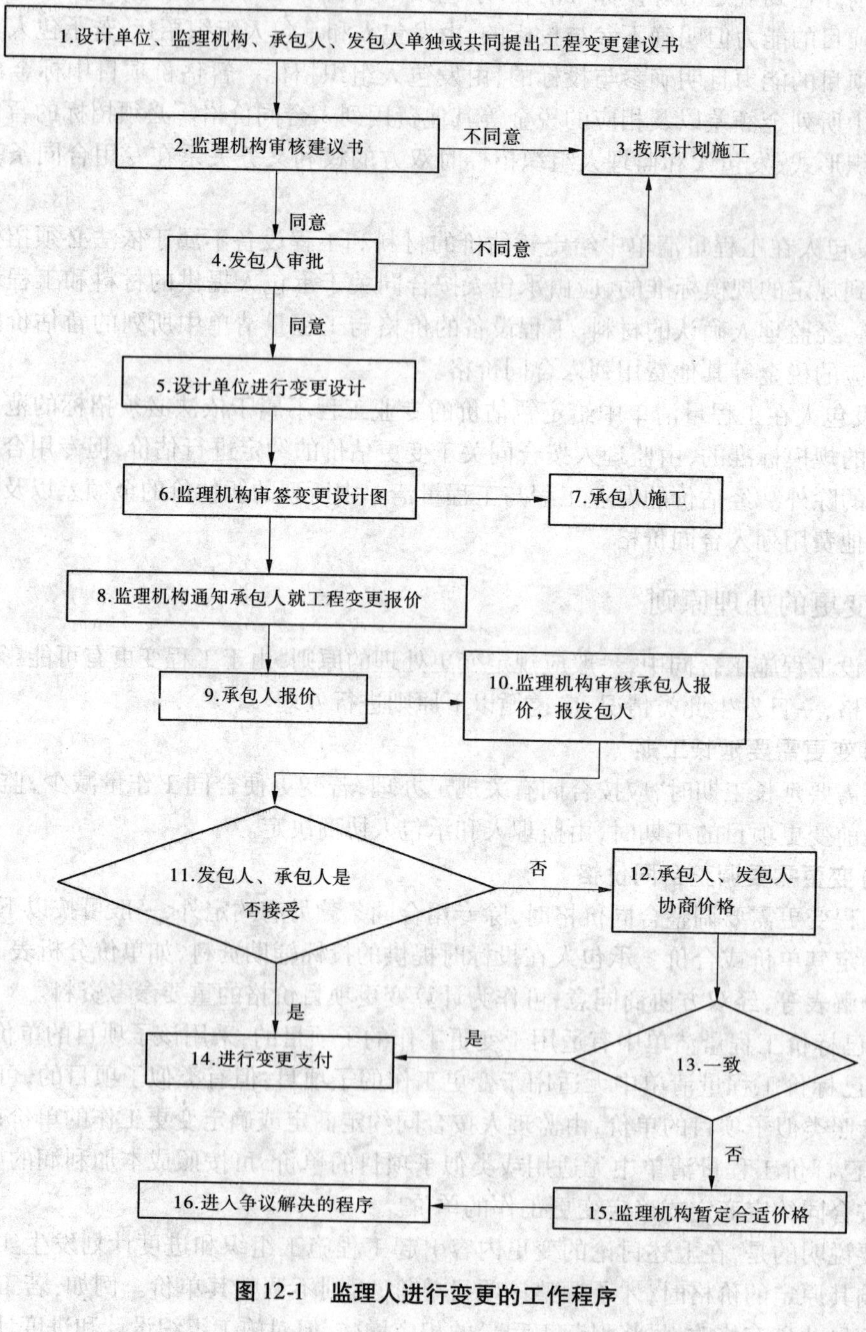

图12-1　监理人进行变更的工作程序

(二)监理人管理变更时应注意的问题

(1)准确判断,尽可能快地作出变更决定。

变更决策时间太长或变更程序太慢,会带来诸多问题。比如:如果由于变更太慢而致使工程返工,会造成极大的损失和浪费;如果由于变更太慢而让承包人停工等待,会造成索赔事件发生。所以,监理人应对变更情况作出准确的判断,并尽快作出决定。

(2)进行合同分析,确定变更责任。

在变更前后,监理人都必须进行合同分析,详细研究合同有关该变更事项的规定,确定变更合同责任,有利于变更的处理。

(3)督促承包人尽快全面落实变更。

监理人应督促承包人尽快落实变更,一方面调整变更有关的合同文件,另一方面研究由于变更引起的施工问题,并提出具体应对措施,有利于变更的顺利实施。

(4)分析变更的影响,妥善处理变更涉及的费用和工期问题,尽量避免引起索赔或争议。

第十三章　施工索赔

第一节　索赔的概念

一、施工索赔概述

(一) 索赔的概念

"索赔"一词已日渐深入到社会经济生活的各个领域,为人们所熟悉。同样,在履行建设工程合同过程中,也常常发生索赔的情况。施工索赔是指在工程的建筑、安装阶段,建设工程合同的一方当事人因对方不履行合同义务或应由对方承担的风险事件发生而遭受的损失,向对方提出的赔偿或者补偿的要求。在工程建设各个阶段,都有可能发生索赔,但在施工阶段发生较多。对施工合同的双方当事人来说,都有通过索赔来维护自己的合法利益的权利,依据双方约定的合同责任,构成正确履行合同义务的制约关系。在工程施工索赔实践中,习惯上一般把承包人向发包人提出的赔偿或补偿要求称为索赔,把发包人向承包人提出的赔偿或补偿要求称为反索赔。

索赔与合同的履行、变更或解除有着密切的联系。索赔的过程实际上就是运用合同法律知识维护自身合法权益的过程。在社会主义市场经济条件下,建设工程施工索赔已是十分常见的现象,但索赔涉及社会科学和自然科学多学科的专业知识,索赔的效果如何很大程度上取决于当事人的素质和水平,加之我国建设市场的发育尚未健全,索赔与反索赔的意识不强、水平较低。因此,应当提高对索赔与反索赔的认识,并加强对索赔理论、索赔技巧的研究,以提高生产经营管理水平和经济效益。

(二) 索赔的特征

1. 主体双向特性

索赔是合同赋予当事人双方具有法律意义的权利主张,其主体是双向的。索赔的性质属于补偿行为,是合同一方的权利要求,不是惩罚,也不意味着赔偿一方一定有过错,索赔的损失结果和被索赔人的行为不一定存在法律上的因果关系。不仅承包人可以向发包人索赔,发包人也同样可以向承包人索赔。在建设工程合同履行的实践中,发包人向承包人索赔发生的频率相对较低,而且在索赔处理中,发包人始终处于主动有利的地位,对承包人的违约行为,可以直接从应付的工程款中扣抵、扣留保留金或通过履约保函向银行索赔来实现自己的索赔要求。因此,在工程实践中大量发生的、处理比较困难和复杂的是承包人向发包人的索赔,也是监理人进行合同管理的重点内容之一。承包人的索赔范围非常广泛,一般只要非承包人自身责任造成的其工期延长或成本增加,都有可能向发包人提出索赔。有时发包人违反合同,如未及时交付施工图纸、未及时提供施工场地、未按合同约定支付工程款等,承包人可向发包人提出索赔的要求;由于发包人应承担的风险原因，如恶劣气候条件影响、国家法规修改等造成承包人损失或损害时，也会向发包人提出补偿要求。

2. 合法特性

索赔必须以法律或合同为依据。不论承包人向发包人提出索赔，还是发包人向承包人提出索赔，要使索赔成立，必须有法律依据或合同依据，没有法律依据或合同依据的索赔不能成立。

法律依据主要有：由全国人民代表大会及其常务委员会制定的法律；由国务院制定的行政法规；由国务院建设行政主管部门制定的部门规章；由各省、自治区、直辖市的人民代表大会及其常务委员会以及拥有立法权的市的人民代表大会及其常务委员会制定的地方性法规；以及合同适用的由各省、自治区、直辖市人民政府及拥有立法权的市的人民政府制定的地方性行政规章以及各级建设行政主管部门根据法律、行政法规或者地方性法规、地方性行政规章制定的规范性文件。合同文件的依据主要有：合同协议书；合同条款（包括通用合同条款、专用合同条款）；双方签订的补充协议、会议纪要，以及往来的函件；中标通知书、招标文件和投标文件；图纸和工程量清单；技术标准和要求、说明等。

3. 客观特性

索赔必须建立在损害后果已客观存在的基础上，不论是经济损失还是权利损害，受损害方才能向对方索赔。经济损失是因对方因素造成合同外额外支出，如人工费、材料费、机械费、管理费等额外开支；权利损害是指虽然没有经济上的损失，但造成乙方权利上的损害，如由于恶劣气候条件对工程进度的不利影响，承包人有权要求工期延长等。因此，发生了实际的经济损失或权利损害，应是一方提出索赔的一个基本前提条件。有时上述两种条件同时存在，如发包人未及时交付合格的施工场地，既造成承包人的经济损失，又侵犯了承包人的工期权利，因此承包人既要求经济赔偿又要求工期延长；有时两者则可单独存在，如恶劣气候条件影响、不可抗力等，承包人根据合同规定只能要求延长工期，不应要求经济补偿。

4. 合理特性

索赔应符合索赔事件发生的实际情况，无论是索赔工期或是索赔费用，要求索赔计算应合理，即符合合同规定的计算方法和计算基础，符合一般的工程惯例，索赔事件的影响和索赔值之间有直接的因果关系，合乎逻辑。

5. 形式特性

索赔应采用书面形式，包括索赔意向通知书、索赔通知书、索赔处理意见等，均应采用书面形式。索赔的内容和要求应该明确而又肯定。

6. 目的特性

索赔的结果一般是索赔方获得补偿。索赔要求通常有两个：工期即合同工期的延长，承包合同规定有工程完工时间，如果拖期由于承包人原因造成，则他要面临合同处罚，通过工期索赔，承包人可以免去其在这个范围内的处罚，并降低了未来的工期拖延风险；费用补偿，即通过要求费用补偿来弥补自己遭受的损失。

(三)施工索赔分类

1. 按索赔的合同依据分类

1)合同规定的索赔

合同规定的索赔,也称合同明示的索赔,是指承包人所提出的索赔要求,在该建设工程施工合同文件中有文字依据,承包人可以据此提出索赔要求,并取得经济补偿或工期补偿。这些在合同文件中有文字规定的合同条款,在合同解释上称为明示条款或明文条款。例如《水利水电工程标准文件》第11.3条规定,在履行合同过程中,由于发包人出现增加合同工作内容、改变合同中任何一项工作的质量要求或其他特性、发包人迟延提供材料、工程设备或变更交货地点、因发包人原因导致的暂停施工、提供图纸延误、未按合同约定及时支付预付款和进度款等原因造成工期延误的,承包人有权要求发包人延长工期和(或)增加费用,并支付合理利润。在本合同履行过程中出现此种情况,承包人就可以依据本明文条款的规定,向发包人提出索赔工期的要求和经济补偿的要求。凡是建设工程施工合同中有明文条款的,这种索赔都属于合同规定的索赔。

2)非合同规定的索赔

非合同规定的索赔,也称默示的索赔或超越合同规定的索赔,是指承包人的索赔要求,虽然在建设工程施工合同条件中没有专门的文字叙述,但可以根据该合同条件的某些条款的含义,推论出承包人有索赔权。这种索赔要求,同样有法律效力,有权得到相应的经济补偿。这种由经济补偿含义的合同条款,在合同管理工作中被称为"默示条款"或"隐含条款"。隐含条款是一个广义的合同概念,它包括合同明文条款中没有写入,但符合合同双方签订合同时的愿望和当时的环境条件的一切条款。这些默示条款,或者从明文条款所述的愿望中引申出来,或者从合同双方在法律上的合同关系中引申出来,经合同双方协商一致,或被法律法规所指明,都成为合同文件的有效条款,要求合同双方遵照执行。

3)道义索赔

承包人由于履行合同发生某项困难而承受了额外的费用损失,向发包人提出索赔要求,虽然在合同中找不到此项索赔的规定,但发包人按照合同公平原则和诚实信用原则同意给予承包人适当的经济补偿,这种索赔称为道义索赔。

2. 按索赔的目的分类

1)工期索赔

工期索赔就是承包人向发包人要求延长施工的时间,使原定的完工日期顺延一段合理的时间。也可以说,由于非承包人责任的原因而导致施工进度延误,要求批准顺延合同工期的索赔。工期索赔形式上是对权利的要求,以避免在原定合同完工日不能完工时,被发包人追究拖期违约责任。一旦获得批准合同工期顺延后,承包人不仅免除了承担拖期违约赔偿费的风险,而且可能提前工期得到奖励。

例如《水利水电工程标准文件》第11.4条规定:由于出现合同条款(一般在专用合同条款中)规定的异常恶劣气候的条件导致工期延误的,承包人有权要求发包人延长工期。承包人可依据本条款的规定向发包人提出工期索赔的要求。

2)经济索赔

经济索赔也称费用索赔,经济索赔就是承包人向发包人要求补偿不应该由承包人自己承担的经济损失或额外开支,也就是取得合理的经济补偿。承包人取得经济补偿的前提是:在实际施工过程中所发生的施工费用超过了投标报价书中该项工作所预算的费用;而这项费用超支的责任不在承包人,也不属于承包人的风险范围。施工费用超支的原因,一是施工受到了干扰,导致工作效率降低;二是发包人指令工程变更或额外工程,导致工程成本增加。由于这两种情况所增加的新增费用或额外费用,承包人有权向发包人要求给予经济补偿,以挽回不应由承包人承担的经济损失。

3. 按发生索赔的原因分类

由于发生索赔的原因很多,这种分类法提出了名目繁多的索赔,可能多达几十种。但这种分类法有它的优点,即明确地指出每一项索赔的原因,使发包人和监理人易于审核分析。根据国际工程施工索赔实践,按发生原因的索赔通常有:工期延误索赔,加速施工索赔,增加或减少工程量索赔,地质条件变化索赔,工程变更索赔,暂停施工索赔,施工图纸拖交索赔,迟延支付工程款索赔,物价波动上涨索赔,不可预见和意外风险索赔,法规变化索赔,发包人违约索赔,合同文件缺陷索赔等。

4. 其他分类

除上述三种分类方法外,还有其他一些分类方法,比如:按索赔的处理方式分类包括单项索赔、综合索赔;按索赔当事人之间的关系分类包括承包人和发包人之间的索赔、承包人和分包人之间的索赔、承包人和供货人之间的索赔;按合同的主从关系分类包括施工承包主合同索赔、施工合同涉及的从属合同(如分包合同、供应合同、劳务合同等)索赔;按索赔事件使合同所处状态分类包括正常施工索赔、停工索赔、解除合同索赔等。这些分类方法在此就不详细介绍了。

二、索赔的原因

水利水电工程大多数都是规模大、工期长、结构复杂,在施工过程中,由于受到水文、气象、地质条件的变化影响,以及规划设计变更和人为干扰,在工程项目的建设工期、工程造价、工程质量等方面都存在着变化的诸多因素。因此,超出工程施工合同条件的事项可能很多,这必然为工程的施工承包人提供了众多的索赔机会。

工程施工中常见的索赔,其原因大致可以从以下几个方面进行分析。

(一)合同文件引起的索赔

1. 合同文件的组成问题引起索赔

组成合同的文件有很多,这些文件的形成从时间上看有早有晚,有些合同文件是由发包人在招标前拟定的,有些合同文件是在投标后通过讨论修改拟定的,还有些合同文件是在实施过程中通过合同变更形成的,在这些文件中有可能会出现内容上的不一致,当合同内容发生矛盾时,就容易引起双方争执并导致索赔。

2. 合同缺陷引起的索赔

合同缺陷是指合同文件的规定不严谨,甚至前后有矛盾、遗漏或错误。它不仅包括合同条款中的缺陷,也包括技术规范和图纸中的缺陷。常发现的情况包括:

(1)合同条款规定用语不够准确,难以分清双方的责任和义务;

(2)合同条款有漏洞,对实际发生的情况没有相关的约定;

(3)合同条款之间存在矛盾,在不同的条款中,对同一问题的规定不一致;

(4)双方在签订合同前缺乏沟通,造成对某些条款的理解不一致。

监理人有权对这些情况作出解释,但如果承包人执行监理人的解释后引起成本增加或工期延误,则承包人有权提出相应的索赔。

(二)不利物质条件原因引起的索赔

专用合同条款另有约定外,不利物质条件是指承包人在施工中遭遇不可预见的外界障碍或自然条件造成施工受阻,包括地下和水文条件等。在水利水电土建工程施工中,施工现场条件的变化对工期和造价的影响很大。由于不利的自然条件及外界障碍,经常导致设计变更、工期延长和工程大幅度增加。水利水电工程对基础地质条件的要求很高,而这些土壤地质条件,如地下水、地质断层、溶洞、地下文物遗址等,根据发包人在招标文件中提供的资料,以及承包人在投标前的现场踏勘,都不可能准确地发现,即使是有经验的承包人也无法事前预料。

承包人遇到不利物质条件时,应采取适应不利物质条件的合理措施继续施工,并及时通知监理人。承包人有权根据合同关于索赔的约定,要求延长工期及增加费用。当然,监理人收到此类要求后,应在分析上述外界障碍或自然条件是否不可预见以及不可预见程度的基础上,按照通用合同条款关于变更的约定办理。应当及时发出指示,指示构成变更的,按变更的约定办理。

(三)发包人违约引起的索赔

建设工程施工合同中的发包人违约,一般是指发包人未按合同规定向承包人提供必要的施工条件,未按合同规定的时限向承包人支付工程款,未按规定的时间提供施工图纸等,对于发包人的原因而引起的施工费用增加或工期延长,承包人均有权向发包人提出索赔。

1. 未及时提供施工条件

发包人应按合同规定的承包人用地范围和期限,办清施工用地范围内的征地和移民,按时向承包人提供施工条件。发包人未能按合同规定的内容和时间提供施工用地、测量基准和应由发包人负责的部分准备工程等承包人施工所需的条件,就会导致承包人提出误工的经济索赔和工期索赔。

2. 未按时支付工程款

合同中均有支付工程款的时间限制,例如《水利水电工程标准文件》第 17.3.3 款规定:监理人在收到承包人进度付款申请单以及相应的支持性证明文件后的 14 天内完成核查,提出发包人到期应支付给承包人的金额以及相应的支持性材料,经发包人审查同意后,由监理人向承包人出具经发包人签认的进度付款证书。监理人有权扣发承包人未能按照合同要求履行任何工作或义务的相应金额。发包人应在监理人收到进度付款申请单后的 28 天内,将进度应付款支付给承包人。发包人不按期支付的,按专用合同条款的约定支付逾期付款违约金。如果发包人未能按合同规定的时间支付各项预付款或合同价款,或拖延、拒绝批准付款申请和支付凭证,导致付款延误,承包人可按合同规定向发包人索付利息。发包人严重拖欠工程款而使得承包人资金周转困难时,承包人除向发包人提出索赔要求外,还有权暂停施工,在延期付款超过合同约定时间后,承包人有权向发包人提出解除合同要求。

3. 发包人未及时提供施工图纸

发包人应按合同规定期限提供应由发包人负责的施工图纸,发包人未能按合同规定的期限向承包人提供应由发包人负责的施工图纸,承包人依据合同规定有权向发包人提出由此而造成的费用补偿和工期延长。

4. 发包人提前占有部分永久工程

工程实践中,往往会出现发包人从经济效益方面考虑使部分单项工程提前投入使用,或从其他方面考虑提前占有部分工程。一方面,如果合同未规定可提前占用部分工程,则提前使用永久工程的单项工程或部分工程所造成的后果,责任应由发包人承担;另一方面,提前占有工程影响了承包人的后续工程施工,影响了承包人的施工组织计划,增加了施工困难,则承包人有权提出索赔。

5. 发包人要求加速施工

一项工程遇到不属于承包人责任的各种情况,或发包人改变了部分工程的施工内容而必须延长工期。但是发包人又坚持要按原工期完工,这就迫使承包人赶工,并投入更多的机械、人力来完成工程,从而导致成本增加。承包人可以要求赔偿赶工措施费用。

6. 发包人提供的原始资料和数据有差错

因发包人提供的原始资料和数据有差错给承包人造成损失的,承包人可向发包人提出索赔。

7. 发包人拖延履行合同规定的其他义务

发包人没有按时履行合同中规定的其他义务而引起工期延长或费用增加,承包人有权提出索赔。主要包括两种情况:

(1)由于发包人本身的原因造成的拖延,比如内部管理不善、人员工作失误造成的拖延履行合同规定的其他义务。

(2)由于自己应向承包人承担责任的第三方原因造成发包人拖延履行合同规定的其他义务,比如:当合同规定某些材料由发包人提供,由于材料供应商或运输方的原因造成发包人没有按时提供材料给承包人。

(四)监理人的原因引起的索赔

1. 监理人拖延审批图纸

在工程实施过程中,承包人严格按照监理人审核的图纸进行施工。如果监理人未按合同规定的期限及时向承包人提供施工图纸,或者拖延审批承包人负责设计的施工图纸,因此而使施工进度受到影响,承包人有权向发包人提出工期索赔和费用索赔。

2. 监理人现场协调不力

组织协调是监理人的一项重要职责。水利水电工程往往有多个承包人同时在现场施工。各承包人之间没有合同关系,他们各自与发包人签订施工合同,因此监理人有责任协调好各承包人之间的工作关系,以免造成施工作业的相互干扰。如果由于监理人现场协调不力而引起承包人施工作业之间的干扰,承包人不能按期完成其相应的工作而遭受损失,承包人就有权提出索赔。在其他方面,如场地使用、现场交通等,各承包人之间都有可能发生相互间的干扰问题。

3. 监理人指示的重新检验和额外检验

监理人为了对工程的施工质量进行严格控制，除要进行合同中规定的检查检验外，还有权要求重新检验和额外检验，例如《水利水电工程标准文件》第14.1条规定，承包人应按合同约定进行材料、工程设备和工程的试验与检验，并为监理人对上述材料、工程设备和工程的质量检查提供必要的试验资料及原始记录。按合同约定应由监理人与承包人共同进行试验和检验的，由承包人负责提供必要的试验资料和原始记录。监理人对承包人的试验和检验结果有疑问的，或为查清承包人试验和检验成果的可靠性要求承包人重新试验和检验的，可按合同约定由监理人与承包人共同进行。重新试验和检验的结果证明该项材料、工程设备或工程的质量不符合合同要求的，由此增加的费用和(或)工期延误由承包人承担；重新试验和检验的结果证明该项材料、工程设备和工程符合合同要求，由发包人承担由此增加的费用和(或)工期延误，并支付承包人合理利润。

4. 工程质量要求过高

建设工程施工合同中的技术条款对工程质量，包括材料质量、设备性能和工艺要求等，均作了明确规定。但在施工过程中，监理人有时可能不认可某种材料，而迫使承包人使用比合同文件规定的标准更高的材料，或者提出更高的工艺要求，则承包人可就此要求对其损失进行补偿或重新核定单价。

5. 监理人的不合理干预

虽然合同中规定监理人有权对整个工程的所有部位及一切工艺、方法、材料和设备进行检查与检验，但是，只要承包人严格按合同规定的进度和质量要求的施工顺序与方法进行施工，监理人就不能对承包人的施工顺序及施工方法进行不合理的干预，更不能任意下达指令要承包人执行。如果监理人进行不合理的干预，则承包人可以就这种干预所引起的费用增加和工期延长提出索赔。

6. 监理人指示的暂停施工

在建设工程合同实施过程中，监理人有权根据合同的规定，下达暂停施工的指示。如果这种暂停施工的指示并非因承包人的责任或原因所引起，则承包人有权要求工期赔偿，同时可以就其停工损失获得合理的额外费用补偿。

7. 提供的测量基准有差错

由监理人提供的测量基准有差错，而引起的承包人的损失或费用增加，承包人可要求索赔。如果数据无误，而是承包人在解释和运用上所引起的损失，则应由承包人自己承担责任。

8. 变更指令引起的索赔

监理人在处理变更时，就变更所引起工期和费用的变化，由于发包人和承包人不能协商达成一致意见，由监理人作出自己认为合理的决定。当承包人不同意监理人的决定时，可以提出索赔。

9. 监理人工作拖延

合同规定应由监理人限时完成的工作，比如拖延隐蔽工程验收、拖延批复材料检验等，监理人没有按时完成而对承包人造成了工期延长或费用增加，承包人可提出索赔。

（五）价格调整引起的索赔

对于有调价条款的合同，在人工、材料、设备价格发生上涨时，发包人应对承包人所受到的损失给予补偿。它的计算不仅涉及价格变动的依据，还存在着对不同时期已购买材料的数量和涨价后所购材料数量的核算，以及未及早订购材料的责任等问题的处理。

（六）法规变化引起的索赔

国家的法律、行政法规或国务院有关部门的规章和工程所在地的省、自治区、直辖市的地方法规和规章发生变更，导致承包人在实施合同期间所需要的工程费用发生合同规定以外的增加时，承包人有权提出索赔，监理人应与发包人进行协商后，对所增加费用予以补偿。

第二节　索赔管理程序

一、索赔程序和期限

（一）承包人提出索赔的程序

根据《水利水电工程标准文件》的规定，承包人认为有权得到追加付款和（或）延长工期的，应按以下程序向发包人提出索赔。

1. 提交索赔意向通知书

索赔事件发生后，承包人应在索赔事件发生后的28天内向工程师提交索赔意向通知书，声明将对此事件提出索赔，一般要求承包人应在索赔意向通知书中简单写明索赔依据的合同条款、索赔事件发生时间和地点、提出索赔意向。该意向书是承包人就具体的索赔事件向监理人和发包人表示的索赔愿望与要求。如果超过这个期限，监理人和发包人有权拒绝承包人的索赔要求。索赔事件发生后，承包人有义务做好现场施工的同期记录，监理人有权随时检查和调阅，以判断索赔事件造成的实际损害。

2. 提交索赔通知书

《水利水电工程标准文件》第23.1条第（2）目规定：承包人应在发出索赔意向通知书后28天内，向监理人正式递交索赔通知书。索赔通知书应详细说明索赔理由以及要求追加的付款金额和（或）延长的工期，并附必要的记录和证明材料。索赔意向通知书提交后的28天内，或监理人可能同意的其他合理时间，承包人应提交正式的索赔通知书。索赔通知书的内容应包括：索赔事件的综合说明，索赔的依据，索赔要求补偿的款项和工期延长天数的详细计算，对其权益影响的证据资料，包括施工日志、会议记录、来往函件、工程照片、气候记录等有关资料。对于索赔通知书，一般应文字简洁、事件真实、依据充分、责任明确、条例清楚、逻辑性强、计算准确、证据确凿充分。

3. 提交中期索赔通知书

《水利水电工程标准文件》第23.1条第（3）目规定：索赔事件具有连续影响的，承包人应按合理时间间隔继续递交延续索赔通知，说明连续影响的实际情况和记录，列出累计的追加付款金额和（或）工期延长天数。如果索赔事件继续发展或继续产生影响，监理人要求的合理时间间隔一般为28天。

4. 提交最终索赔通知书

《水利水电工程标准文件》第23.1条第(3)目规定：在索赔事件影响结束后的28天内，承包人应向监理人递交最终索赔通知书，说明最终要求索赔的追加付款金额和延长的工期，并附必要的记录和证明材料。

（二）承包人索赔的期限要求

1. 提出索赔意向通知书的期限

《水利水电工程标准文件》第23.1条第(1)目规定：承包人应在知道或应当知道索赔事件发生后28天内，向监理人递交索赔意向通知书，并说明发生索赔事件的事由。承包人未在前述28天内发出索赔意向通知书的，丧失要求追加付款和(或)延长工期的权利。承包人发出索赔意向通知书，可以在监理人指示的其他合理时间内再报送正式索赔通知书，也就是说，监理人在索赔事件发生后有权不马上处理该项索赔。但承包人的索赔意向通知书必须在索赔事件发生后的28天内提出，包括因对变更估价双方不能取得一致的意见，而先按监理人单方面决定的单价或价格执行时，承包人提出的索赔权利的意向书。

2. 提出索赔的期限

《水利水电工程标准文件》第23.3条规定了承包人提出索赔的期限，即：

(1)承包人按合同约定接受了完工付款证书后，应被认为已无权再提出在合同工程完工证书颁发前所发生的任何索赔。

(2)承包人按合同约定提交的最终结清申请单中，只限于提出工程完工证书颁发后发生的索赔。提出索赔的期限自接受最终结清证书时终止。

（三）监理人处理索赔的程序

监理人处理索赔的工作程序一般如图13-1所示。每个步骤的具体内容在下一部分详述。

二、监理人对索赔的处理

《水利水电工程标准文件》第23.2条规定了承包人索赔的处理程序：

(1)监理人收到承包人提交的索赔通知书后，应及时审查索赔通知书的内容、查验承包人的记录和证明材料，必要时监理人可要求承包人提交全部原始记录副本。

(2)监理人应按合同约定商定或确定追加的付款和(或)延长的工期，并在收到上述索赔通知书或有关索赔的进一步证明材料后的42天内，将索赔处理结果答复承包人。

(3)承包人接受索赔处理结果的，发包人应在作出索赔处理结果答复后28天内完成赔付。承包人不接受索赔处理结果的，按合同争议的约定办理。

监理人一般按如下程序处理索赔。

（一）监理人审核承包人的索赔申请

监理人收到承包人提交的索赔意向通知书后，应及时核查承包人的当时记录，并可指示承包人提供进一步的支持文件和继续作好延续记录以备核查，监理人还可要求承包人提交全部记录的副本，并可就记录提出不同意见，若监理人认为需要增加记录项目时，可要求承包人增加。同时，监理人应建立自己的索赔档案，密切关注索赔事件的影响，并记录有关事项，以作为将来分析处理索赔、核对索赔通知书证据的依据。

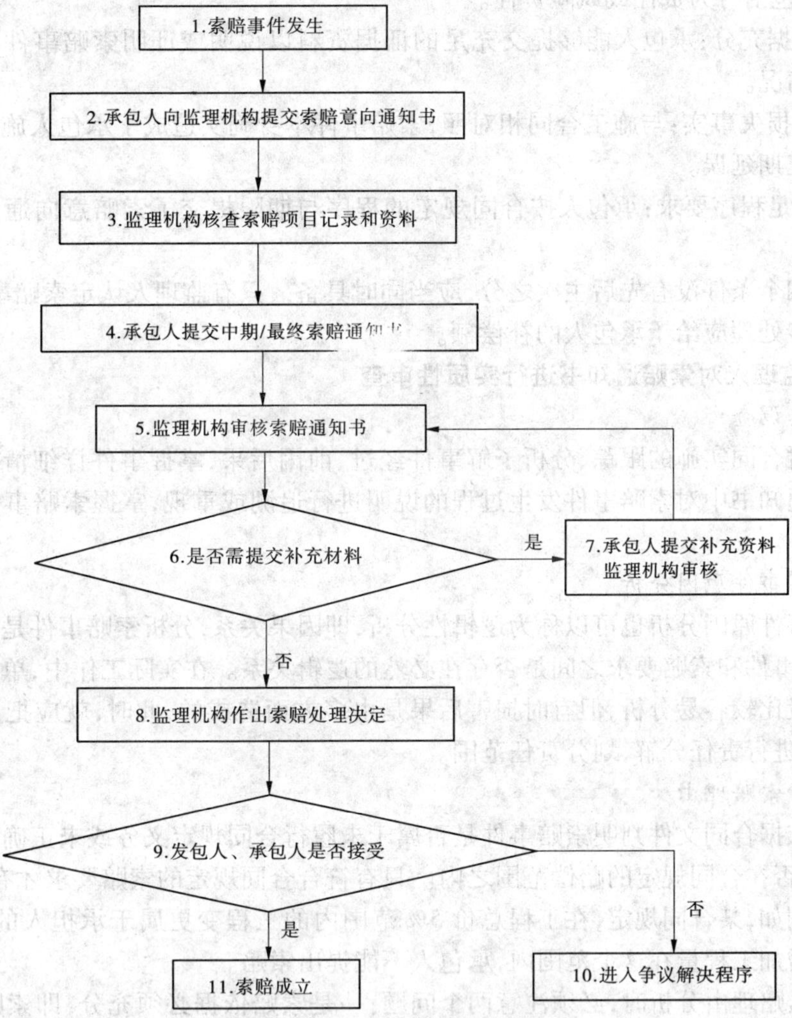

图 13-1　监理人处理索赔工作程序

监理人在收到承包人提交的索赔通知书和最终索赔通知书后,认真研究承包人报送的索赔资料。首先,在不确定责任归属的情况下,客观分析事件发生的原因,参照合同的有关条款,研究承包人的索赔证据,并检查他的同期记录;其次,通过对索赔事件的分析,监理人再依据合同条款划清责任界限,必要时还可以要求承包人进一步提供补充资料,尤其是对承包人与发包人或监理人都负有一定责任的事件影响,更应划出各方应该承担合同责任的比例;最后,再审查承包人提出的索赔补偿要求,拟定自己计算的合理赔偿。

监理人应在收到承包人提交的索赔通知书和有关资料后,按合同规定的期限(42天),或在监理人建议并经承包人认可的期限内,作出回应,表示批准或不批准并附上具体意见,也可要求承包人补充进一步的证据资料。

(二)监理人判定索赔成立的原则

监理人判定承包人索赔成立的条件如下:

(1)依据充分:造成费用增加或工期延误的原因,按合同约定确实不属于承包人应承担的责任,包括行为责任或风险责任。

(2)证据充分:承包人能够提交充足的证据资料以说明或证明索赔事件发生当时详细的实际情况。

(3)有损失事实:与施工合同相对照,索赔事件本身确实造成了承包人施工成本的额外支出或工期延误。

(4)满足程序要求:承包人按合同规定的程序与期限提交了索赔意向通知书和索赔通知书。

以上四个条件没有先后主次之分,应当同时具备。只有监理人认定索赔事件成立后,才能进一步处理应给予承包人的补偿额。

(三)监理人对索赔通知书进行实质性审查

1. 事态调查

通过对合同实施的跟踪、分析了解事件经过、前因后果,掌握事件详细情况。主要是针对索赔通知书中对索赔事件发生过程的说明进行追溯或重现,掌握索赔事件发生过程和重要细节。

2. 损害事件原因分析

损害事件原因分析也可以称为逻辑性分析,即因果关系,分析索赔事件是由何种原因引起,索赔事件和索赔要求之间是否存在必然的逻辑关系。在实际工作中,单一原因造成的损害一般比较容易分析,但有时损害后果是由多方面造成的,此时,就应把所有的原因都列出来,进行责任分解,划分责任范围。

3. 分析索赔理由

主要依据合同文件判明索赔事件是否属于未履行合同规定义务或未正确履行合同义务导致,是否在合同规定的赔偿范围之内。只有符合合同规定的索赔要求才有合法性,才能成立。例如,某合同规定,在工程总价5%范围内的工程变更属于承担人的风险,则发包人指令增加工程量在这个范围内,承包人不能提出索赔。

进行索赔理由分析时,必须注意两个问题:一是索赔依据必须充分,即索赔的提出必须有合同基础或相关的法规基础;二是论证必须充分,即根据合同或法律依据对索赔事件进行充分的论述,以证明事件发生的合理性、必然性等。通过该分析,就可以确定该索赔是否能够成立。

4. 实际损失分析

索赔事件的影响,主要表现为工期的延长和费用的增加。如果索赔事件不造成损失,则无索赔而言。损失调查的重点是分析、对比实际和计划的施工进度、工程成本和费用方面的资料,在此基础上核算索赔值。在此过程中,应注意两点:一是计算的基础数据应合理,即计算的基础数据是实际发生的,或是合同中的,或是概预算定额中的;二是计算方法应合理,符合实际,即使相同的基础数据,不同的计算方法,计算结果也不同。所以,应对计算技术方法进行分析比较。

5. 证据资料分析

主要分析证据资料的有效性、合理性、正确性,这也是索赔要求有效的前提条件。如果在索赔通知书中提供不出证明其索赔理由、索赔事件的影响、索赔值的计算等方面的充足的详细资料,索赔要求是不能成立的,或是不能完全成立的。如果工程师认为承包人提出的证据不能足以说明其要求的合理性,可以要求承包人进一步提交索赔的证据资料。

(四)确定合理的补偿额

1. 监理人与承包人协商补偿

监理人核查后初步确定应予以补偿的额度往往与承包人的索赔通知书中要求的额度不一致,甚至差额较大。主要原因大多为对承担事件损害责任的界限划分不一致,索赔证据不充分,索赔计算的依据和方法分歧较大等,因此双方应就索赔的处理进行协商。

对于持续影响的时间超过28天以上的工期延误事件,当工期索赔条件成立时,对承包人每隔28天报送的阶段索赔临时报告审查后,每次均应作出批准临时延长工期的决定,并于事件影响结束后28天内承包人提出最终的索赔通知书后,批准延长工期总天数。应当注意的是,最终批准的总顺延天数,不应少于以前各阶段已同意顺延天数之和。规定承包人在事件影响期间必须每隔28天提出一次阶段索赔通知书,可以使工程师能及时根据同期记录批准该阶段应予顺延工期的天数,避免事件影响时间太长而不能准确确定索赔值。

2. 监理人索赔处理决定

在经过认真分析研究,与承包人、发包人广泛讨论后,监理人应该向发包人和承包人提出自己的"索赔处理决定"。监理人收到承包人送交的索赔通知书和有关资料后,于合同规定的期限内给予答复或要求承包人进一步补充索赔理由和证据。

通常,监理人处理决定不是终局性的,对发包人和承包人都不具有强制性的约束力。承包人或发包人对监理人的处理决定不满意,可以按合同中的争议条款提交约定的仲裁机构或诉讼。一般发包人和承包人应在收到监理人的索赔处理决定后,将其是否同意索赔处理决定的意见通知监理人,若双方均无异议,则监理人应在收到通知后,将确定的索赔金额列入支付证书中,或批复工期延长。若双方中任何一方不接受监理人的决定,可按合同规定提请仲裁或诉讼。

(五)发包人审查索赔处理

发包人首先根据事件发生的原因、责任范围、合同条款审核承包人的索赔通知书和监理人的处理报告,在依据工程建设的目的、投资控制、竣工投产日期要求以及针对承包人在施工中的缺陷或违反合同等有关情况,决定是否同意监理人的处理意见。例如,承包人某项索赔理由成立,监理人根据相应条款规定,即同意给予承包人一定的经济补偿,也批准顺延相应的工期。但发包人权衡了施工的实际情况和外部条件后,可能不同意顺延工期,而同意给承包人增加费用补偿,要求他采取赶工措施,按期或提前完工。这样的决定只有发包人才有权作出。

索赔通知书经发包人同意后,监理人即可签发有关证书。

(六)承包人是否接受最终索赔处理

承包人接受最终的索赔处理决定,索赔事件的处理即告结束。如果承包人不同意,就会导致合同争议。通过协商双方达成互谅互让的解决方案,是处理争议的最理想方式。如达不成协议,承包人有权提交仲裁或诉讼解决。

三、发包人的索赔

当由于承包人的原因而使发包人遭受损失时,发包人可向承包人提出索赔。《水利水电工程标准文件》第23.4条规定:

(1)发生索赔事件后,监理人应及时书面通知承包人,详细说明发包人有权得到的索赔金额和(或)延长缺陷责任期的细节和依据。发包人提出索赔的期限和要求与承包人索赔期限的约定相同,延长缺陷责任期的通知应在缺陷责任期届满前发出。

(2)监理人按合同约定商定或确定发包人从承包人处得到赔付的金额和(或)缺陷责任期的延长期。承包人应付给发包人的金额可从拟支付给承包人的合同价款中扣除,或由承包人以其他方式支付给发包人。

工程实践中,发包人的索赔一般包括以下几方面内容。

(一)工程进度方面

(1)承包人原因拖延了工程完工日期,承包人可索赔误期损失赔偿费。误期损失赔偿费的数额通常是按合同约定的每误期一天应赔偿的金额进行计算;合同同时也约定误期损失赔偿费数额的上限,一般不超过合同价的10%。

(2)工程拖期或承包人赶工,可索赔由此而增加的监理人的服务费用。

(二)工程质量方面

(1)承包人不按监理人指令拆除不合格工程,更换不合格的材料和设备,在保修期内修补工程缺陷时,发包人可另请公司完成此类工作,并向承包人提出完成此类工作的费用索赔。

(2)承包人的材料或设备不合格而要求重新检验的费用。

(3)工程不合格被拒绝接受,承包人修复后的重新检验费用。

(三)其他方面

(1)承包人未按合同要求办理保险,发包人去办理而支付的保险费。

承包人未按合同要求及时办理保险,由此造成对发包人的损害。

(2)承包人运送施工设备或材料时,未按合同要求采取合理措施,破坏了沿途公路或桥梁等,由此造成的损失。

(3)承包人违背合同约定,无故不向指定分包人支付,发包人可直接向指定分包人支付并向承包人索赔。

(4)承包人签订分包合同时,未按合同要求写入保护发包人权益的条款,造成发包人受到损害。

(5)工程需要紧急抢救,而承包人无能力或不愿立即进行时,发包人可请另外人员去进行此项工作并可向承包人索赔所支出的费用。

发包人索赔一般都无须经过烦琐的索赔程序,其所受损失可从需支付给承包人的价款中扣除,或从履约保函中兑取。虽然发包人索赔比承包人更容易,但并不意味着发包人可以任意扣款。根据不同的索赔内容将扣款分成需通知承包人和不需通知承包人直接扣款两种情况。当索赔金额或计算方法合同已约定的,如误期损害赔偿费等,可直接扣款;索赔金额需监理人核定的,则应由监理人通知承包人再扣款。

四、关于不可抗力的合同处理

(一)不可抗力的确认

不可抗力是指承包人和发包人在订立合同时不可预见,在工程施工过程中不可避免发生并不能克服的自然灾害和社会性突发事件,如地震、海啸、水灾、飓风等自然方面的不可抗力和瘟疫、骚乱、暴动、战争等社会方面的不可抗力及专用合同条款约定的其他情形。

不可抗力发生后,发包人和承包人应及时认真统计所造成的损失,收集不可抗力造成损失的证据。合同双方对是否属于不可抗力或其损失的意见不一致的,由监理人按合同预定商定或确定。发生争议时,按合同关于争议解决的约定办理。

(二)不可抗力的通知

(1)合同一方当事人遇到不可抗力事件,使其履行合同义务受到阻碍时,应立即通知合同另一方当事人和监理人,书面说明不可抗力和受阻碍的详细情况,并提供必要的证明。

(2)如不可抗力持续发生,合同一方当事人应及时向合同另一方当事人和监理人提交中间报告,说明不可抗力和履行合同受阻的情况,并于不可抗力事件结束后28天内提交最终报告及有关资料。

(三)不可抗力后果及其处理

1.不可抗力造成损害的责任

除合同条款另有约定外,不可抗力导致的人员伤亡、财产损失、费用增加和(或)工期延误等后果,由合同双方按以下原则承担:

(1)永久工程,包括已运至施工场地的材料和工程设备的损害,以及因工程损害造成的第三者人员伤亡和财产损失由发包人承担;

(2)承包人设备的损坏由承包人承担;

(3)发包人和承包人各自承担其人员伤亡与其他财产损失及其相关费用;

(4)承包人的停工损失由承包人承担,但停工期间应监理人要求照管工程和清理、修复工程的金额由发包人承担;

(5)不能按期竣工的,应合理延长工期,承包人不需支付逾期竣工违约金,发包人要求赶工的,承包人应采取赶工措施,赶工费用由发包人承担。

2.延迟履行期间发生的不可抗力

合同一方当事人延迟履行,在延迟履行期间发生不可抗力的,不免除其责任。

3.避免和减少不可抗力损失

不可抗力发生后,发包人和承包人均应采取措施尽量避免和减少损失的扩大,任何一方没有采取有效措施导致损失扩大的,应对扩大的损失承担责任。

4.因不可抗力解除合同

合同一方当事人因不可抗力不能履行合同的,应当及时通知对方解除合同。合同解除后,承包人应按照合同约定撤离施工场地。已经订货的材料、设备由订货方负责退货或解除订货合同,不能退还的货款和因退货、解除订货合同发生的费用,由发包人承担,因未及时退货造成的损失由责任方承担。合同解除后的付款,参照合同约定,由监理人按合同约定进行商定或确定。

第三节 工期索赔

一、工期延误计算的重要性

工期延长对合同双方都会造成损失。发包人因工程不能及时交付使用,不能按计划实现投资目的,失去盈利机会。承包人因工期延长增加支付现场工人工资、机械停置费用、工地管理费、其他附加费用支出,最终还可能支付合同规定的工期延长罚款。所以,承包人进行工期索赔的目的通常有两个:

(1)免去或推卸自己对已经产生的工期延长的合同责任,使自己不支付或尽可能少支付工期延长的罚款。

(2)进行因工期延长而造成的费用损失的索赔,或称为派生费用。这个索赔值通常比较大。

对已经产生的工期延长,发包人通常采用两种解决办法:

(1)不采取加速措施,将合同工期顺延,工程施工仍按原定方案和计划实施。

(2)指示承包人采取加速施工措施,以全部或部分弥补已经损失的工期。如果工期延缓责任不由承包人造成,发包人已认可承包人的工期索赔,则承包人还可以提出因采取加速措施而增加的费用的索赔。

二、工期延误计算的依据

工期延误计算的依据主要有:

(1)合同规定的完工时间。

(2)承包人呈报的经监理人同意的施工进度计划。

(3)合同双方共同认可的对工期的修改文件,如认可信、会谈纪要、来往信件等。

(4)受干扰后实际工程进度记录,如施工日记、进度报告等。

(5)施工现场情况。

三、工期延误计算的方法

干扰事件对工程工期影响的大小,直接影响着承包人在工期索赔中所能得到的利益补偿大小。无论发包人同意工期延长还是采取加速施工措施来弥补已经损失的工期,都是以干扰事件对工程工期影响的大小为基础确定的。在此基础上,应区分承包人、发包人各承担的比例。发包人同意承包人工期可延长时间与承包人、发包人应承担的责任成反比。在实际工作中,计算工期延长的方法有平衡点法、比例法、网络计划分析法等。网络分析法概念清晰,计算准确,应尽量采用。下面只介绍网络分析法。

网络分析法基本思路为:在执行原网络计划的施工过程中,发生了一个或一些干扰事件,使网络中的某个或某些工作受到干扰而延长持续时间。将这些工作受干扰后的持续时间代入网络中,重新进行网络分析,得到一个新计划工期。则新计划工期与原计划工期之差即为总工期的影响,也即工期索赔值。通常如果受干扰的工作在关键路线上,则该工作的持续时间的延长即为总工期的延长值。如果该工作在非关键路线上,其作业时间的延长对工程工期的影响决定于这一延长超过其总时差的幅度。

应用网络分析法计算工期延长是一种科学的、合理的分析方法。在明确了干扰事件对各项工作作业时间的影响后,网络分析方法适用于各种干扰事件的索赔计算。下面举例说明其计算方法。

【例 13-1】 某工程的合同实施中,由承包人提供经监理人同意的施工进度计划如图 13-2 所示。经分析知计划的关键路线为 A—B—E—K—J—L 和 A—B—G—F—J—L,计划工期为 23 周。

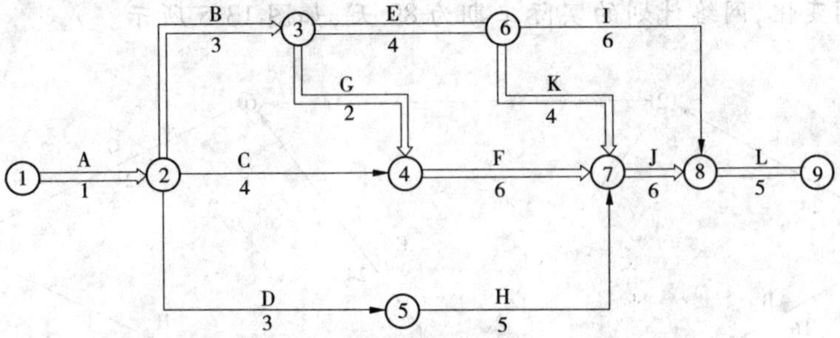

图 13-2　初始施工进度计划分析图

在计划实施中受到外界干扰,产生如下变化:工作 E 的进度拖延 2 周,即实际上占用 6 周时间完成;工作 H 的进度拖延 3 周,即实际上占用 8 周时间完成。

经分析知,上述干扰事件的影响都不属于承包人的责任和风险,有理由向发包人提出工期索赔要求。将这些变化纳入施工进度计划中重新得到一新计划,如图 13-3 所示。经分析关键路线为 A—B—E—K—J—L,总工期为 25 周。即受到外界的干扰,总工期延长 2 周。这是承包人在索赔报告中有理由提出的工期延长。

在使用网络分析法计算干扰事件对工程工期影响的计算时,应注意下列几点:

(1) 在一揽子索赔中,由于干扰事件比较多,许多因素综合在一起,影响较复杂。为了避免计算错误,可按对比影响前后网络计划的方法确定工期延长。对于单项作业的索赔分析,只要该工作作业时间的延长没有超过其工作总时差,将不会引起工程工期延长,工程工期延长应等于该工作作业时间的延长减去其工作总时差。

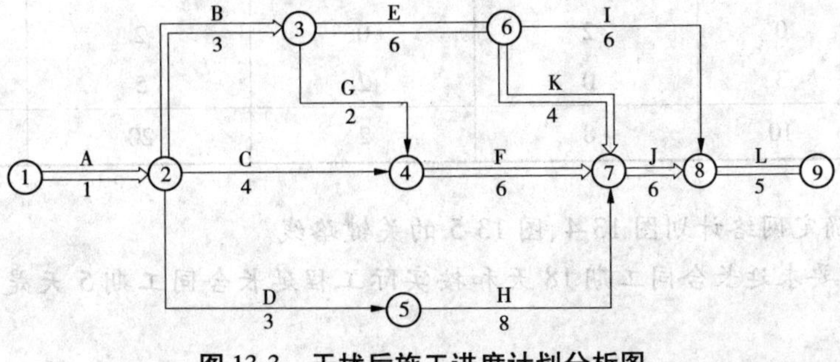

图 13-3　干扰后施工进度计划分析图

(2) 在工期索赔分析中,除应用网络分析方法确定工期延长外,还应进行干扰事件影响前后计划资源需求及分配的对比分析,作为确定派生费用的依据。例如,在进行单项作业引起的索赔分析中,若该项工作的作业时间延长在其自由时差范围之内,则不会引起工程工期延长;同时,引起资源调整的可能性或程度也不太大;若该项工作的作业时间超过其自由时差,但在其总时差范围之内,虽不会引起工程工期延长,但一般会引起资源配置的变化;若该项工作的作业时间超过其总时差,则既引起工程工期延长,也会引起资源配置的变化。

【例 13-2】 某工程建设项目,网络计划如图 13-4 所示,网络计划工期为 84 天。在施工过程中,由于业主原因、不可抗力因素和施工单位原因,对各项工作的持续时间产生一定的影响,其结果如表 13-1 所示(正数为延长工作天数,负数为缩短工作天数)。由于工作的持续时间变化,网络计划的实际工期为 89 天,如图 13-5 所示。

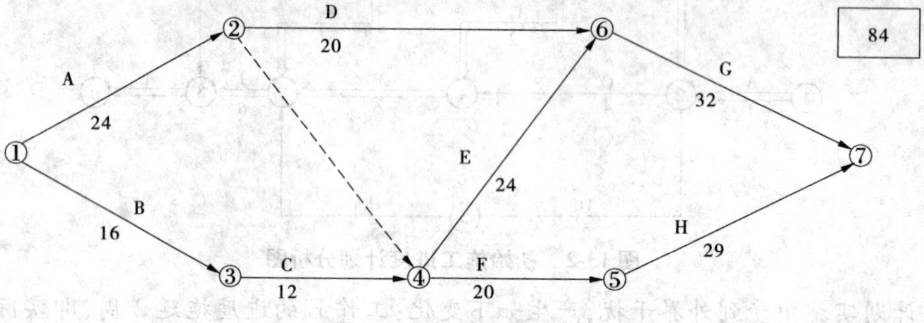

图 13-4 初始网络计划

表 13-1 各因素影响结果

工作代号	业主原因	不可抗力因素	施工单位原因	延长的时间	延长和缩短一天的经济得失(元/天)
A	0	2	0	2	600
B	1	0	1	2	800
C	1	0	-1	0	600
D	2	0	2	4	500
E	0	2	-2	0	700
F	3	2	0	5	800
G	0	2	0	2	600
H	3	0	2	5	500
合计	10	8	2	20	

问题:1. 确定网络计划图 13-4、图 13-5 的关键路线。

2. 承包商要求延长合同工期 18 天和按实际工程延长合同工期 5 天是否合理?为什么?

3. 监理工程师应签证延长合同工期几天合理?为什么?(用网络计划图表示)

4. 监理工程师应签证索赔金额多少为合理?为什么?

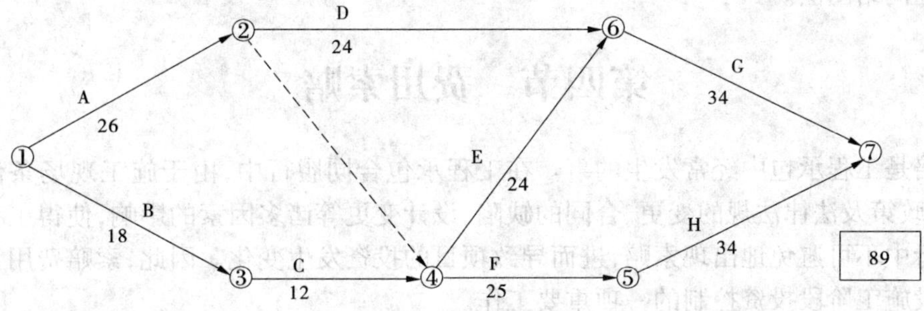

图 13-5　实际网络计划

解:

1. ①网络计划图 13-4 的关键路线是 B—C—E—G 或 1—3—4—6—7。

②网络计划图 13-5 的关键路线是 B—C—F—H 或 1—3—4—5—7。

2. ①要求延长工期 18 天不合理,因业主原因和不可抗力因素对工作持续时间的影响不是都在关键路线上。

②要求延长工期 5 天也不合理,因其中包含了施工单位自身原因所造成的工作持续时间的延长和缩短。

3. 由非施工单位原因造成的工期延长应给予延期。网络计划图如图 13-6 所示。

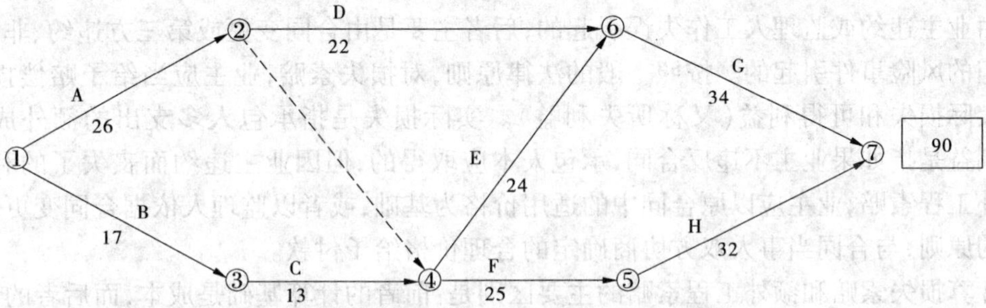

图 13-6　工期索赔网络计划分析

签证顺延的工期为 $90-84=6$(天)。

4. 只考虑因业主直接原因所造成的经济损失部分:

$800+600+2\times500+3\times800+3\times500=6\ 300$(元)

四、工程中断的工期延长

对由于罢工、恶劣气候条件、发包人责任(如发包人提供电力情况下的停电)和其他不可抗力因素造成的工程暂时中断,或发包人指令停止工程施工,使工期延长,一般其工期索赔值按工程实际停滞时间,即从工程停工到重新开工这段时间计算。但如果干扰事件有后果要处理,还要加上清除后果的时间。如:恶劣气候条件造成工地混乱,需要在开工前清理场地;需要重新招雇工人组织施工;重新安装和检修施工机械设备等。在这种情况下,可以按工程师填写或签证的现场实际工程记录为证据提出索赔。

应当指出的是,平衡点法、比例法计算出的工期延长是不精确的,常引起合同争议,应尽量采用网络图法。

第四节 费用索赔

索赔是工程承包中经常发生的事。在工程承包合同履行中,由于施工现场条件的变化、国家政策及法律法规的变更、合同的缺陷、设计变更等诸多因素的影响,使得工程承包合同履行中不可避免地出现索赔,进而导致项目的投资发生变化。因此,索赔费用管理是工程建设施工阶段投资控制的一项重要工作。

一、承包人向业主的索赔

(一)可以索赔的费用

从理论上讲,确定承包人可以索赔什么费用及索赔多少,有两条主要原则:

(1)所发生的费用应该是承包人履行合同所必需的,即如果没有该费用支出,就无法合理履行合同,无法使工程达到合同要求。

(2)给予补偿后,应该使承包人处于与假定未发生索赔事项情况下的同等有利或不利地位(承包人自己在投标中所确立的地位),即承包人不因索赔事项的发生而额外受益或额外受损。

从索赔发生的原因来看,承包人索赔可以简单分为损失索赔和额外工作索赔,前者主要是由业主违约或监理人工作失误引起的;后者主要是由合同变更或第三方违约、非承包人承担的风险事件引起的。按照一般的法律原则,对损失索赔,业主应当给予赔偿损失,包括实际损失和可得利益(又称所失利益)。实际损失是指承包人多支出的额外成本。可得利益是指如果业主不违反合同,承包人本应取得的,但因业主违约而丧失了的利益。对额外工程索赔,业主应以原合同中的适用价格为基础,或者以监理人依据合同变更价格确定的原则,与合同当事人双方协商确定的合理价格给予付款。

计算损失索赔和额外工程索赔的主要区别是:前者的计算基础是成本,而后者的计算基础是价格(包括直接成本、管理费和利润)。计算损失索赔要求比较一下假定无违约成本和实际有违约成本(不一定是承包人投标成本或实际发生成本,应是合理成本),对两者之差给予补偿,与各工程项目的价格毫不相干,原则上不得包括额外成本的相应利润(除非承包人原合理预期利润的实现已经因此受到影响——这种情况只有当违约引起整个工程的延迟或完工前的合同解除时才会发生)。计算额外工程索赔则允许包括额外工作的相应利润,甚至在该工程可以顺利列入承包人的工作计划、不会引起总工期延长,从而事实上承包人并未遭受到损失时也是如此。

索赔仅仅是承包人要求对实际损失或额外费用给予补偿。承包人究竟可以就哪些损失提出索赔,这取决于合同规定和有关适用法律。无论损失的金额有多大,也无论是什么原因引起的,合同规定都是决定这种损失是否可以得到补偿的最重要的依据。

无论对承包人还是监理人(业主),根据合同和有关法律规定,事先列出一个将来可能索赔的损失项目的清单,这是索赔管理中的一种良好做法,可以帮助防止遗漏或多列某些损失项目,下面这个清单列举了常见的损失项目(并非全部),可供参考。

1. 人工费

人工费在工程费用中所占的比重较大,人工费的索赔,也是施工索赔中数额最多者之一,一般包括:

(1)额外劳动力雇用。

(2)劳动效率降低。

(3)人员闲置。

(4)加班工作。

(5)人员人身保险和各种社会保险支出。

2. 材料费

材料费的索赔关键在于确定由于业主方面修改工程内容,而使工程材料增加的数量,这个增加的数量,一般可通过原来材料的数量与实际使用的材料数量的比较来确定。材料费一般包括:

(1)额外材料使用。

(2)材料破损估价。

(3)材料涨价。

(4)材料保管、运输费用。

3. 设备费

设备费是除人工费外的又一大项索赔内容,通常包括:

(1)额外设备使用。

(2)设备使用时间延长。

(3)设备闲置。

(4)设备折旧和修理费分摊。

(5)设备租赁实际费用增加。

(6)设备保险增加。

4. 低值易耗品

低值易耗品一般包括:

(1)额外低值易耗品使用。

(2)小型工具。

(3)仓库保管成本。

5. 现场管理费

现场管理费一般包括:

(1)工期延长期的现场管理费。

(2)办公设施。

(3)办公用品。

(4)临时供热、供水及照明。

(5)人员保险。

(6)额外管理人员雇用。

(7)管理人员工作时间延长。

(8)工资和有关福利待遇的提高。

6.总部管理费

总部管理费一般包括:

(1)合同期间的总部管理费超支。

(2)延长期中的总部管理费。

7.融资成本

融资成本一般包括:

(1)贷款利息。

(2)自有资金利息。

8.额外担保费用

9.利润损失

(二)不允许索赔的费用

一般情况下,下列费用是不允许索赔的。

1.承包人的索赔准备费用

毫无疑问,对每一项索赔,从预测索赔机会、保持原始记录、提交索赔意向通知、提交索赔账单、进行成本和时间分析,到提交正式索赔报告、进行索赔谈判,直至达成索赔处理协议,承包人都需要花费大量的精力进行认真细致的准备工作。有时,这个索赔的准备和处理过程还会比较长,而且业主也可能提出许多这样那样的问题,承包人可能需要聘请专门的索赔专家来进行索赔的咨询工作。所以,索赔准备费用可能是承包人的一项不小的开支。但是,除非合同另有规定,通常都不允许承包人对这种费用进行索赔。从理论上说,索赔准备费用是作为现场管理费的一个组成部分得到补偿的。

2.工程保险费用

由于工程保险费用是按照工程(合同)的最终价值计算和收取的,如果合同变更和索赔的金额较大,就会造成承包人保险费用的增加。与索赔准备费用一样,这种保险费用也是作为现场管理费的一个组成部分得到补偿的,不允许单独索赔。当然,也有的合同会把工程保险费用作为一个单独的工作项目在工程量表中列出。在这种情况下,它就不包括在现场管理费中,可以单独索赔。

3.因合同变更或索赔事项引起的工程计划调整、分包合同修改等费用

这类费用也是包括在现场管理费中得到补偿的,不允许单独索赔。

4.因承包人的不适当行为而扩大的损失

如果发生了有关索赔事项,承包人应及时采取适当措施防止损失的扩大,如果没有及时采取措施而导致损失扩大的,承包人无权就扩大的损失要求赔偿。承包人负有采取措施减少损失的义务,这是一般的法律和合同的基本要求。这种措施可能包括保护未完工程、合理及时地重新采购器材、及时取消订货单、重新分配施工力量(人员和材料、设备)等。例如,某单位工程暂时停工时,承包人也许可以将该工程的施工力量调往其他工作项目。如果承包人能够做到而没有做,则他就不能对因此而闲置的人员和设备的费用进行索赔。当然,承包人可以要求业主对其“采取这种减少损失措施”本身产生的费用给予补偿。

5. 索赔金额在索赔处理期间的利息

索赔的处理总是有一个过程的,有时甚至是一个比较长的过程。一般合同中对索赔的处理时间没有严格的限制,但监理人作为一公正的合同实施监督者,应该在合理的时间内作出处理,不得有意拖延。在一般情况下,不允许对索赔额计算处理期间的利息,除非有证据证明业主或监理人恶意地拖延了对索赔的处理。除上述索赔处理期间的利息外,还有从索赔事项的发生至承包人提出索赔期间的利息问题,以及如果对监理人的处理决定发生争议,并提交了仲裁后这一期间的利息问题。实际工作中,对这四个阶段的利息是否可以索赔,是业主(监理人)和承包人之间非常容易发生分歧的领域,要根据适用法律和仲裁规则等来确定。

二、业主向承包人的索赔

由于承包人不履行或不完全履行合同约定的义务,或由于承包人的行为使业主受到损失时,业主可以向承包人提出索赔。一般常见的索赔如下。

(一)工程拖期索赔

土建工程的施工原定计划进度及完工日期拖后,可能影响到业主对该工程的投产计划,给业主带来了经济损失时,按照国际工程标准合同条款的规定,业主有权对承包人进行索赔“拖期损失赔偿费”。

土建工程施工进度滞后是常见的现象。关于拖期的原因,应进行具体分析,以确定责任属于合同哪一方承担,这是进行工程拖期索赔或反索赔的前提。如果工程拖期的责任在承包人一方,则业主有权向承包人提出工程拖期索赔。如果工程拖期的责任在业主一方,例如未按规定时间提供施工场地,指令完成大量的附加工程或额外工程,对施工进展人为干扰,业主违约等,则承包人有权向业主提出工程拖期索赔。如果工程拖期是由于客观原因引起,不是承包人的责任,例如天灾、工人罢工、工程所在地政局动荡等,则业主不仅不能向承包人提出工程拖期索赔,反而承包人有提出工期补偿的权利。

至于拖期损失赔偿的计价方法,在各个工程项目的合同文件中均有具体规定。一般规定,每拖期完工一天,应赔偿一定款额的损失赔偿费;拖期损失赔偿费的总额,一般不能超过该工程项目合同价格的一定比例(通常为10%)。

(二)施工缺陷索赔

施工合同条件一般都规定,如果承包人施工质量不符合施工技术条款的规定,或使用的设备和材料不符合合同规定,或者在保修期满以前未完成应进行修补的工程时,业主有权向承包人追究责任,要求补偿业主所受的经济损失。如果承包人在规定的期限内仍未完成修补缺陷工作,业主有权雇用他人来完成工作,发生的费用由承包人承担。

(三)承包人不履行的保险费用索赔

如果承包人未能按照合同条款指定的项目投保,并保证保险有效,业主可以投保并保证保险有效,业主所支付的必要的保险费可在应付给承包人的款项中扣回。

(四)对指定分包商的付款索赔

在工程承包人未能提供已向指定分包商付款的合理证明时,业主可以直接按照监理人的证明书,将承包人未付给指定分包商的所有款项(扣除保留金)付给这个分包商,并从应付给承包人的任何款项中如数扣回。

(五)业主合理终止合同或承包人不正当地放弃工程的索赔

如果业主合理地终止承包人的承包,或者承包人不合理地放弃工程,则业主有权从承包人手中收回由新的承包人完成工程所需的工程款与原合同未付部分的差额。

(六)其他损失索赔

(1)承包人运送自己的施工设备和材料时,损坏了沿途公共的公路或桥梁。

(2)承包人的建筑材料或设备不符合合同要求而要重复检验时,所带来的检测费用开支。

(3)由于承包人的原因造成工程拖期时,在超出计划工期的拖期时段内的监理人服务费用,业主要求由承包人承担。

三、索赔费用的计算

索赔费用的计算方法很多,每个工程项目的索赔款计算方法也往往视具体情况而有所不同。但是,索赔费用的计算方法通常都沿用几种通用的原则。

(一)总费用法

总费用法即总成本法。它是在发生多次索赔事件以后,重新计算该工程的实际总费用,实际总费用减去投标报价时的估算总费用,即为索赔金额,即

索赔金款 = 实际总费用 − 投标报价估算费用

对这种计算原则,不少人持批评态度。因为实际发生的总费用中,可能包括了由于承包人的原因(如组织不善、工效太低或材料浪费等)而增加的费用;同时,投标报价时的估算费用却因竞争得标而过低。因此,按照总费用法计算索赔款,往往遇到较多困难。

虽然如此,总费用法仍然在一定的条件下被采用着,在国际工程施工索赔中保留着它的地位。这是因为,对于某些特定的索赔事项,要精确地计算出索赔款额是很困难的,有时甚至是不可能的。在这种情况下,逐项核实已开支的实际总费用,取消其不合理部分,然后减去投标时的估算费用,仍可以比较合理地进行索赔支付。

概括地说,采用总费用法时,一般要有以下条件:

(1)由于该项索赔在施工时的特殊性质,难以或不可能精确地计算出损失款额。

(2)承包人的该项报价估算费用是比较合理的。

(3)已开支的实际总费用经过逐项审核,认为是比较合理的。

(4)承包人对已发生的费用增加没有责任。

(二)修正总费用法

修正总费用法是对总费用法进行了相应的修改和调整,使其更合理。其主要修正事项如下:

(1)计算索赔款的时段仅局限于受到外界影响的时期,而不是整个施工工期。

(2)只计算受影响时段内某项工作所受影响的损失,而不是计算该时段内所有施工工作所受的损失。

(3)在所影响时段内的受影响的某项施工中,使用的人工、设备、材料等资源均有可靠的记录资料,如监理人的监理日志、承包人的施工日志等现场施工记录。

(4)与该项工作无关的费用,不列入总费用中。

(5)对投标报价时估算费用重新进行核算;按受影响时段期间该项工作的实际单价进行计算,乘以实际完成的该项工作的工程量,得出调整后的报价费用。

根据上述调整、修正后的总费用基本上能准确地反映出实际增加的费用,作为给承包人补偿的款额。

据此,按修正后的总费用法支付索赔金额的公式是

索赔金额 = 某项工作调整后的实际总费用 − 该项工作调整后报价费用

(三)实际费用法

实际费用法亦称实际成本法。它是以承包人为某项索赔工作所支付的实际开支为根据,分别分析计算索赔值的方法,故亦称分项法。

实际费用法是承包人以索赔事项的施工引起的附加开支为基础,加上应付的间接费和利润,向业主提出索赔款的数额。其特点是:

(1)它比总费用法复杂,处理起来困难。

(2)它反映实际情况,比较合理、科学。

(3)它为索赔报告的进一步分析评价、审核,双方责任的划分,双方谈判和最终解决提供方便。

(4)应用面广,人们在逻辑上容易接受。

因此,实际费用法能客观地反映承包人的费用损失,为取得经济补偿提供可靠的依据,被国际工程界广泛采用。实际费用法计算索赔的依据是实际的成本记录或单据,包括工资单、工时记录、设备运转记录、材料消耗记录、工程进展表、工程量表、开支发票等一系列实际支出证据,系统地反映某项工作在施工过程中受非承包人责任的外界原因(如工程变更、不利的自然条件、业主拖延或违约等)所引起的附加开支。

但由于利益的驱动,这种依靠诚信较为科学的方法,在实际索赔工作中遇到了难以克服的障碍,即索赔所依据的基础数据的真实性。由于该方法的局限性,实际应用较多的方法是修正总费用法。

这里有一个实际索赔及处理的案例,以方便理解对索赔费用的分析。

【例13-3】 现场条件改变致使承包人营地变更后的索赔及处理意见。

某国际承包工程的合同条件为FIDIC土木工程施工合同条件,承包商进场后营地出现位置变更,根据合同文件招标图纸的规定,原营地位于Y营地,因Y营地未能按期提交,经协商变更后的营地位于C营地。营地的变更是以业主提出口头建议,承包商采纳建议并向工程师提出书面申请,工程师批准的方式解决的。承包商在提出营地变更使用申请时,未附加任何条件。在变更实施后的第10个月,提出索赔,就C营地建设中拆除原建筑物、土方开挖和回填提出了人民币377 445.23元的索赔额,未提供任何支持材料。

工程师收到承包商的索赔报告后,回函澄清了业主提供两块场地供承包商选择的原因,承包商是无条件地自愿选择C营地,此外,承包商未按合同规定提出索赔意向。因此,工程师不支持承包商对C营地的索赔。

又一个月后,承包商第二次发文坚持C营地索赔,承包商表示:投标时的报价是依据Y营地进行报价的,使用C营地增加了费用,这些费用没有包括在投标报价内;承包商之

所以没有及时提出索赔通知，是由于承包商要将所有资料收集齐全后才能通知工程师并提交索赔金额的总量。

工程师再次收到这个事件的索赔报告后，进一步回函，认为获得补偿的前提是有损失的事实依据；要求承包商按合同规定提交索赔临时报告和最终报告，出具索赔证明材料，并抄送业主。

又3个月后，承包商第三次提交了C营地索赔附加费用的详细报告，要求补偿人民币1 043 866.62元。承包商提交了费用计算说明，未提供相关的财务资料。承包商计算补偿费用的方式是：

补偿金额 = 建设C营地的实际开支 - 投标时的初始报价 - 不应由业主承担的费用

承包人对以上费用的计算是基于总费用法提出的索赔。

工程师进一步回函对该索赔提出处理意见，由于营地位置变更，才引起承包商建设C营地的费用超出了初始预见费。承包商有得到费用补偿的权利。鉴于承包商在寻求该项索赔时未能遵守合同一般条款53.1条和53.3条的规定，工程师可根据合同一般条款53.4条的规定，按承包商提交的材料和工程师的同期记录处理该索赔。

营地的建设费用包括在合同文件工程量清单2.1项"进场与退场费"中。"进场与退场费"属总价包干项目，在合同文件中有该项目的单价分析。应工程师的要求，承包商提交了工程量清单中总价包干项目的分解，其中承包商建设营地的初始预见费为人民币3 275 192元。

承包商因营地变更损失的费用包括使用砖场后因平整场地、土方开挖等出现的附加费用，冬季建设C营地的赶工费用及出现质量问题后的修复费用等。这些费用除由于场地变更引起的场地平整、土方开挖等直接费应由业主予以补偿外，其他费用由承包商自己承担。承包商的该项索赔也仅就使用砖场后因平整场地、土方开挖等出现的附加费用提出补偿要求，但采用的是实际建设费用减去初始预见费的办法。工程师认为这种计算方法不可取，因为即便不更换场地，实际建设费用也不可能等同于初始预见费用，因为其他问题均可能导致实际建设费用的增减。工程师是根据两块场地的地形，估算出增减的工程量，按工程师确定的单价进行补偿额的计算，不考虑承包商扩大临建工程的费用。经工程师计算可补偿的费用为41.7万元。

另外，在给予承包商应补偿的费用时，对于承包商使用C营地后减少支出的部分费用应予扣回。扣回的费用包括承包商距各工作面的距离缩短，减少了施工期的交通费用、车辆维修费用，承包商使用C营地从原建筑物拆除的石料作为建筑物的基础及减少了建筑物的基础投资等费用。经工程师计算应扣回的费用为7.2万元。

综上所述，对承包商关于C营地索赔业主应给予承包商补偿金额为人民币34.5万元。

以上索赔监理人在处理时应用修正总费用法，对实际的消耗按合同的责任界定，剔除承包商的自身原因增加的费用和变更项目的实施给承包商带来的利益。这种分析法既克服了实际费用法对基础资料要求的苛刻，又克服了总费用法含糊不清的弊端。

第十四章　工程担保与工程保险

第一节　工程担保

一、担保的概念

合同的担保,是指合同当事人一方为了保障债权的实现,经双方协商一致或依法律规定而采取的一种保证措施。因此,担保是合同当事人双方事先就权利人享有的权利和义务人承担的义务作出具有法律约束力的保证措施。在担保关系中,被担保合同通常是主合同,担保合同是从合同。担保也可以采用在被担保合同上单独列出担保条件的方式形成。合同中的担保条款同样有法律约束力。担保条款必须由合同当事人双方协商一致自愿订立。如果由第三方承担保证,必须由第三方即保证人亲自订立。

担保的发生以所担保的合同存在为前提,担保不能孤立地存在,如果合同被确认无效,担保也随之无效。

二、担保的设定

担保依法律规定或者当事人约定而设定。当事人约定设定担保,应当满足下列条件:

(1)担保人具有担保资格。担保人应当具有相应的民事权利能力和民事行为能力。担保人可以是自然人或法人,法律对自然人与法人担任担保人的资格要求是不同的。

(2)意思表示真实。意思表示真实是任何民事行为合法有效的必要条件之一,担保也不例外。意思表示必须真实,是指担保人所进行的担保行为必须与内心意愿相一致。如果意思表示是在外界的压力下作出的,担保行为无效。

(3)担保内容不违反法律和不损害社会公共利益。民事法律行为受法律保护的根本原因,就在于其内容的合法性。担保行为具有法律约束力并产生预期的法律后果的首要条件就是内容必须合法,也不损害社会公共利益。

(4)设定担保的形式必须合法。担保是要式法律行为,设定担保必须符合法律规定的形式,否则仍然无法产生当事人期望的法律后果。订立担保合同必须采用书面形式,口头形式的担保合同无效。

三、担保的形式

根据1995年10月1日起施行的《中华人民共和国担保法》(简称《担保法》)的规定,合同担保的形式主要有保证、抵押、质押、留置和定金。

(一)保证

保证是指保证人和债权人约定,当债务人不履行债务时,保证人按照约定履行债务或者承担责任的行为。

保证方式有两种:一般保证和连带责任保证。一般保证是指当事人在保证合同中约定,债务人不能履行债务时,由保证人承担保证责任的保证方式。连带责任担保是指当事人在保证合同中约定由保证人与债务人对债务承担连带清偿责任的一种担保方式。连带责任保证的债务人在主合同规定的债务履行期届满没有履行债务的,债权人可以要求债务人履行债务,也可以要求保证人在其保证范围内承担保证责任。

保证的主要法律特征是:

(1)保证人是主合同当事人以外的第三人,他是以自己的名义担保合同的履行,而不是被保证人的代理人,在被保证人不履行债务时,承担代履行或连带承担赔偿损失的责任。

(2)保证是从合同,以主合同存在为前提,因此主合同无效,则保证无效。

(3)保证人的承担责任范围,应以主合同中被保证人所承担的义务为限,具体范围依保证人同被保证合同另一当事人约定。法律有规定的除外。

(4)保证人代被保证人履行合同后,即相应取得权利人的地位,有权向主合同的被保证人请求补偿。

保证人应当具有相应的财产能力,即当被保证人不履行合同时,保证人能够代替被保证人履行合同或承担不履行合同的赔偿责任。具有代为清偿能力的法人、其他组织或者公民,可以作为保证人。在实践中,个体工商户、农村承包经营户也可充当标的金额不大的合同的保证人,其资格条件取决于具有相应的经济实力。以下组织不能作为保证人:

(1)国家机关不得为保证人,但经国务院批准为使用外国政府或者国际经济组织贷款进行转贷的除外。

(2)学校、幼儿园、医院等以公益为目的的事业单位、社会团体不得为保证人。

(3)企业法人的分支机构、职能部门不得为保证人。企业法人的分支机构有法人书面授权的,可以在授权范围内提供保证。

同一债务有两个以上保证人的,保证人应当按照保证合同约定的保证份额,承担保证责任。没有约定保证份额的,保证人承担连带责任,债权人可以要求任何一个保证人承担全部保证责任,保证人都负有担保全部债权实现的义务。已经承担保证责任的保证人,有权向债务人追偿,或者要求承担连带责任的其他保证人清偿其应当承担的份额。

保证合同应当包括以下内容:

(1)被保证的主债权种类、数额;

(2)债务人履行债务的期限;

(3)保证的方式;

(4)保证担保的范围;

(5)保证的期间;

(6)双方认为需要约定的其他事项。

(二)抵押

抵押是合同当事人用自己一定的财产来向对方保证自己履行合同义务的担保形式。提供抵押财产的一方是抵押人,抵押不转移抵押物的占有。接受抵押财产的一方是抵押权人。抵押人不履行合同时，抵押权人有权依法以该财产折价或者拍卖、变卖该财产的价款优先得到清偿，抵押权人的优先清偿权可以对抗任何其他权利人和抵押人本人。当抵押权人变卖财产所得价款清偿尚有多余时，应将余额返还抵押人。如果所得价款不足以清偿债务时，抵押权人仍有权向抵押人请求补足清偿不足的债务。

1. 可抵押的财产

(1)抵押人所有的房屋和其他地上定着物；

(2)抵押人所有的机器、交通运输工具和其他财产；

(3)抵押人依法有权处分的国有的土地使用权、房屋和其他地上定着物；

(4)抵押人依法有权处分的国有的机器、交通运输工具和其他财产；

(5)抵押人依法承包并经发包人同意抵押的荒山、荒沟、荒丘、荒滩等荒地的土地使用权；

(6)依法可以抵押的其他财产。

抵押人可以将上述所列财产一并抵押。

2. 不可抵押的财产

(1)土地所有权；

(2)耕地、宅基地、自留地、自留山等集体所有的土地使用权；

(3)学校、幼儿园、医院等以公益为目的的事业单位、社会团体的教育设施、医疗卫生设施和其他社会公益设施；

(4)所有权、使用权不明或者有争议的财产；

(5)依法被查封、扣押、监管的财产；

(6)依法不得抵押的其他财产。

3. 抵押合同

抵押人和抵押权人应当以书面形式订立抵押合同。抵押合同应当包括以下内容：

(1)被担保的主债权种类、数额；

(2)债务人履行债务的期限；

(3)抵押物的名称、数量、质量、状况、所在地、所有权权属或者使用权权属；

(4)抵押担保的范围；

(5)当事人认为需要约定的其他事项。

订立抵押合同时，抵押权人和抵押人在合同中不得约定在债务履行期届满抵押权人未受清偿时，抵押物的所有权转移为债权人所有。

4. 抵押的效力

抵押担保的范围包括主债权及利息、违约金、损害赔偿金和实现抵押权的费用。抵押合同另有约定的，按照约定。

债务履行期届满，债务人不履行债务致使抵押物被人民法院依法扣押的，自扣押之日起抵押权人有权收取由抵押物分离的天然孳息以及抵押人就抵押物可以收取的法定孳息。抵押权人未将扣押抵押物的事实通知应当清偿法定孳息的义务人的，抵押权的效力不及于该孳息。孳息应当先充抵收取孳息的费用。

抵押人将已出租的财产抵押的，应当书面告知承租人，原租赁合同继续有效。

抵押期间,抵押人转让已办理登记的抵押物的,应当通知抵押权人并告知受让人转让物已经抵押的情况;抵押人未通知抵押权人或者未告知受让人的,转让行为无效。转让抵押物的价款明显低于其价值的,抵押权人可以要求抵押人提供相应的担保;抵押人不提供的,不得转让抵押物。抵押人转让抵押物所得的价款,应当向抵押权人提前清偿所担保的债权或者向与抵押权人约定的第三人提存。超过债权数额的部分,归抵押人所有,不足部分由债务人清偿。

抵押权不得与债权分离而单独转让或者作为其他债权的担保。

抵押人的行为足以使抵押物价值减少的,抵押权人有权要求抵押人停止其行为。抵押物价值减少时,抵押权人有权要求抵押人恢复抵押物的价值,或者提供与减少的价值相当的担保。抵押人对抵押物价值减少无过错的,抵押权人只能在抵押人因损害而得到的赔偿范围内要求提供担保。抵押物价值未减少的部分,仍作为债权的担保。

抵押权与其担保的债权同时存在,债权消灭的,抵押权也消灭。

5.抵押权的实现

债务履行期届满抵押权人未受清偿的,可以与抵押人协议以抵押物折价或者以拍卖、变卖该抵押物所得的价款受偿;协议不成的,抵押权人可以向人民法院提起诉讼。抵押物折价或者拍卖、变卖后,其价款超过债权数额的部分归抵押人所有,不足部分由债务人清偿。

同一财产向两个以上债权人抵押的,拍卖、变卖抵押物所得的价款按照以下规定清偿:

(1)抵押合同已登记生效的,按照抵押物登记的先后顺序清偿;顺序相同的,按照债权比例清偿。

(2)抵押合同自签订之日起生效的,该抵押物未登记的,按照合同生效时间的先后顺序清偿;顺序相同的,按照债权比例清偿。抵押物已登记的先于未登记的受偿。

以自己不享有所有权或者经营管理权的财产作抵押物的,应当认定抵押无效。合同符合法定条件,仅仅是抵押无效的,不影响合同的效力,以法律限制流通的财产作为抵押物的,在消偿债务时,应当由有关部门收购,抵押权人可以从价款中优先受偿。

以法律规定应办理抵押物登记的财产进行抵押的,应到法律规定的抵押物登记、主管部门进行抵押物登记。

(三)质押

质押分为动产质押和权利质押两种。

动产质押是指债务人或者第三人将其动产移交债权人占有,将该动产作为债权的担保。债务人不履行债务时,债权人有权依照《担保法》规定以该动产折价或者以拍卖、变卖该动产的价款优先受偿。债务人或者第三人为出质人,债权人为质权人,移交的动产为质物。

出质人和质权人应当以书面形式订立质押合同。质押合同自质物移交于质权人占有时生效。质押合同应当包括以下内容:

(1)被担保的主债权种类、数额;

(2)债务人履行债务的期限;

(3)质物的名称、数量、质量、状况；

(4)质押担保的范围；

(5)质物移交的时间；

(6)当事人认为需要约定的其他事项。

权利质押是指债务人或者第三人将其下述权利移交债权人，作为债权的担保。下列权利可以质押：

(1)汇票、支票、本票、债券、存款单、仓单、提单；

(2)依法可以转让的股份、股票；

(3)依法可以转让的商标专用权，专利权、著作权中的财产权；

(4)依法可以质押的其他权利。

债务人不履行债务时，债权人有权依法或依权利质押合同规定以行使质押权利获得的价款或货物清偿债权。

(四)留置

留置是指债权人按照保管合同、运输合同、加工承揽合同以及法律规定可以留置的其他合同的约定占有债务人的动产。债务人不按照合同约定的期限履行债务时，债权人有权依法留置该财产。以该财产报价或者以拍卖、变卖该财产的价款优先受偿。

享有留置权的当事人称为留置权人，对方称为被留置人。留置权人在行使留置权时，必须符合以下规定，不得滥用：

(1)留置的财物必须是被留置人为履行本合同需要而将该财物交给留置权人的。

(2)留置权人应提前一段时间通知被留置人，称为“催告期”，期满后，对方仍不履行合同，即可行使留置权。

(3)留置财物的价值不能超过应赔偿的价值，如留置财物不可分时，则不受此限制。同时，行使留置权的一方必须根据留置货物的特性予以妥善保管，如果出现损失或灭失，应承担赔偿责任。

留置不同于抵押或质押。留置是当事人不具有自觉自愿性质的被强迫的行为，而抵押或质押行为是抵押人自觉自愿的行为。

留置权人负有妥善保管留置物的义务。因保管不善致使留置物灭失或者毁损的，留置权人应当承担民事责任。债权人与债务人应当在合同中约定，债权人留置财产后，债务人应当在不少于两个月的期限内履行债务。债权人与债务人在合同中未约定的，债权人留置债务人财产后，应当确定两个月以上的期限，通知债务人在该期限内履行债务。债务人逾期仍不履行的，债权人可以与债务人协议以留置物折价，也可以依法拍卖、变卖留置物。留置物折价或者拍卖、变卖后，其价款超过债权数额的部分归债务人所有，不足部分由债务人清偿。

留置权因下列原因消灭：

(1)债权消灭的；

(2)债务人另行提供担保并被债权人接受的。

(五)定金

定金是合同当事人一方为了证明合同的成立和保证合同的执行，向对方预先付给的一定数额的货币。

当事人可以约定一方向对方给付定金作为债权的担保。债务人履行债务后，定金应当抵作价款或者收回。给付定金的一方不履行约定的债务的，无权要求返还定金；收受定金的一方不履行约定的债务的，应当双倍返还定金。

定金的作用有三个：

(1)证明作用。给付和接受定金，可视为该合同成立的依据。

(2)资助作用。由于定金是在合同签订后未履行前先行给付的，因此接受定金的一方就可以及时将这笔款用于生产经营，从而有利于合同的履行。

(3)保证作用。定金具有督促双方当事人履行合同的作用。给付定金的一方不履行合同时，就丧失了该定金；接受定金一方不履行合同时，应向对方双倍返还定金。正是定金的这种惩罚性加强了合同的约束力，因而能促进合同的全面履行。

定金应当以书面形式约定。当事人在定金合同中应当约定交付定金的期限。定金合同从实际交付定金之日起生效。定金的数额由当事人约定，但不得超过主合同标的额的20%。

四、建设工程合同常用的担保方式

在建设工程的管理过程中，保证是最常用的一种担保方式。保证这种担保方式必须由第三人作为保证人，由于对保证人的信誉要求比较高，建设工程中的保证人往往是银行，也可以是具有担保资质能力、信誉较高的其他担保人，这种保证应当是书面形式的。在建设工程中，习惯把银行出具的保证称为保函，而把其他保证人出具的书面保证称为保证书。

建设工程施工合同中，常见的担保有以下几种。

(一)施工投标保证

建设工程施工投标担保应当在投标前提供，投标人在递交投标文件的同时，应按投标人须知规定的金额、担保形式和投标保证金格式递交投标保证金，并作为其投标文件的组成部分。联合体投标的，其投标保证金由牵头人递交。

担保方式可以是由投标人提供一定数额的保证金；也可以提供第三人的信用担保，一般由银行向招标人出具投标保函。当采用银行保函时，其格式应符合招标文件中规定的格式要求。投标担保是保证投标人在担保有效期内不撤销其投标文件。投标担保的保证金额随工程规模大小而异，一般由发包人在招标文件中确定。《水利工程建设项目招标投标管理规定》(水利部第14号令)第25条规定：招标文件中应当明确投标保证金金额，一般可按以下标准控制：

(1)合同估算价10 000万元人民币以上，投标保证金金额不超过合同估算价的5‰；

(2)合同估算价3 000万元至10 000万元人民币之间，投标保证金金额不超过合同估算价的6‰；

(3)合同估算价3 000万元人民币以下，投标保证金金额不超过合同估算价的7‰，但最低不得少于1万元人民币。

投标担保的有效期应略长于投标文件有效期，以保证有足够时间为中标人提交履约担保和签署合同所用。出现特殊情况需要延长投标有效期的，招标人以书面形式通知所有投标人延长投标有效期。投标人同意延长的，应相应延长其投标保证金的有效期，但不得要求或被允许修改或撤销其投标文件；投标人拒绝延长的，其投标失效，但投标人有权收回其投标保证金。

任何投标书如果不附有符合招标文件要求的投标担保，则此投标书将被视为不符合要求而被拒绝。

依据法律的规定，在下列情况下发包人有权没收投标人的投标担保：

(1)投标人在规定的投标有效期内撤销或修改其投标文件；

(2)中标人在收到中标通知书后，无正当理由拒签合同协议书或未按招标文件规定提交履约担保。

在决标后，发包人应在规定的时间，一般是招标人与中标人签订合同后 5 个工作日内，向未中标的投标人和中标人退还投标保证金。

(二)施工合同的履约担保

施工合同的履约担保是为了保证施工合同的顺利履行而要求承包人提供的担保。《招标投标法》第 46 条规定："招标人和中标人应当自中标通知书发出之日起 30 日内，按照招标文件和中标人的投标文件订立书面合同。"招标文件要求中标人提交履约保证金的，中标人应当提交。承包人应当按照合同规定，正确全面地履行合同。如果承包人违约，未能履行合同规定的义务，导致发包人受到损失，发包人有权根据履约担保索取赔偿。

履约担保的形式一般有两种：一种是银行或其他金融机构出具的履约保函，另一种是企业出具的履约担保书。《水利水电工程标准文件》规定，在签订合同前，中标人应按投标人须知前附表规定的金额、担保形式和招标文件第四章"合同条款及格式"规定的履约担保格式向招标人提交履约担保。联合体中标的，其履约担保由牵头人递交，并应符合投标人须知前附表规定的金额、担保形式和招标文件第四章"合同条款及格式"规定的履约担保格式要求。中标人不能按招标文件要求提交履约担保的，视为放弃中标，其投标保证金不予退还，给招标人造成的损失超过投标保证金数额的，中标人还应当对超过部分予以赔偿。履约保函用于承包人违约使发包人蒙受损失时，由保证人向发包人支付赔偿金，其担保范围(担保金额)一般可取合同价格的 5% ~10%。履约担保书与履约保函不同，发包人只能要求保证人代替承包人履行合同，但当保证人无法代替承包人履行合同时，也可以由保证人支付由于承包人违约使发包人蒙受损失的金额，履约担保书的担保金额一般可取合同价格的 30% 左右。

履约担保的有效期，《水利水电工程标准文件》规定，承包人应保证其履约担保在发包人颁发合同工程完工证书前一直有效。发包人应在合同工程完工证书颁发后 28 天内把履约担保退还给承包人。这就是说，履约担保的有效期，是应自按招标文件要求提交之日开始起至工程完工为止。在发包人颁发合同工程完工证书给承包人后的 28 天内，发包人应将履约保函退还给承包人。

在建设工程施工招标文件中，通常都附有履约保函和履约担保书两种格式。采用何种格式由承包人选择，但在签订合同协议书前应将履约担保证件提交发包人。

(三)施工合同预付款担保

在签订工程承包合同后,为了帮助承包人调度人员以及购置所承包工程施工需要的设备、材料等,帮助承包人解决资金周转的困难,以便承包人尽快开展工程施工,因此发包人一般向承包人支付预付款。

《水利水电工程标准文件》规定,预付款用于承包人为合同工程施工购置材料、工程设备、施工设备,修建临时设施,以及组织施工队伍进场等,分为工程预付款和工程材料预付款。预付款必须专用于合同工程。预付款的额度和预付办法在专用合同条款中约定。

工程预付款一般分两次支付给承包人,主要考虑承包人提交预付款保函的困难。一般情况下,要求承包人提交第一次工程预付款担保,第二次工程预付款不需要担保,而是用承包人进入工地的设备作为抵押,代替担保。如在《水利水电工程标准文件》中规定,承包人应在收到第一次工程预付款的同时向发包人提交预付款担保,担保金额应与第一次工程预付款金额相同,工程预付款担保在第一次工程预付款被发包人扣回前一直有效,但担保金额可根据预付款扣回的金额相应递减。第二次预付款需待承包人主要设备进入工地后,其估算价值已达到本次预付款金额时,由承包人提出书面申请,经监理人核实后出具付款证书报送发包人,发包人收到监理人出具的付款证书后的 14 天内支付给承包人。预付款担保通常采用银行保函的形式。

材料预付款一般满足合同规定的条件才予以支付,一般也在专用合同条款中约定额度、支付办法、是否需要承包人提交担保以及额度。

按合同规定,预付款在进度付款中扣回,扣回办法在专用合同条款中约定。预付款担保用于保证承包人应按合同规定偿还发包人已支付的全部预付款。如发包人不能从应支付给承包人的工程款中扣还全部预付款,则可以根据预付款担保索取未能扣还的部分预付款。在颁发合同工程完工证书前,由于不可抗力或其他原因解除合同时,预付款尚未扣清的,尚未扣清的预付款余额应作为承包人的到期应付款。

当发包人扣还全部预付款后,应将预付款担保退还给承包人。

(四)保修责任担保

保修责任担保是保证承包人按合同规定在保修责任期中完成对工程缺陷的修复而提供的担保。如承包人未能或无力修复应由其负责的工程缺陷,则发包人另行雇用其他人修复,并根据保修责任担保索取为修复缺陷所支付的费用。保修责任担保一般采用质量保证金方式,质量保证金(或称保留金)是指按合同约定用于保证在缺陷责任期内履行缺陷修复义务的金额,即从承包人完成并应支付给承包人的款额中扣留一定数量(一般每次扣应支付工程款的 8% ~10%,累计不超过合同价的 5%)。在《水利水电工程标准文件》中规定,监理人应从第一个工程进度付款周期开始,在发包人的进度付款中,按专用合同条款的约定扣留质量保证金,直至扣留的质量保证金总额达到专用合同条款约定的金额或比例为止。质量保证金的计算额度不包括预付款的支付与扣回金额。

保修责任担保的有效期与保修责任期相同。保修责任期满由发包人或授权监理人颁发了保修责任终止证书后,发包人应将保修责任担保退还承包人。因此,在《水利水电工程标准文件》中明确了退还保留金具体时间,即在合同工程完工证书后 14 天内,发包人将质量保证金总额的一半支付给承包人。在本合同全部工程的缺陷责任期(工程质量保修期)满时,发包人将在30个工作日内会同承包人按照合同约定的内容核实承包人是否完成保修责任。如无异议,发包人应在核实后将剩余的质量保证金支付给承包人。若保修期满时尚需承包人完成剩余工作,则监理人有权在付款证书中扣留与剩余工作所需金额相应的保留金余额。若在合同约定的缺陷责任期满,承包人没有完成缺陷责任的,发包人有权扣留与未履行责任剩余工作所需金额相应的质量保证金余额,并有权根据合同约定要求延长缺陷责任期,直至完成剩余工作为止。

另外,还需要说明以下两点:

(1)在工程实践中,也有其他一些担保,比如有些地方政府要求承包人提交的农民工工资支付担保等。

(2)目前,我国的建设工程担保主要是承包人向发包人提交的担保,是单向的。而在许多国家,工程担保是双向的,在承包人向发包人提交担保的同时,发包人也应向承包人提交担保,比如工程款支付担保等。

第二节　风险与保险

一、风险的概念

在建设工程实施过程中,由于自然、社会条件复杂多变,影响因素众多,特别是水利水电工程施工期较长,受水文、地质等自然条件影响大,因此建设工程合同当事人双方将面临很多在招标投标时难以预料、预见或不可能完全确定的损害因素,这些损害可能是人为造成的,也可能是自然和社会因素引起的,人为的因素可能属于发包人的责任,也可能属于承包人的责任,这种不确定性就是风险。

二、风险的种类

风险范围很广,从不同的角度可作不同的分类。

(一)从风险的严峻程度分类

从风险的严峻程度,分为非常风险与一般风险。非常风险是指由于出现不可抗拒的社会因素或自然因素而带来的风险,如战争、暴动或超标准洪水、飓风等。这类风险的特点是带来的损失巨大,而且人们一般很难预测与合理地防范。在施工承包合同中,这种风险通常由发包人承担。一般风险是指非常风险以外的风险,这类风险只要认真对待,做好风险管理工作,一般讲是可以避免、转移或减少损失的。

(二)从风险原因的性质分类

从风险原因的性质,可分为政治风险、经济风险、技术风险、商务风险、对方的资质与信誉风险和其他风险。

(1)政治风险,是指工程所在地的政治背景与变化可能带来的风险。这个问题对于承包人承包国际工程尤为突出,因为发包人所在国的一些政治变动,如战争和内乱、没收外资、拒付债务、政局变化等,都可能给承包人带来不可弥补的损失。

(2)经济风险,是指一些国家或社会经济因素的变化而带来的风险,如通货膨胀引起材料价和工资的大幅度上涨,外汇比率变化带来的损失,国家或地区有关政策法规如税收、保险等的变化,而引起的额外费用等。

(3)技术风险,指一些技术条件的不确定性可能带来的风险,如恶劣的气候条件,勘测资料未能全面正确反映或解释失误的地质情况,采用新技术,设计文件,技术规范的失误等。

(4)商务风险,指合同条款中有关经济方面的条款及规定可能带来的风险,如支付、工程变更、索赔、风险分配、担保、违约责任、费用和法规变化、货币及汇率等方面的条款。这类风险包含条款中写明分配的、由于条款有缺陷而引起的或者撰写方有意设置的,如所谓"开脱责任"条款等。

(5)对方的资质和信誉风险,指合同一方的业务能力、管理能力、财务能力等有缺陷或者不圆满履行合同而给另一方带来的风险。在施工承包合同中,发包人和承包人不仅要相互考虑到对方,同时也必须考虑到监理人在这方面的情况。

(6)其他风险,如工程所在地公众的习俗和对工程的态度,当地运输和生活供应条件等,都可能带来一定的风险。

三、风险的分配

风险分配就是在合同条款中写明,风险由合同当事人哪一方来承担,承担哪些责任,这是合同条款的核心问题之一。风险分配合理,有助于调动合同当事人的积极性,认真做好风险防范和管理工作,有利于降低成本,节约投资,对合同当事人双方都有利。

在建设工程合同中,双方当事人应当各自承担自己责任范围内的风险。对于双方均无法控制的自然和社会因素引起的风险则应由发包人承担较为合理,因为承包人很难将这些风险估计到合同价格中,若由承包人承担这些风险,则势必增加其投标报价,当风险不发生时,反而增加工程造价,风险估计不足时,则又会造成承包人亏损,而招致工程不能顺利进行。因此,谁能更有效地防止和控制某种风险,或者是减少该风险引起的损失,则应由谁承担该风险,这就是风险管理理论风险分配的原则。根据这一原则,在建设工程施工合同中,应将工程风险的责任作出合理的分配。

(一)发包人的风险

工程(包括材料和工程设备)发生以下各种风险造成的损失和损坏,均应由发包人承担风险责任:

(1)发包人负责的工程设计不当造成的损失和损坏;

(2)由于发包人责任造成工程设备的损失和损坏;

(3)发包人和承包人均不能预见、不能避免并不能克服的自然灾害造成的损失和损坏,但承包人迟延履行合同后发生的除外;

(4)战争、动乱等社会因素造成的损失和损坏,但承包人迟延履行合同后发生的除外;

(5)其他由于发包人原因造成的损失和损坏。

从以上可以看出,发包人承担的风险有两种,一种是由于发包人的工作失误带来的风险,(1)、(2)、(5)所列的内容均是由发包人原因造成的,这类风险理应由发包人承担风险责任;另一种是由于合同双方均不能预见、不能避免并不能克服的自然和社会因素带来的风险,即(3)、(4)项所指的风险,亦应由发包人承担起风险责任较为合理。

(二)承包人的风险

工程(包括材料和工程设备)发生以下各种风险造成的损失和损坏,均应由承包人承担风险责任:

(1)由于承包人对工程(包括材料和工程设备)照管不周造成的损失和损坏。

(2)由于承包人的施工组织措施失误造成的损失和损坏。

(3)其他由于承包人原因造成的损失和损坏。

由于承包人原因造成工程(包括材料和工程设备)损失和损坏,还可能有其所属人员违反操作规程、其采购的原材料缺陷等引起的事故,均应由承包人承担风险责任。

四、建设工程保险

(一)保险和保险合同

1. 保险

保险是指投保人根据保险合同约定,向保险人支付保险费,保险人对于合同约定的可能发生的事故引起所造成的财产损失承担赔偿保险金责任,或者当被保险人死亡、伤残、疾病或者达到合同约定的年龄、期限时承担给付保险金责任的商业保险行为。保险是一种受法律保护的制度。

2. 保险合同

保险合同是指投保人与保险人依法约定保险权利义务的协议。投保人是指与保险人订立保险合同,并按照保险合同负有支付保险费义务的当事人。保险人是指与投保人订立保险合同,并承担赔偿或者给付保险金责任的保险公司。

保险合同分为财产保险合同和人身保险合同。

财产保险合同是以财产及其有关利益为标的的保险合同。在财产保险合同中,依据《保险法》的规定,保险合同的转让应当通知保险人,经保险人同意继续承包后,依法转让合同。在合同的有效期内,保险标的危险程度增加的,被保险人按照保险合同约定应当及时通知保险人,保险人有权要求增加保险费或者变更保险合同。在《水利水电土建工程施工合同条件》中规定的"承包人应以承包人和发包人的共同名义向发包人同意的保险公司投保工程险(包括材料和工程设备)"以及"承包人应以承包人的名义投保施工设备险"即为财产保险合同。

人身保险合同是以人的寿命和身体为保险标的的保险合同。投保人应向保险人如实申报被保险人的年龄、身体状况。投保人于合同成立后,可以向保险人一次支付全部保险费,也可以按照保险合同的约定分期支付保险费。人身保险的受益人由被保险人或者投保人指定。保险人对人身保险的保险费,不得用诉讼方式要求投保人支付。建设工程合同中规定的"在合同实施期间,承包人应为其雇用的人员投保人身意外伤害险"即为人身保险合同。

(二)建设工程保险种类

建设工程保险是指发包人或承包人向保险公司缴纳一定的保险费,由保险公司建立保险基金,一旦发生意外事故造成财产损失或人身伤亡,即由保险公司用保险基金予以补偿的一种制度。它实质上是一种风险转移,即发包人和承包人通过投保,将原应承担的风险责任转移给保险公司承担。发包人和承包人参加工程保险,只需付出少量的保险费,可换得遭受大量损失时得到补偿的保障,从而增强抵御风险的能力。所以,在工程承包业务中,通常都包含有工程保险,大多数标准合同条款,还规定了必须投保的险种。

我国的工程保险起步较晚,在以往的水利水电工程施工合同中,对保险未作规定或只作一些原则性的规定,近年来随着我国保险事业的迅速发展,建设工程保险机制亦逐步完善,由于水利水电工程施工期长以及受自然条件的影响较大,为了能保证工程的顺利进行,一般均要求投保工程险。《水利水电工程标准文件》规定的保险有以下几类。

1. 工程保险

除专用合同条款另有约定外,承包人应以发包人和承包人的共同名义向双方同意的保险人投保建筑工程一切险、安装工程一切险。其具体的投保内容、保险金额、保险费率、保险期限等有关内容在专用合同条款中约定。

2. 人员工伤事故的保险

1)承包人员工伤事故的保险

承包人应依照有关法律规定参加工伤保险,为其履行合同所雇用的全部人员,缴纳工伤保险费,并要求其分包人也进行此项保险。

2)发包人员工伤事故的保险

发包人应依照有关法律规定参加工伤保险,为其现场机构雇用的全部人员缴纳工伤保险费,并要求其监理人也进行此项保险。

3. 人身意外伤害险

(1)发包人应在整个施工期间为其现场机构雇用的全部人员投保人身意外伤害险,缴纳保险费,并要求其监理人也进行此项保险。

(2)承包人应在整个施工期间为其现场机构雇用的全部人员投保人身意外伤害险,缴纳保险费,并要求其分包人也进行此项保险。

4. 第三者责任险

(1)第三者责任系指在保险期内,对因工程意外事故造成的、依法应由被保险人负责的工地上及毗邻地区的第三者人身伤亡、疾病或财产损失(本工程除外),以及被保险人因此而支付的诉讼费用和事先经保险人书面同意支付的其他费用等赔偿责任。

(2)在缺陷责任期终止证书颁发前,承包人应以承包人和发包人的共同名义,投保第三者责任险,其保险费率、保险金额等有关内容在专用合同条款中约定。

5. 其他保险

除专用合同条款另有约定外,承包人应为其施工设备、进场的材料和工程设备等办理保险。

(三)对各项保险的一般要求

1. 保险凭证

承包人应在专用合同条款约定的期限内向发包人提交各项保险生效的证据和保险单副本,保险单必须与专用合同条款约定的条件保持一致。

2. 保险合同条款的变动

承包人需要变动保险合同条款时,应事先征得发包人同意,并通知监理人。保险人作出变动的,承包人应在收到保险人通知后立即通知发包人和监理人。

3. 持续保险

承包人应与保险人保持联系,使保险人能够随时了解工程实施中的变动,并确保按保险合同条款要求持续保险。

4. 保险金不足的补偿

保险金不足以补偿损失的,应由承包人和发包人各自负责补偿的范围与金额在专用合同条款中约定。

5. 未按约定投保的补救

(1)由于负有投保义务的一方当事人未按合同约定办理保险,或未能使保险持续有效的,另一方当事人可代为办理,所需费用由对方当事人承担。

(2)由于负有投保义务的一方当事人未按合同约定办理某项保险,导致受益人未能得到保险人的赔偿,原应从该项保险得到的保险金应由负有投保义务的一方当事人支付。

6. 报告义务

当保险事故发生时,投保人应按照保险单规定的条件和期限及时向保险人报告。

(四)风险责任的转移

工程通过合同工程完工验收并移交给发包人后,原由承包人应承担的风险责任,以及保险的责任、权利和义务同时转移给发包人,但承包人在缺陷责任期(工程质量保修期)前造成损失和损坏的情形除外。

第十五章 工程勘察设计合同管理和建设监理合同管理

第一节 工程勘察设计合同管理

一、工程勘察设计合同的概念

建设工程勘察设计合同是指委托人与承包人为完成特定的勘察设计任务，明确相互权利义务关系而订立的合同。建设工程勘察设计合同属于建设工程合同的范畴，分为建设工程勘察合同和建设工程设计合同两种。

建设工程勘察合同是指根据建设工程的要求，查明、分析、评价建设场地的地质地理环境特征和岩土工程条件，编制建设工程勘察文件的合同。

根据勘察目的不同，工程勘察可分为选址勘察、初步设计勘察、详细勘察、施工勘察。勘察内容主要包括自然条件观测、地形图测绘、资源探测、岩土工程勘察、地震安全性评价、工程水文地质勘察、环境评价、模型试验等。

建设工程设计合同是指根据建设工程的要求，对建设工程所需的技术、经济、资源、环境等条件进行综合分析、论证，编制建设工程设计文件的合同。建设工程设计过程一般包括初步设计、技术设计和施工图设计三个阶段，但是仅对于技术复杂、各专业须紧密配合的大工程，才需要独立的技术设计阶段。

勘察、设计活动应当坚持先勘察、后设计、再施工的原则。政府对从事勘察、设计活动的单位实行资质管理制度。禁止越级承揽或以他人名义承揽工程勘察、设计业务。对从事工程勘察、设计活动的专业技术人员实行执业资格注册管理制度。

二、合同的主体和合同形式

《建设工程勘察设计合同管理办法》第四条规定，勘察设计合同的发包人应当是法人或者自然人，承接人必须具有法人资格。甲方是建设单位或项目管理部门，乙方是持有建设行政主管部门颁发的工程勘察设计资质证书、工程勘察设计收费资格证书和工商行政管理部门核发的企业法人营业执照的工程勘察设计单位。

《建设工程勘察设计合同管理办法》第五条规定，签订勘察设计合同，应当采用书面形式，参照文本的条款，明确约定双方的权利义务。对文本条款以外的其他事项，当事人认为需要约定的，也应采用书面形式。对可能发生的问题，要约定解决办法和处理原则。

双方协商同意的合同修改文件、补充协议均为合同的组成部分。

三、建设工程设计合同当事人的义务和权利

（一）发包人的义务和权利

在合同履行过程中，发包人有下列义务和权利：

（1）向设计人提交有关资料及文件，并对其完整性、正确性负责；

（2）为现场的工作人员提供必要的工作生活及交通等条件；

（3）保护设计人的投标书、设计方案、专利技术等知识产权；

（4）按合同约定的数额和时间支付设计费用；

（5）获得工程建设所需的设计文件；

（6）对设计人的违约行为提出索赔；

（7）如设计人将发包人提交的设计工程项目的有关资料及文件违约利用，而给发包人造成经济损失的，发包人有权向其索赔。

（二）设计人的义务和权利

在合同履行过程中，设计人有下列义务和权利：

（1）按国家技术规范、标准、规程及发包人提出的设计要求，进行工程设计，按合同规定提交质量合格的设计资料，并对其负责；

（2）设计人应保护发包人的知识产权，不得向第三人泄露、转让发包人提交的产品图纸等技术经济资料；

（3）在设计任务完成后的当年内项目开始施工的，设计人负责向发包人及施工单位进行设计交底、处理有关设计问题和参加竣工验收；

（4）设计任务完成后一年内项目尚未开始施工的，设计人仍负责上述工作，但应按所需工作量向发包人适当收取咨询服务费，收费额由双方商定；

（5）设计单位应当按照法律、法规和工程建设强制性标准进行设计，防止因设计不合理导致生产安全事故的发生；

（6）设计单位应当考虑事故安全操作和防护的需要，对涉及施工安全的重点部位和环节在设计文件中注明，并对防范生产安全事故提出指导意见；

（7）获得合同约定的设计报酬；

（8）当发包人违约利用设计成果时，有权向其提出索赔或提起诉讼。

四、建设工程勘察设计合同标准合同

2000年，建设部、国家工商行政管理总局修订《建设工程勘察设计合同管理办法》，制定了《建设工程勘察合同（示范文本）》和《建设工程设计合同（示范文本）》，印发建设[2000]第50号文件要求：凡在我国境内的建设工程，对其进行勘察、设计的单位，应当按照《建设工程勘察设计合同管理办法》，接受建设行政主管部门和工商行政管理部门对建设工程项目勘察设计合同的管理与监督。《建设工程勘察合同（示范文本）》分为两个版本，一个是为设计提供勘察任务（GF－2000－0203），一个用于岩土工程（GF－2000－0204）。《建设工程设计合同（示范文本）》也分为两个版本，一个适用于民用建筑工程设计（GF－2000－0209），一个适用于专业工程设计（GF－2000－0210）。

第二节　建设监理合同管理

一、建设监理合同概述

（一）建设监理合同的概念

建设监理合同简称监理合同，是建设项目法人为了委托拟建工程监理业务，而明确双方权利义务关系，与监理单位签订的协议。

建设监理合同是我国实行建设监理制后出现的一种新型的技术性委托服务合同形式。合同的当事人双方是委托方（项目法人）和被委托方（监理单位）。通过监理委托合同，项目法人委托监理单位对工程建设合同进行管理，对与项目法人签订工程建设合同的当事人履行合同进行监督、协调和评价，并应用科学的技能为项目的发包、合同的签订与实施等提供约定的技术服务。

监理合同与勘察设计合同、施工承包合同、物资采购合同、运输合同等的最大区别表现在标的的性质上的差异。监理合同的标的是监理单位根据自己的知识、经验和技能，为所监理的工程建设合同的实施，向项目法人提供的服务属于行为标的。因此，作为合同一方当事人的监理单位，通过接受项目法人的委托对项目法人签订的勘察、设计、施工、采购等合同的履行实施监理服务，从而获取监理服务酬金。监理单位不是工程产品建设的直接经营者，不向项目法人承包工程造价。

（二）建设监理合同在合同法中的归属

我国《合同法》中明确列出的建设工程合同中包含工程勘察设计、施工合同，不包含建设工程委托监理合同。根据合同性质，建设监理合同属于委托合同。

二、标准合同

国际上许多咨询行业的协会或组织，专门制订了标准委托合同格式或指南，这有助于监理服务合同的签订。随着国际咨询监理业务越来越发达，委托合同标准格式的应用已越来越普遍。采用这些通用性很强的标准合同格式，能够简化合同的准备工作，有利于双方讨论、交流和统一认识，也易于通过有关部门的检查和批准，更重要的是标准合同都是由法律、合同方面的专家着手制定的，所以采用标准合同格式，能够准确地在法律概念内反映出双方所要实现的意图。

国际咨询工程师联合会（FIDIC）颁布的《业主/咨询工程师标准服务协议书》，由于受到了世界银行等国际金融机构以及一些国家政府有关部门的认可，已作为一种标准委托合同格式，在世界大多数工程中应用。其主要内容包括：协议书格式和合同通用规则（分为标准条件和特殊应用条件）。第一部分标准条件包括：定义及解释，咨询工程师的义务，项目法人的义务，责任和保险，协议书的开始、完成、变更与终止，支付，一般规定，争端的解决等部分；第二部分特殊应用条件的内容与第一部分顺序编号相联系，这部分内容须专门拟定，以适应每个具体工程的实际情况和要求。

2000 年 1 月，水利部颁布了《水利工程建设监理合同示范文本》（GF－2000－0211），对规范水利工程建设监理行为、提高监理招标效率和质量具有重要意义。随着我国建设监理制度的不断发展和完善以及实践的检验，水利部和国家工商行政管理局又联合对其进行了修订，修订后的名称为《水利工程施工监理合同示范文本》（GF－2007－0211）。水利部要求必须实行施工监理的水利工程建设项目（不包括水土保持工程）必须使用《水利工程施工监理合同示范文本》。

三、建设监理合同中的词语解释

合同条款中的词语是根据合同的特殊需要而定义的，它可能不同于其他文件、词典或其他合同文件中的定义或解释。在建设监理合同中词语含义通常如下。

（1）“发包人”指承担工程建设项目直接建设管理责任，委托监理业务的法人或其合法继承人；

（2）“监理人”指受委托人委托，提供监理服务的法人或其合法继承人；

（3）“承包人”指与委托人（发包人）签订了施工合同，承担工程施工的法人或其合法继承人；

（4）“监理机构”指监理人派驻工程现场直接开展监理业务的组织，由总监理工程师、监理工程师和监理员以及其他人员组成；

（5）“监理项目”是指委托人委托监理人实施建设监理的工程建设项目；

（6）“服务”是指监理人根据监理合同约定所承担的各项工作，包括正常服务和附加服务；

（7）“正常服务”指监理人按照合同约定的监理范围、内容和期限所提供的服务；

（8）“附加服务”指监理人为委托人提供正常服务以外的服务；

（9）“服务酬金”指本合同中监理人完成“正常服务”、“附加服务”应得到的正常服务酬金和附加服务酬金；

（10）“天”指日历天；

（11）“现场”指监理项目实施的场所。

需要强调的是，在水利工程施工监理合同中，除上下文另有规定外，这些词语只能按特定的含义去理解，不能任意地按习惯含义理解和解释。

四、委托人的权利和义务

在监理合同中，明确委托人与监理人的权利和义务是非常必要的，如果合同中没有明确当事人的权利和义务就不能称其为合同。

（一）委托人享有的权利

（1）对监理工作进行监督、检查，并提出撤换不能胜任监理工作人员的建议或要求。

（2）对工程建设中质量、安全、投资、进度方面的重大问题的决策权。

（3）核定监理人签发的工程计量、付款凭证。

（4）要求监理人提交监理月报、监理专题报告、监理工作报告和监理工作总结报告。

（5）当监理人发生本合同专用合同条款约定的情形时，委托人有权解除本合同。

(二)委托人的义务

(1)工程建设外部环境的协调工作。

(2)按专用合同条款约定的时间、数量、方式,免费向监理机构提供开展监理服务的有关本工程建设的资料。

(3)在专用合同条款约定的时间内,就监理机构书面提交并要求作出决定的问题作出书面决定,并及时送达监理机构。超过约定时间,监理机构未收到发包人的书面决定,且委托人未说明理由,监理机构可认为委托人对其提出的事宜已无不同意见,无须再作确认。

(4)与承包人签订的施工合同中明确其赋予监理人的权限,并在工程开工前将监理单位、总监理工程师通知承包人。

(5)提供监理人员在现场必要的工作和生活条件,具体内容在专用合同条款中明确。如果不能提供上述条件,应按实际发生费用给予监理人补偿。

(6)按本合同约定及时、足额支付监理服务酬金。

(7)为监理机构指定具有检验、试验资质的机构并承担检验、试验相关费用。

(8)维护监理机构工作的独立性,不干涉监理机构正常开展监理业务,不擅自作出有悖于监理机构在合同授权范围内所作出的指示的决定;未经监理机构签字确认,不得支付工程款。

(9)为监理人员投保人身意外伤害险和第三者责任险。如要求监理人自己投保,则应同意监理人将投保的费用计入报价中。

(10)将投保工程险的保险合同提供给监理人作为工程合同管理的一部分。

(11)未经监理人同意,不将监理人用于本工程监理服务的任何文件直接或间接用于其他工程建设之中。

五、监理人的权利和义务

在监理合同中,明确了委托人的权利和义务,也要明确监理人的权利和义务。

(一)监理人的权利

委托人赋予监理人如下权利:

(1)审查承包人拟选择的分包项目和分包人,报委托人批准。

(2)审查承包人提交的施工组织设计、安全技术措施及专项施工方案等各类文件。

(3)核查并签发施工图纸。

(4)签发合同项目开工令、暂停施工指示,但应事先征得委托人同意;签发进场通知、复工通知。

(5)审核和签发工程计量、付款凭证。

(6)核查承包人现场工作人员数量及相应岗位资格,有权要求承包人撤换不称职的现场工作人员。

(7)发现承包人使用的施工设备影响工程质量或进度时,有权要求承包人增加或更换施工设备。

(8)当委托人发生本合同专用合同条款约定的情形时,有权解除本合同。

(9)专用合同条款约定的其他权利。

(二)监理人的义务

(1)本着“守法、诚信、公正、科学”的原则,按专用合同条款约定的监理服务内容为委托人提供优质服务。

(2)在专用合同条款约定的时间内组建监理机构,并进驻现场。及时将监理规划、监理机构及其主要人员名单提交委托人,将监理机构及其人员名单、监理工程师和监理员的授权范围通知承包人;实施期间有变化的,应当及时通知承包人。更换总监理工程师和其他主要监理人员应征得委托人同意。

(3)发现设计文件不符合有关规定或合同约定时,应向委托人报告。

(4)核验建筑材料、建筑构配件和设备质量,检查、检验并确认工程的施工质量;检查施工安全生产情况。发现存在质量、安全事故隐患,或发生质量、安全事故,应按有关规定及时采取相应的监理措施。

(5)监督、检查工程施工进度。

(6)按照委托人签订的工程保险合同,做好施工现场工程保险合同的管理。协助委托人向保险公司及时提供一切必要的材料和证据。

(7)协调施工合同各方之间的关系。

(8)按照施工作业程序,采取旁站、巡视、跟踪检测和平行检测等方法实施监理。需要旁站的重要部位和关键工序在专用合同条款中约定。

(9)及时做好工程施工过程各种监理信息的收集、整理和归档,并保证现场记录、试验、检验、检查等资料的完整和真实。

(10)编制监理日志,并向委托人提交监理月报、监理专题报告、监理工作报告和监理工作总结报告。

(11)按有关规定参加工程验收,做好相关配合工作。委托人委托监理人主持的分部工程验收由专用条款约定。

(12)妥善做好委托人所提供的工程建设文件资料的保存、回收及保密工作。在本合同期限内或专用合同条款约定的合同终止后的一定期限内,未征得委托人同意,不得公开涉及委托人的专利、专有技术或其他需保密的资料,不得泄露与本合同业务有关的技术、商务等秘密。

六、合同变更与终止

在监理合同实施过程中,由于各种原因有可能导致合同发生变更或者终止合同。对于在监理期限内出现的变更处理如下:

(1)因工程建设计划调整、较大的工程设计变更、不良地质条件等非监理人原因致使本合同约定的服务范围、内容和服务形式发生较大变化时,双方对监理服务酬金计取、监理服务期限等有关合同条款应当充分协商,签订监理补充协议。

(2)当发生法律或本合同约定的解除合同的情形时,有权解除合同的一方要求解除合同的,应书面通知对方;若通知送达后28天内未收到对方的答复,可发出终止监理合同的通知,本合同即行终止。因解除合同遭受损失的,除依法可以免除责任的外,应由责任方赔偿损失。

(3)在监理服务期内,由于国家政策致使工程建设计划重大调整,或不可抗力致使合同不能履行时,双方协商解决因合同终止所产生的遗留问题。

(4)本合同在监理期限届满并结清监理服务酬金后即终止。

七、违约责任

违约责任是合同当事人不履行或不完全履行合同约定的义务应当向对方当事人承担的一种民事责任。

(1)委托人未履行合同条款约定的义务和责任,除按合同条款的约定向监理人支付违约金外,还应继续履行合同约定的义务和责任。

(2)委托人未按合同条款约定支付监理服务酬金,除按合同条款约定向监理人支付逾期付款违约金外,还应继续履行合同约定的支付义务。

(3)监理人未履行合同条款约定的义务和责任,除按合同条款约定向委托人支付违约金外,还应继续履行合同约定的义务和责任。

通常情况下,当委托人违约时,监理人应及时向委托人发出通知。委托人在收到通知后的约定的时间(一般为28天)内仍未采取措施改正,则监理人可以暂停工作;监理工作暂停后委托人在约定的时间内仍未采取有效措施纠正其违约行为,监理人可以通知发包人解除合同,由此增加的费用和停工责任由发包人承担。当监理人违约时,委托人也应及时向监理人发出通知。监理人在收到通知后的约定的时间(一般为28天)内仍未采取措施改正,则委托人也可以暂停支付监理酬金;暂停支付监理酬金后监理人在约定的时间内仍未采取有效措施纠正其违约行为,委托人也可以通知监理人解除合同,由此增加的费用和责任由监理人承担。

参考文献

[1] 孟凡玲.招标投标和合同管理[M].郑州:黄河水利出版社,2002.
[2] 袁鸿铭.国际招标采购[M].北京:对外经济贸易大学出版社,2004.
[3] 卢谦.建设工程招标投标和合同管理[M].北京:中国水利水电出版社,2004.
[4] 李文义,杨耀红,王鹏.水利工程建设合同管理[M].2版.北京:中国水利水电出版社,2010.
[5] 刘英杰,汪伦焰.水利工程建设质量控制[M].2版.北京:中国水利水电出版社,2010.
[6] 聂相田,曹兴霖.水利工程建设进度控制[M].2版.北京:中国水利水电出版社,2010.
[7] 刘秋常.水利工程建设投资控制[M].2版.北京:中国水利水电出版社,2010.
[8] 聂相田.建设项目管理[M].北京:中央广播电视大学出版社,2008.
[9] 水利部.水利水电工程标准施工招标文件(2009版)[M].北京:中国水利水电出版社,2010.
[10] 刘亚臣.工程招投标与合同管理[M].大连:大连理工大学出版社,2009.